AF381375

Halbleiter-Elektronik

Eine aktuelle Buchreihe
für Studierende und Ingenieure

Halbleiter-Bauelemente beherrschen heute einen großen Teil der Elektrotechnik. Dies äußert sich einerseits in der großen Vielfalt neuartiger Bauelemente und andererseits in mittleren jährlichen Zuwachsraten der Herstellungsstückzahlen von ca. 20 % im Laufe der letzten 10 Jahre. Ihre besonderen physikalischen und funktionellen Eigenschaften haben komplexe elektronische Systeme z. B. in der Datenverarbeitung und der Nachrichtentechnik ermöglicht. Dieser Fortschritt konnte nur durch das Zusammenwirken physikalischer Grundlagenforschung und elektrotechnischer Entwicklung erreicht werden.

Um mit dieser Vielfalt erfolgreich arbeiten zu können und auch zukünftigen Anforderungen gewachsen zu sein, muß nicht nur der Entwickler von Bauelementen, sondern auch der Schaltungstechniker das breite Spektrum von physikalischen Grundlagenkenntnissen bis zu den durch die Anwendung geforderten Funktionscharakteristiken der Bauelemente beherrschen.

Dieser engen Verknüpfung zwischen physikalischer Wirkungsweise und elektrotechnischer Zielsetzung soll die Buchreihe „Halbleiter-Elektronik" Rechnung tragen. Sie beschreibt die Halbleiter-Bauelemente (Dioden, Transistoren, Thyristoren usw.) in ihrer physikalischen Wirkungsweise, in ihrer Herstellung und in ihren elektrotechnischen Daten.

Um der fortschreitenden Entwicklung am ehesten gerecht werden und den Lesern ein für Studium und Berufsarbeit brauchbares Instrument in die Hand geben zu können, wurde diese Buchreihe nach einem „Baukastenprinzip" konzipiert:

Die ersten beiden Bände sind als Einführung gedacht, wobei Band 1 die physikalischen Grundlagen der Halbleiter darbietet und die entsprechenden Begriffe definiert und erklärt. Band 2 behandelt die heute technisch bedeutsamen Halbleiterbauelemente und integrierten Schaltungen in einfachster Form. Ergänzt werden diese beiden Bände durch die Bände 3 bis 5 und 19, die einerseits eine vertiefte Beschreibung der Bänderstruktur und der Transportphänomene in Halbleitern und andererseits eine Einführung in die technologischen Grundverfahren zur Herstellung dieser Halbleiter bieten. Alle diese Bände haben als Grundlage einsemestrige Grund- bzw. Ergänzungsvorlesungen an Technischen Universitäten.

Fortsetzung und Übersicht über die Reihe: 3. Umschlagseite

Halbleiter-Elektronik

Herausgegeben von W. Heywang und R. Müller

Band 17

Walter Heywang

Sensorik

Vierte, neubearbeitete Auflage

Mit 138 Abbildungen

Springer-Verlag Berlin Heidelberg GmbH

Dr. rer. nat. Dr. ing. h. c. WALTER HEYWANG
Ehem. Leiter der Zentralen Forschung und Entwicklung
der Siemens AG, München
Professor an der Technischen Universität München

Dr. techn. RUDOLF MÜLLER
Universitätsprofessor, Inhaber des Lehrstuhls für Technische Elektronik
der Technischen Universität München

Die Deutsche Bibliothek – CIP-Einheitsaufnahme
Sensorik / Walter Heywang. – 4., neubearb. Aufl.
Berlin ; Heidelberg ; New York ; London ; Paris ; Tokyo ;
Hong Kong ; Barcelona ; Budapest : Springer 1993
 (Halbleiter-Elektronik ; Bd. 17)

ISBN 978-3-540-55119-5   ISBN 978-3-642-88171-8 (eBook)
DOI 10.1007/978-3-642-88171-8

NE: Heywang, Walter [Hrsg.]; GT

62/3020-5 4 3 2 1 0 – Gedruckt auf säurefreiem Papier

Vorwort zur vierten Auflage

Im Gegensatz zu den bisherigen drei Auflagen des Bandes Sensorik, bei denen nur kleinere Änderungen vorgenommen wurden, schien es uns für die vorliegende vierte Auflage erforderlich, wesentliche Überarbeitungen vorzunehmen, um mit dem raschen Fortschritt auf allen Sektoren des Sensorgebietes Schritt zu halten. Dieser Fortschritt betrifft selbstverständlich viele Einzelergebnisse, er ist aber vor allem geprägt durch die Entwicklungen der Halbleiterelektronik. Diese Erkenntnis lag schon der ersten Konzeption des Bandes zu Grunde, so daß am bewährten Aufbau selbst nichts geändert werden mußte. Die in den beiden letzten Kapiteln direkt behandelte Kompatibilität mit integrierter Signalverarbeitung hat weiter an Bedeutung gewonnen und durchzieht damit wie ein roter Faden auch alle übrigen Kapitel. Noch mehr als früher bestimmt sie die gegenseitige Gewichtung konkurrierender Sensorverfahren.

Darüber hinaus hat die technologische Weiterentwicklung so manche Bauelementkonzeption umgestaltet, wobei nicht nur die Mikroelektronik selbst, sondern auch Optoelektronik und Akustoelektronik befruchtend gewirkt haben.

Außer Einleitung und Überblick wurden alle Kapitel völlig überarbeitet und zum Teil neu gestaltet, wobei einige Kapitelautoren die Verantwortung bewußt an jüngere Fachkollegen weitergaben, zumal wenn sie selbst inzwischen das Aufgabengebiet gewechselt hatten.

Ich danke an dieser Stelle alten und neuen Kapitelautoren für die immer verständnisvolle, konstruktive und von kollegialem Geist getragene Zusammenarbeit und dem Springer-Verlag für sein großzügiges Entgegenkommen bei der Neugestaltung des Bandes.

Wir hoffen, daß diese Neugestaltung allen Lesern zugute kommt, seien es Studenten an Universitäten und Fachhochschulen oder Ingenieure und Wissenschaftler in Forschung, Entwicklung und Anwendung. Sie möge weiterhin beitragen zu Verständnis und Forschung im Bereich von Sensorik und Halbleiterelektronik.

München, im März 1992 W. Heywang

Aus dem Vorwort zur ersten Auflage

Die moderne Entwicklung der Halbleiter hat die Möglichkeiten der Signalverarbeitung extrem erweitert, so daß heute oftmals die Peripherie, das ist Signalein- und -ausgabe, die entscheidenden Faktoren eines elektrischen Systems darstellt.

Von seiten der Halbleiterelektronik kommt im Rahmen der Peripherie der Sensorik ein besonderer Stellenwert zu, da diese sich an ein breites Spektrum zu messender Größen unter unterschiedlichen Randbedingungen anpassen muß. Sie kann dieser Aufgabe aber gerade mit Hilfe der modernen elektronischen Verarbeitungsmöglichkeiten in verschiedenster Weise gerecht werden. Diese Wechselwirkung zwischen Sensor und elektronischer Verarbeitung ist noch keinesfalls generell etablierte Technik, beitet aber gerade deshalb ein weites Feld für neuartige und interessante Lösungen.

Darum erschien ein Band, der dieser Fragestellung gewidmet ist, innerhalb der Buchreihe "Halbleiter-Elektronik" unbedingt erforderlich. Da das Thema selbst äußerst vielgestaltig ist, wurden die einzelnen Kapitel von Fachleuten mit einschlägiger Erfahrung verfaßt.

Ich hoffe, daß es unabhängig davon gelungen ist, einen in sich geschlossenen Überblick über das Gesamtgebiet zu geben und möchte den Mitverfassern für ihre stete Kooperationsbereitschaft danken, insbesondere aber Herrn Dr. Jäntsch, der einen großen Teil der dazu notwendigen Korrelationsaufgaben übernommen hat. Für die Anfertigung der Zeichnungen ist Herrn A. Albrecht zu danken.

München, im Juli 1983   W. Heywang

Mitarbeiterverzeichnis

Baltes, Henry Prof. Dr., Schweizer Bundesinstitut für Technologie, Institut für Quantenelektronik HPT, ETH – Hoenggerberg, CH-8093 Zürich

Bartelt, Hartmut Dr., Siemens AG, ZFE BT PE 51, Paul-Gossen-Str. 100, W-8520 Erlangen

Beitner, Michael Dipl.-Ing., Europäisches Patentamt, Gitschiner Str. 103, W-1000 Berlin 61

Breimesser, Fritz Dr., Siemens AG, ZFE BT PE 52, Paul-Gossen-Str. 100, W-8520 Erlangen

Heywang, Walter Prof. Dr. h. c., rer. nat., Schwabener Weg 9a, W-8011 Neukeferloh

Jäntsch, Ottomar Dipl.-Phys. Dr., Defreggerstr. 12, W-8012 Ottobrunn

Kimmel, Heinz Dr., Am Ruhstein 59, W-8520 Buchenhof

Kleinschmidt, Peter Dipl.-Phys., Siemens AG, ZFE LG 6, Otto-Hahn-Ring 6, W-8000 München 83

Klement, Ekkehard Dipl.-Phys. Dr., Siemens AG, ZFE ST KM 4, Otto-Hahn-Ring 6, W-8000 München 83

Poppinger, Manfred Dr., Siemens AG, ZFE BT PE 11, Paul-Gossen-Str. 100, W-8520 Erlangen

Tischer, Peter Dipl.-Ing. Dr., Siemens AG, HL JK, Balanstr. 73, W-8000 München 80

Tränkler, Hans-Rolf Prof. Dr., Universität der Bundeswehr München, Werner-Heisenberg-Weg 39, W-8014 Neubiberg

Winter, Hans Dr., Deutsches Patentamt, Zweibrückenstr. 12, W-8000 München 2

Inhaltsverzeichnis

Physikalische Größen

Größe	Bedeutung	Einheit
A	Querschnitt	m^2
A_N	numerische Apertur	
a	Beschleunigung	ms^{-2}
a	Absorptionskoeffizient	m^{-1}
B	magnetische Induktion	Vsm^{-2}
b	Breite	m
c	Spezifische Wärme-Kapazität	$J\,kg^{-1}\,K^{-1}$
c	Lichtgeschwindigkeit im Vakuum	$2{,}9979\cdot10^8\,ms^{-1}$
C	elektrische Kapazität	F
C_s	Sperrschichtkapazität	F
D	elektrische Verschiebung	Asm^{-2}
D, D_n, D_p	Diffusionskonstanten	$m^2\,s^{-1}$
d	Dicke	m
E	Energie	eV, J
E	Elastizitätsmodul	Nm^{-2}
E	elektrische Feldstärke	Vm^{-1}
E_g	Bandabstand	eV
E_C	Energie der Leitungsbandkante	eV
E_V	Energie der Valenzbandkante	eV
E_F	Fermi-Energie	eV
E_D	Donatoren-Energieniveau	eV
E_A	Akzeptoren-Energieniveau	eV
e	Elementarladung	$(1{,}6\cdot10^{19}\,As)$
f	Frequenz	Hz
F	mechanische Kraft	N
G	freie Energie	J
G	elektrischer Leitwert	Ω^{-1}
H	magnetische Feldstärke	Am^{-1}
h	Planck-Konstante	$(6{,}6\cdot10^{-34}\,Js)$
$\hbar = h/2\pi$	Planck-Konstante	$(1{,}05\cdot10^{-34}\,Js)$
I	elektrische Stromstärke	A

Größe	Bedeutung	Einheit
j, j_n, j_p	elektrische Stromdichten	$\mathrm{Am^{-2}}$
k	Wellenzahlvektor	$\mathrm{m^{-1}}$
k	Kopplungsfaktor	$\mathrm{m^{-1}}$
k, k_B	Boltzmann-Konstante	$(1{,}38 \cdot 10^{-23}\,\mathrm{JK^{-1}})$
L	Induktivität	H
L_n, L_p	Diffusionslängen der Ladungsträger	m
l	Länge	m
m	Masse	kg
m_n^*, m_p^*	relative effektive Massen der Ladungsträger	
N	Teilchenzahl	
N_C	effektive Zustandsdichte an der Leitungsbandkante	$\mathrm{m^{-3}}$
N_V	effektive Zustandsdichte an der Valenzbandkante	$\mathrm{m^{-3}}$
n	Elektronenkonzentration (im Index: auf Elektronen bezogen)	$\mathrm{m^{-3}}$
n_D	Donatorenkonzentration	$\mathrm{m^{-3}}$
n_A	Akzeptorenkonzentration	$\mathrm{m^{-3}}$
n_i	Eigenleitungskonzentration	$\mathrm{m^{-3}}$
n_V	Leerstellenkonzentration	$\mathrm{m^{-3}}$
P	Leistung	W
P	Polarisation	$\mathrm{Asm^{-2}}$
p	Löcherkonzentration (im Index: auf Löcher bezogen)	$\mathrm{m^{-3}}$
p	Druck	bar
Q	elektrische Ladung	As
q'	Elementarladung	(s, auch, e'')
R	elektrischer Widerstand	Ω
R	allfocusive Gaskoustautu	$8{,}314\,\mathrm{JK^{-1}\,mol^{-1}}$
r	Radius	m
S	Entropie	$\mathrm{JK^{-1}}$
T	thermodynamische Temperatur	K
t	Zeit	s
$\breve{u}$	mechanische verzeurung	
U	elektrische Spannung	V
V	Volumen	$\mathrm{m^{-3}}$
v	Geschwindigkeit	$\mathrm{ms^{-1}}$
Z	Impedanz	Ω
α	differentielle Thermospannung	$\mathrm{VK^{-1}}$
$\varepsilon = \varepsilon_0 \cdot \varepsilon_r$	Permittivität (Dielektrizitätskonstante)	$\mathrm{Fm^{-1}}$

Größe	Bedeutung	Einheit
ε_0	elektrische Feldkonstante	$(8.85 \cdot 10^{-12} \, \mathrm{Fm}^{-1})$
ε_r	Permittivitätszahl (Dielektrizität-skonstante)	
ϑ	Celsius-Temperatur	$^\circ\mathrm{C}$
θ_H	Hall-Winkel	
$\varkappa$	Wärmeleitfähigkeit	$\mathrm{Wm}^{-1}\mathrm{K}^{-1}$
$\mu = \mu_0 \cdot \mu_r$	Permeabilität	$\mathrm{VsA}^{-1}\mathrm{m}^{-1}$
μ_0	magnetische Feldkonstante	$(1,25 \cdot 10^{-6}\mathrm{VsA}^{-1}\mathrm{m}^{-1})$
μ_r	Permeabilitätszahl	
μ, μ_n, μ_p	Beweglichkeit der Ladungsträger	$\mathrm{m}^2\,\mathrm{V}^{-1}\mathrm{s}^{-1}$
ν	Querkoutraktionszahl	
π	Piezowiderstandstensor	
ρ	Raumladungsdichte	Cm^{-3}
ρ	spezifischer elektrischer Widerstand (im allgemeinen Tensor)	$\Omega\mathrm{m}$
σ	elektrische Leitfähigkeit	$\Omega^{-1}\mathrm{m}^{-1}$
σ	mechanische Spannung (im allgemeinen Tensor)	Nm^{-2}
τ	Relaxationszeit	s
τ_n, τ_p	Labensdauer der Ladungsträger	s
Φ	magnetischer-Fluß	Vs
φ	elektrisches Potential	V
ω	Kreisfrequenz	s^{-1}

Hinzu kommen Größen, die nur auf wenigen Seiten auftreten und dort definiert werden.

Einleitung

Die enormen Fortschritte der Halbleiterelektronik eröffnen der Verarbeitung elektrischer Signale nahezu unbegrenzte Möglichkeiten. Damit Hand in Hand gewinnt die Kommunikation unserer elektronischen Geräte mit der Außenwelt entscheidende Bedeutung. Oftmals liegt dort die eigentliche Problemstellung, zumal mit den zunehmenden Möglichkeiten der Verarbeitung auch die Anforderungen an diese äußeren Schnittstellen gewachsen sind.

Dabei handelt es sich, wie in Bild E.1 dargestellt, um zwei prinzipiell unterschiedliche Schnittstellen, auf der einen Seite die Eingabe der Informationen, auf der anderen Seite die Ausgabe der gewünschten Signale bzw. die Auslösung der notwendigen Aktion. Dabei können auf jeder Seite drei unterschiedliche Partner bestehen:

a) die Umwelt,
b) der Mensch,
c) ein Speichermedium.

Ist die Umwelt an Ein- und Ausgang identisch, liegt also ein Wirkungskreislauf vor, so entspricht dies dem bekannten Regelkreis in der Regelungstechnik [E.1].

Betrachten wir nun die einzelnen Schnittstellen selbst und beginnen mit dem Punkt c), der Kommunikation mit Speichermedien, seien es nun magnetische, optische oder Halbleiterspeicher. Hier kann der Prozessor zeitweilig Daten für sich selbst speichern oder sie für einen anderen Prozessor bereitstellen. Halbleiterspeicher werden im Rahmen dieser Reihe in den Bänden 13 und 14 behandelt. Hingewiesen sei auf die zunehmende Bedeutung elektrophotographischer Druck- und Speicherverfahren, wie sie bei den amorphen Halbleitern [E.2] angesprochen werden. Ansonsten wollen wir diese Fragen hier nicht weiter verfolgen.

Betrachten wir als nächstes die Schnittstelle zum Menschen. An der Eingabestelle arbeiten wir vor allem mit Schaltern und Tastaturen, in selteneren Fällen mit Lichtgriffel. An der Eingabe mit Sprache sind in jüngster Zeit durch entsprechende Spracherkennungs- und Verarbeitungsmethoden die ersten technisch interessanten Lösungen vorgestellt worden [E.3, E.4]. Bei der Ausgabe stehen bevorzugt Lichtsignale und Displays jeder Art im Vordergrund. Soweit dabei Halbleiterelektronik betroffen ist, finden sich die entsprechenden Bauelemente in den Bänden 10 und 11 dieser Reihe. Daneben gewinnt die akustische Ausgabe heute über die elektronische Sprachsysthese zunehmend an Bedeutung.

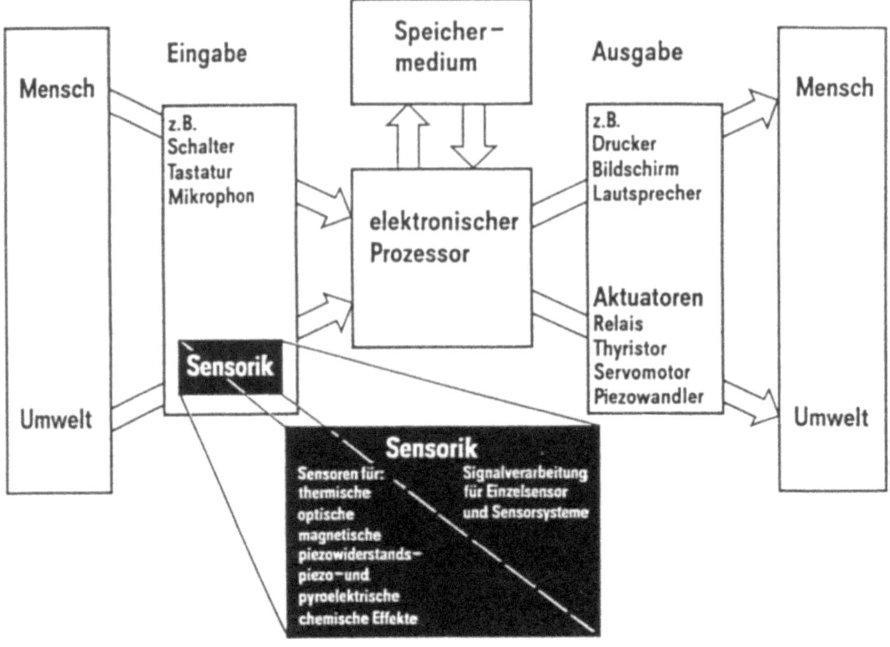

Bild E.1. Sensorik im Rahmen der Systemperipherie

Bei der Kommunikation mit der Umwelt wollen wir mit den Aktuatoren beginnen. Hier soll schließlich mit den aus der elektrischen Verarbeitung hervorgegangenen Daten etwas bewirkt werden, z.B. mit Hilfe der Leistungselektronik in einer anderen elektrischen Maschine oder mit Hilfe der Elektromechanik für Stellglieder jeder Art. Hier haben neben den elektrodynamischen Motoren und Stellgliedern zunehmend magnetostriktive und piezoelektrische Wandler an Bedeutung gewonnen, letztere außer wegen ihrer Kleinheit vor allem wegen des inzwischen ebenfalls hohen Wirkungsgrades neuer ferroelektrischer Materialien, wie Blei-Titanatzirkonat ($Pb(TiZr)O_3$) (vgl. hierzu auch Kap. 6).

Während für die gesamte bisher genannte Peripherie ein einigermaßen klarer Überblick gegeben werden kann, ist dies bei der Signalaufnahme von der Umwelt, das ist das Gebiet der Sensorik, kaum möglich. Das liegt einesteils an der Fülle der verschiedenen, interessanten Meßdaten, seien sie mechanisch, akustisch, elektrisch, optisch oder chemisch, anderenteils daran, daß es oftmals viele konkurrierende Wege gibt, wie diese Meßdaten in elektrische Signale umgewandelt werden können. Betrachten wir als einfaches Beispiel die Geschwindigkeit. Man kann sie direkt messen mit dem Doppler-Effekt bei akustischen, elektromagnetischen oder optischen Wellen. Es gelingt aber auch, mit zwei Orts- und einer Zeitmessung, wobei für die Ortsmessung wieder die verschiedensten mechani-

Tabelle E.1. Bedeutung verschiedener Anforderungen für Sensoren

Eigenschaft	klassische Meßwertfühler	Sensorik
geringe Kosten	weniger entscheidend	entscheidend
Höhe des Ausgangssignals	möglichst hoch	weniger interessant
Signal-Rausch-Verhältnis	entscheidend	entscheidend
Störsicherheit	entscheidend	bei Digitalisierung weniger anfällig
Linearität	ausschlaggebend	weniger bedeutsam
Abhängigkeit von zusätzlichen Parametern	kaum zulässig	korrigierbar
Integrationsfähigkeit	—	sehr erwünscht
Digitalisierbarkeit	—	sehr erwünscht

schen, magnetischen oder optischen Sensoren eingesetzt werden können. Aus diesem Beispiel erhellt sofort, daß wir bei der Sensorik oftmals zwischen zwei Ebenen unterscheiden müssen, der eigentlichen physikalischen Meßwerterfassung, das ist dem eigentlichen Sensor und der sich daran ausschließenden ersten Aufarbeitung des Signals. Dies wird um so bedeutsamer, als für diese Aufarbeitung heute die Halbleiterelektronik mit ihren wirkungsvollen und meist auch preiswerten Möglichkeiten zur Verfügung steht.

Gerade durch diese Möglichkeit unterscheidet sich die moderne Sensorik von der klassischen Meßwerterfassung, wie dies die Gegenüberstellung des Anforderungsprofils der Tab. E.1 veranschaulichen möge, bezogen auf die für jeden technischen Sensor entscheidenden Daten, wie Kosten, Empfindlichkeit, Linearität, Störparameter oder Art des Ausgangssignals (analog, digital).

Obwohl im Prinzip das gleiche erreicht werden soll, haben sich zwei z.T. überlappende Domänen mit unterschiedlichem Aufgabenprofil entwickelt, die nach wei vor bedeutsamen hochwertigen "klassischen Meßwertfühler" [E.5] und die sogenannten Sensoren, wie dies Tab. E.1 zeigt.

Zunächst einmal sind naturgemäß bei einem Massenprodukt die Kosten entscheidender als bei einem für hochwertige Spezialaufgaben eingesetzten Fühler. Wenn wir aber an einer Stelle die Forderungen heraufschrauben, müssen notwendigerweise an einer anderen Stelle Zugeständnisse gemacht werden und hier ergeben sich wegen der Weiterverarbeitung durch intergrierte Schaltungen gleich drei Möglichkeiten: Verstärkung bereitet heute kein Problem mehr, gleichzeitig kann auch eine Linearisierung des Meßwertes nachträglich erreicht werden, schließlich kann die Abhängigkeit von einem zusätzlichen Parameter, wie z.B. der Temperatur, wieder eliminiert werden, wobei selbstverständlich dann der funktionale Einfluß bekannt sein und ihre Höhe über einen weiteren Sensor ermittelt werden muß.

Diese Überlegungen zum Zusammenwirken zweier oder auch mehrerer Sensoren führen sofort zum nächsten Punkt, nämlich der Integrierbarkeit dieser Sensoren untereinander und mit der Verarbeitungselektronik. Diese ist unter doppeltem Aspekt bedeutsam. Einerseits kommt es oftmals darauf an, mehrere

Meßwerte parallel zu erfassen, z.B. bei der Bildauswertung die Helligkeit mehrerer Punkte. Hierzu werden die Sensoren nebeneinander in einem Array angeordnet, wobei selbstverständlich die Zusammenfassung in einem integrierten Aufbau sowohl hinsichtlich der Gleichmäßigkeit als auch des Preises Vorteile verspricht. Andererseits kann – auch bereits bei einem Einzelsensor – die Halbleiterintegration zwischen Sensor und der ersten Meßwertverarbeitung bzw. -verstärkung sinnvoll sein.

Auch der letzte Punkt der Tabelle, die Digitalisierbarkeit, folgt aus der Wechselwirkung mit der späteren Verarbeitung. Normalerweise fällt ein Meßwert von der physikalischen Seite analog an, und es hängt sehr von der Art seiner weiteren Verwendung ab, ob es wegen der höheren Störsicherheit in industrieller Umgebung sowie der besseren Verarbeitbarkeit notwendig oder sinnvoll ist, ihn zu digitalisieren. Vorteile ergeben sich aber, wenn er z.B. schon von der physikalischen Seite so erfaßt wird, daß er sich elektrisch z.B. nicht als eine Amplitude, sondern als eine Frequenz darstellt, so daß die Perioden nur digital "gezählt" werden müssen.

Nun ist trotz dieses beträchtlich geänderten Leistungsprofils die physikalische Basis des klassischen Meßwertfühlers und des modernen Sensors nicht voneinander zu trennen; denn wenn man z.B. einen thermischen oder magnetischen Meßwert benötigt, muß er unabhängig von der Art der Verarbeitung zunächst in ein elektrisches Signal umgewandelt werden. Man muß also die zur Verfügung stehenden Effekte kennen und in ihren Möglichkeiten und Grenzen bewerten.

Dieser Grundsatzfrage ist der erste Teil unseres Buches gewidmet, wobei drei Maxime beachtet werden:

- Im Sinne des Titels der Reihe und der generell bestehenden Tendenz werden Festkörper- und insbesondere Halbleitereffekte bevorzugt betrachtet.
- Ein großer Teil der Halbleitereffekte wird auch in anderen Halbleiterbauelementen genutzt. Sie sind in anderen Bänden dieser Reihe ausführlich beschrieben, so daß wir hinsichtlich der Grundlagen auf den jeweiligen Band verweisen und nur die speziellen Aspekte der Sensorik ansprechen.
- Darüberhinaus werden aber einige Halbleitereffekte genutzt, die in anderen Bänden dieser Reihe nicht ausreichend diskutiert wurden: Dies sind die galvanomagnetischen und piezoresistiven Effekte sowie die Wechselwirkungen mit gasförmigen und flüssigen Substanzen, denen daher eigene Abschnitte gewidmet sind.

Der zweite Teil beschäftigt sich dann mit der modernen elektronischen Verarbeitung der Signale, wobei – schon in Anbetracht der heute vorliegenden Situation – eine mehr beispielhafte Betrachtung sinnvoll erschien, bei der aufgezeigt wird, mit welchen Mitteln der Halbleiterelektronik bestehende Probleme überwunden oder angegangen werden.

Literatur zur Einleitung

E.1 Schmidt, G.: Grundlagen der Regelungstechnik. Berlin: Springer 1982.
E.2 Heywang, W.: Amorphe und polykristalline Halbleiter. Halbleiter-Elektronik. Berlin: Springer 1984 (Halbleiter-Elektronik Band 18).
E.3 Flanagan, J.L.: Speech analysis, synthesis and perception. Berlin: Springer 1972.
E.4 Doddington, G.R.; Schalk, T.B.: Speech recognition: Turning theory to practice. IEEE Spektr. **18** (1981) 9, p. 26.
E.5 Büscher, R.; u.a.: Messen in der Prozeßtechnik. Berlin, München: Siemens 1972.

Einzeleffekte

1 Überblick über genutzte Effekte

Wie bereits in der Einleitung dargelegt, muß man schon bei einem einfachen Sensor unterscheiden zwischen dem genutzten physikalischen Effekt und der zu messenden Größe.

Im ersten Kapitel wollen wir uns den physikalischen Effekten widmen, die für Sensoren genutzt werden. Ihnen allen ist gemein, daß eine zu messende Größe mit einer elektrischen Ausgangsgröße verknüpft wird. Darüber hinaus gibt es aber ein wesentliches Unterscheidungsmerkmal, das bei allen Überlegungen getrennt zu betrachten ist: Wird die Energie der Meßgröße direkt in eine elektrische Energie gewandelt, ist also der Sensor nur ein passiver Energiewandler, oder wird die Energie der Meßgröße nur zur Steuerung eines Signals aus einer anderen Quelle verwendet? Im zweiten Fall muß das Sensorsystem eine Energiequelle enthalten. Damit kann naturgemäß höhere Flexibilität durch freie Parameterwahl und gleichzeitig eine erste Verstärkungsstufe erhalten werden. Beide, das passive und das aktive Wandlersystem, haben ihre natürlichen Anwendungsbereiche, die sich durch die verschiedensten Effekte verfolgen lassen.

So sind bei der Temperaturmessung (Kap. 2) die Thermoelemente passive Wandler, hingegen verwenden die Widerstandsthermometer eine zusätzliche Energiequelle. Bei höchsten Temperaturen werden Strahlungsleistung oder Farbtemperatur mittels optischer Empfänger ermittelt.

Bei den optischen Empfängern (Kap. 3) arbeitet die Photodiode wieder rein passiv, während z.B. der Photowiderstand oder auch der Phototransistor zusätzliche Energie einspeisen. Absorptionsmessungen sind ein typisches Beispiel für geeignete Parameterwahl – in diesem Fall der Wellenlänge – in einem aktiven Wandlersystem.

Bei der Messung magnetischer Wechselfelder bietet das elektrodynamische Prinzip die direkte Wandlung der Feldenergie in ein elektrisches Meßsignal auf einfachstem Wege. Bei stationären Feldern hat sich die Verwendung galvanomagnetischer Effekte in Halbleitern (Kap. 4) wegen ihrer hohen Empfindlichkeit und guten Integrationsfähigkeit vor allem bei Silizium und GaAs weitgehend durchgesetzt.

Eine ähnliche Komplementarität finden wir bei Piezowiderstandseffekten (Kap. 5) und Piezoeffekten (Kap. 6). Beim aktiven Wandlerprinzip hat sich Silizium wegen der Integrationsfähigkeit generell durchgesetzt. Beim passiven Prinzip des Piezoeffekts stehen durch neue Entwicklungen billige Wandler mit hohem Wirkungsgrad zur Verfügung, die für alle dynamischen Messungen das Feld beherrschen.

Auch bei den chemischen Wandlern (Kap. 7) sehen wir passive und aktive Meßwandler, einesteils die Messung galvanischer Potentiale (z.B. für Konzentration, pH-Wert), anderenteils Messungen von Adsorptions- oder Chemisorptionspotentialen mittels des Halbleiterfeldeffekts. Gerade auf dem Gebiet chemischer Sensoren stehen wir aber noch am Anfang der Entwicklung.

Unglücklicherweise verwenden die hier beschriebenen aktiven Wandler im allgemeinen passive Bauelemente und die passiven Wandler aktive Bauelemente. Wir wollen deshalb nicht, wie z.T. geschehen [1.1], den "aktiven Sensor" einführen, sondern den "*signalbearbeitenden Sensor*" (signal conditioning sensor) oder "*bearbeitenden Sensor*", der ein Signal noch konditionieren muß.

Für den "passiven Sensor" bietet sich der Begriff des "*rezeptiven Sensors*" an (receptive sensor). Letzterer nimmt das Signal lediglich auf und wandelt es um. Die Verarbeitung des Signals geschieht in beiden Fällen erst in Prozessor.

Tabelle 1.1 gibt einen ersten Überblick über für Sensoren genutzte physikalische Effekte mit Hinweisen auf ihre Anwendung. Allerdings ist zu beachten, daß beim Einsatz eine breite Palette zusätzlicher Randbedingungen auftritt, wie dies z.B. in Tab. 1.2 für die Temperaturmessung verdeutlicht wird. Diese Vielfalt, die für alle Sensoraufgaben analog besteht, stellt letztlich eine Herausforderung an die Intuition und die Erfindungsgabe des Ingenieurs dar (vgl. z.B. [1.2]). Unabhängig davon wollen wir uns nun in den Kap. 2 bis 7 dieses Buches den verschiedenen

Tabelle 1.1. Nutzung physikalischer Effekte für Sensoraufgaben

Größe \ Effekt	Thermisch	Optisch	Magnetisch	Piezowiderstandseffekt	Piezoelektrisch	Pyroelektrisch	Chemisch
Ort		×	×	×	×		
Kraft				×	×		
Druck				×	×		
Temperatur	×	×				×	
Licht	×	×			×	×	
Gas		×					×
Magnetfeld			×				

Tabelle 1.2. Beispiel Temperaturmessung

	Meßbereich in °C	Bemerkungen
Thermoelement	$-200 \cdots +1600$	kleine Signalspannung, teure Elektronik, Nullpunktkompensation
Metall- Widerstandsthermometer	$-270 \cdots +850$	kleine Signalspannung, teure Elektronik
Si-Elemente	$-50 \cdots +150$	Widerstand, Transistoren, untere Temperaturgrenze gegeben durch Gehäuse, Billigstfühler
Kaltleiter	$-30 \cdots +350$	steile Temperaturschwelle, billig, robust
Heißleiter	$-50 \cdots +350$	exponentielle Kennlinie, Kompromiß zwischen Genauigkeit und Preis
Photodiode	$0 \cdots +4000$	Fernmessung, unterhalb $+400\,°C$ Halbleiter mit kleinem
Photoleiter		Bandabstand und Kühlung
pyroelektrischer Detektor	$0 \cdots +4000$	Fernmessung, hohe Empfindlichkeit, dynamische Messung
Dehnungsthermometer	$-200 \cdots +1000$	Flüssigkeitsthermometer, Bimetall, Ortsmessung
Gasthermometer	$-250 \cdots +1000$	physikalische Messung, sehr aufwendig, Druckmessung
Temperaturmeßfarben	$-30 \cdots +1600$	Farbumschlag z.B. Flüssigkristall

in Tab. 1.1 aufgeführten physikalischen Effekten zur Lösung von Sensoraufgaben im einzelnen widmen.

Literatur zu Kapitel 1

1.1 Pläging, J.; Stadlmann, W.: Gleichspannungs-Meßverstärker. Markt u. Technik Nr. **42** vom 22.10.1982, S. 86.
1.2 Heywang, H.: Sensoren in Natur und Technik. Siemens-Z. **60** (1986) Nr. 4, 12.

2 Thermische Effekte

2.1 Elektrische Temperaturmessung

Die Grundgröße "Temperatur" hat auf viele physikalische Vorgänge einen entscheidenden Einfluß. Entsprechend ihrer Bedeutung für die optimale Steuerung und Überwachung technischer Prozesse wurden für die unterschiedlichen Anwendungsfälle spezielle Meßverfahren entwickelt [2.1, 2.2]. Neben mechanischen Ausführungen, hauptsächlich Ausdehnungs- und Bimetallthermometern, haben elektrische Thermometer eine weite Verbreitung gefunden [2.3]. Sie bestehen im allgemeinen aus einem Meßwertaufnehmer, einer Auswerte- und Anzeigeeinheit.

In den Anfängen der elektrischen Temperaturmessung nahmen das Thermoelement und das Platin-Widerstandsthermometer eine Vorrangstellung bei den Meßwertaufnehmern (Sensoren) ein. Mit dem Aufkommen der Heißleiter in den 50er Jahren erfolgte eine Weiterentwicklung zu kostengünstigen Sensoren mit hoher Empfindlichkeit und guter Genauigkeit. Die Stabilität von Platindraht konnte man allerdings nicht erreichen. Seit den 60er Jahren werden auch Si-Transistoren als Meßwertaufnehmer eingesetzt. Sie zeichnen sich durch ein fast lineares Ausgangssignal über den Meßbereich aus, die Reproduzierbarkeit der Kennlinie bereitet hingegen Schwierigkeiten.

In jüngster Zeit wurden Halbleiter-Temperatursensoren auf Si-Basis entwickelt, die auf dem Effekt des Ausbreitungswiderstands beruhen. Die Integration dieser Sensoren in komplexe Schaltungen wird voraussichtlich der nächste Schritt sein.

In der Sensorentwicklung geht die Tendenz dahin, die Meßwerterfassung und die Signalaufbereitung zu einem digitalisierungsfreundlichen Signal (Frequenz oder Tastverhältnis) in einem System als "intelligenter Sensor" zu vereinen. Deshalb werden integrierbare Halbleiter-Temperatursensoren auf der Basis von kristallinem oder amorphem Silizium in Zukunft sehr große Bedeutung erlangen.

Für den Anwender ist es wichtig, zwischen rezeptiven Sensoren, welche thermische Energie direkt in elektrische umwandeln, und signalbearbeitenden Sensoren, die dazu eine Hilfsenergie benötigen, zu unterscheiden. Die Tab. 2.1 gibt Aufschluß über die physikalischen Effekte, die für Temperatursensoren ausgenützt werden.

Tabelle 2.1. Temperatursensoren

	Physikalischer Effekt	Sensortypen
Rezeptive Sensoren	* Seebeck-Effekt	Thermoelement
signalbearbeitende Sensoren	* Temperaturabhängigkeit des elektrischen Widerstandes	Metall-Widerstandsthermometer Halbleiterthermometer Heißleiter, Kaltleiter, Si-Temperatursensor
	* Temperaturabhängigkeit der Flußspannung eines pn-Überganges	Diode, Transistor, integrierter Temperatursensor

2.2 Thermoelemente

Bringt man zwei metallische Leiter aus unterschiedlichen Werkstoffen in innigen Kontakt, dann läßt sich an den offenen Leiterenden eine eingeprägte, von der Temperaturdifferenz abhängige Spannung, die sogenannte Thermospannung, messen (Seebeck-Effekt). Ein hochohmiges Zeigerinstrument mit entsprechender Skalenteilung zeigt die Temperatur T_2 der Meßstelle vermindert um die konstante Temperatur T_1 der Vergleichsstelle (Bild. 2.1) an.

Gebräuchliche Thermopaare, ihre Empfindlichkeiten und ihre Meßbereiche gibt Tab. 2.2 an. Thermoelemente sind aufgrund ihrer einfachen Konstruktion (zwei punktverschweißte, metallische Leiter) äußerst robust und werden in Miniaturformen für Punktmessungen gebaut, bis hin zu Massivausführungen in Mantelschutzrohren aus hochwertigem Stahl oder Keramik [2.4].

Vorteile beim Thermoelement sind große Zurverlässigkeit, verbunden mit hoher Langzeitstabilität und sehr guter Reproduzierbarkeit der Kennlinie. Nachteile ergeben sich aus dem niedrigen Signalpegel in der Größenordnung einiger Millivolt und der Tatsache, daß der Seebeck-Effekt eine Kontaktspannung zur Ursache hat und daher alle zusätzlichen Kontaktspannungen im Meßkreis

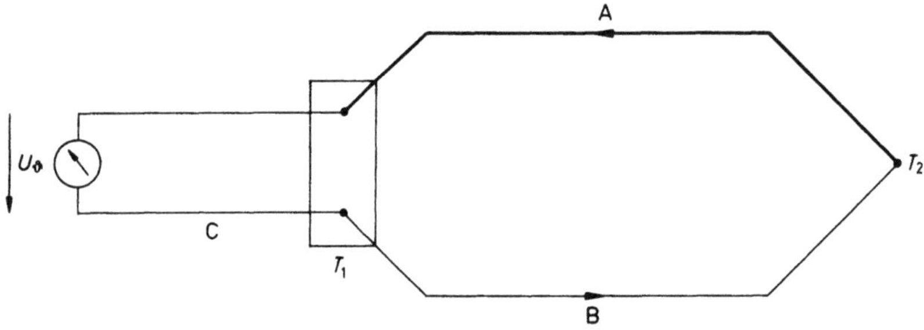

Bild 2.1. Thermokreis mit den Thermoschenkeln A und B; Meßtemperatur T_2; Vergleichsstellentemperatur T_1

Tabelle 2.2. Thermoelemente

	Thermoelemente	Verwendungsbereich °C	Thermospannung bei 100 °C bezogen auf 0 °C nach DIN 43710 mV
Nicht-Edelmetalle	Kupfer-Kupfernickel (Konstantan)	$-200\ldots+\ 400$	4,25
	Eisen-Kupfernickel (Konstantan)	$-200\ldots+\ 700$	5,37
	Nickelchrom-Nickel	$0\ldots+1000$	4,095
	Nickelchrom-Kupfer-nickel (Konstantan)	$-270\ldots+\ 700$	6,317
Edelmetalle	Platin, 10% Rhodium-Platin	$-50\ldots+1300$	0,645
	Platin, 13% Rhodium-Platin	$0\ldots+1400$	0,647
	Platin, 30% Rhodium-Platin, 6% Rhodium	$0\ldots+1500$	0,033

durch Einbau sogenannter Ausgleichsleitungen aus speziellem Material unterbunden werden müssen. Die konstante Vergleichsstellentemperatur bedeutet eine zusätzliche Erschwerung, auch wenn es dafür elektronische Simulationsschaltungen als Alternative gibt.

2.3 Dioden und Transistoren als Temperatursensoren

Die Gleichstromkennlinie einer pn-Diode weist eine starke Temperaturtabhängigkeit auf, für die nach der Shockley-Gleichung [2.8, Gl. (7/25)] gilt

$$I = I_s\left(\exp\frac{eU}{kT} - 1\right). \tag{2.1}$$

Dabei gilt für den Sättigungsstrom I_s ein Zusammenhang

$$I_s = AT^\alpha \exp\left(-\frac{E_{go}}{kT}\right), \tag{2.1a}$$

wobei A eine Konstante und E_{go} der auf $T = 0$ extrapolierte Bandabstand ist. In den Exponentialfaktor α gehen Dotierungsverhältnis und Geometriefaktoren ein sowie Temperaturgang von Diffusionskonstante bzw. Beweglichkeit und Bandgewicht (vgl. [2.5, Kap. 1]).

Bei Polung in Durchlaßrichtung ist nach Gl. (2.1) die Temperaturabhängigkeit besonders hoch. Wegen $eU \gg kT$ kann man dort unter Vernachlässigung der 1 gegenüber der Exponentialfunktion umformen und erhält

$$U = \frac{E_{go}}{e} + \frac{kT}{e}(\ln I/A - \alpha \ln T). \tag{2.2}$$

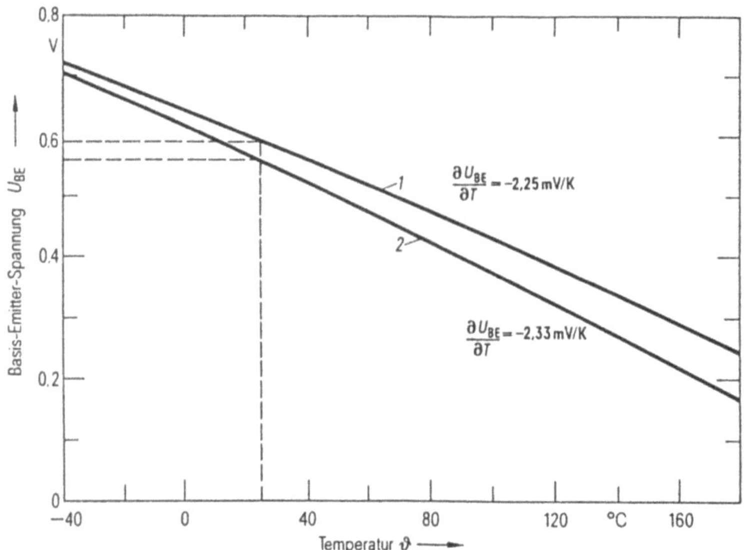

Bild 2.2. U_{BE} als Funktion der Temperatur bei zwei Transistoren mit gleicher Gleichstromverstärkung

Dies ergibt bei konstant gehaltenem Strom einen nahezu linearen Temperaturgang von U, für den wir auch schreiben können

$$\left(\frac{\partial U}{\partial T}\right)_I = -\frac{E_{go}/e - U}{T} - \frac{\alpha k}{e}. \tag{2.3}$$

Verwenden wir anstelle einer Diode einen Bipolartransistor [2.6], den wir durch Verbinden von Basis und Kollektor als Diode betreiben, so wird bei optimaler Stromverstärkung α besonders hoch. Wir erhalten dann Sensorkennlinien, wie sie in Bild 2.2 für Siliziumtransistoren wiedergegeben sind. Wegen der in Anbetracht des geeigneten Bandabstands günstigen Empfindlichkeit und Robustheit des Materials auch unter rauheren Bedingungen haben sich Siliziumtransistoren als Temperatursensoren gut bewährt. Kleinheit und Linearität sind nahezu ideal. Leider findet sich gerade bei der Temperaturabhängigkeit selbst eine größere Exemplarstreuung aufgrund von Einflüssen der lokalen Kristallqualität (Rekombinationszentren) und Oberflächeneffekten auf den Sättigungsstrom [2.7, Abschn. 2.2]. Die Unterschiede der Basis-Emitterspannungen U_{BE} bei gleichem Kollektorstrom I und Raumtemperatur sowie die Streuung bei den Temperaturkoeffizienten (Gl. (2.3)) haben bislang die Austauschbarkeit und damit den breiten Einsatz von Transistor-Temperatursensoren verhindert.

Eine elektronische Signalverarbeitung mit Transistor-Temperatursensoren ist jedoch nur dann wirtschaftlich einsetzbar, wenn die Verarbeitung nicht individuell auf jeden Sensor einjustiert werden muß, d.h. wenn die Sensoreigenschaften von Exemplar zu Exemplar hinreichend kleine Schwankungen haben und darüber hinaus auch über längere Zeiträume stabil sind, auch unter den in der Praxis vorgegebenen, ungünstigen Bedingungen.

Durch die Möglichkeiten der Höchstintegrationstechnik, Transistoren mit sehr engtolerierten Abmessungen herzustellen, können austauschbare Fühler durch nachfolgende Selektion in engtolerierte Toleranzklassen kostengünstig angeboten werden.

Als Selektionskriterium liegt zugrunde, daß zwei Transistoren, die bei einer Temperatur gleiche Werte der Gleichstromverstärkung und der Basis-Emitterspannung U_{BE} aufweisen, auf Temperaturänderungen gleich reagieren. Im Bereich von -50 bis $+150\,°C$ können so die Beträge der Meßfehler verschiedener Transistoren aus einer Toleranzklasse auf kleiner $\pm 2\,K$ begrenzt werden.

2.4 Monolithisch integrierte Temperatursensoren nach dem Transistorprinzip

Einen Transistor innerhalb einer integrierten Schaltung als Elementarfühler zu verwenden und die Signalverstärkung und Linearisierung auf einem Chip zu integrieren, liegt nahe. Allerdings müssen besondere schaltungstechnische Maßnahmen getroffen werden, um tatsächlich nur die durch den Meßtransistor verursachte Änderung der Ausgangsgrößen Strom oder Spannung wirksam werden zu lassen und die durch Erwärmung des gesamten Chip hervorgerufenen störenden Nebeneffekte zu kompensieren.

In der Praxis verwendet man zwei mit unterschiedlichen Stromdichten beaufschlagte Transistoren, um den Schwierigkeiten der Exemplarstreuungen zu entgehen.

Fließen durch zwei identische Transistoren Kollektorströme, die sich zueinander wie 1:r verhalten, dann berechnet sich die Differenz ΔU_{BE} ihrer Basis-Emitterspannungen zu:

$$\Delta U_{BE} = \frac{kT}{e}\ln\left(\frac{rI}{I_s}\right) - \frac{kT}{e}\ln\left(\frac{I}{I_s}\right). \tag{2.4}$$

$$\Delta U_{BE} = \frac{kT}{e}\ln r. \tag{2.5}$$

Die resultierende Spannungsdifferenz ΔU_{BE} ist der absoluten Temperatur direkt proportional, vorausgesetzt das Verhältnis der Kollektorströme r wird über den gesamten Temperaturbereich konstant gehalten.

Der integrierte Temperatursensor AD 590 (Bild 2.3) ist ein Zweipol und arbeitet nach dem o.g. Prinzip. In der Schaltung übernehmen die Transistoren Q_1 und Q_2 die Fühlerfunktion nach Gl. (2.4). Setzt man bei den Transistoren Q_3 und Q_4 identische Eigenschaften voraus, dann bewirkt ihre Schaltung als Stromspiegel eine Aufteilung des Stroms I in zwei gleichgroße Kollektorströme

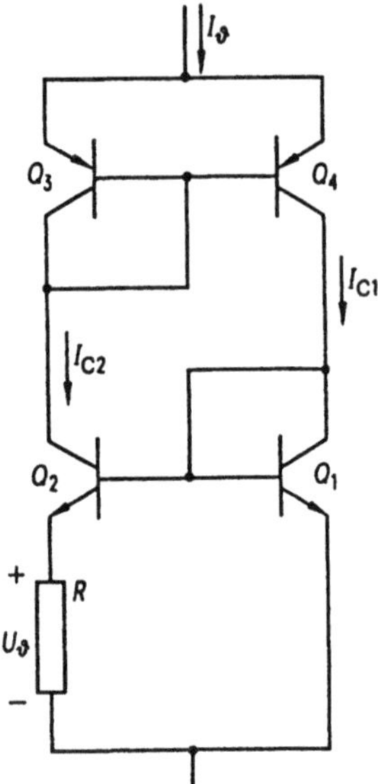

Bild 2.3. Prinzipschaltung des integrierten Temperatursensors AD 590

I_{C1} und I_{C2}. Wenn der Transistor Q_2 aus acht parallelgeschalteten Transistoren mit der Größe von Q_1 besteht, beträgt seine Kollektor-Stromdichte nur 1/8 von der im Transistor Q1. Die nach Gl. (2.5) auftretende Differenz ΔU_{BE} der Basis-Emitterspannung läßt über den Widerstand R einen der absoluten Temperatur proportionalen Strom I_{C2} fließen. Aufgrund der Funktion des Stromspiegels muß dann auch der Gesamtstrom I der absoluten Temperatur proportional sein. Durch Laserabgleich von R läßt sich die Proportionalitätskonstante auf $1\,\mu AK^{-1}$ einstellen.

Zur Verfeinerung des Grundprinzips wurden eine Reihe schaltungstechnischer Maßnahmen zur Kompensation von Leckströmen und Rückwirkungen auf die Stromspiegelschaltung ergriffen. Dadurch wird erreicht, daß die Schaltung in einem weiten Versorgungsspannungs- und Temperaturbereich praktisch fehlerfrei arbeitet.

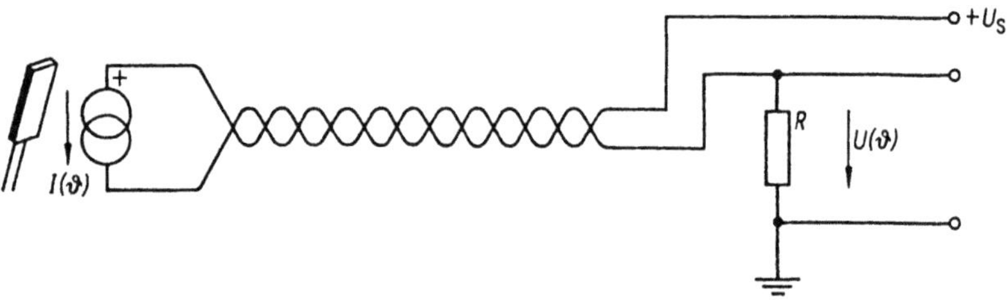

Bild 2.4. Zwei-Leiter-Schaltung mit Stromeinprägung vom integrierten Temperatursensor AD 590

Vorteilhaft läßt sich der integrierte Temperatursensor AD 590 in Zwei-Leiter-Schaltungen einsetzen. Wegen der Stromeinprägung sind Leitungswiderstände ohne Bedeutung auf die Messung. Nach Bild 2.4 fällt an dem mit einem Referenzwiderstand abgeschlossenen Ende der Leitung eine temperaturproportionale Spannung ab, die einer Auswertelektronik zugeführt werden kann.

2.5 Si-Temperatursensoren nach dem Prinzip des Ausbreitungswiderstands

Will man in einem Silizium-Sensor die mit dem Sperrstrom verbundenen Toleranzschwierigkeiten vermeiden und ohne p-n-Übergang arbeiten, so kann man auch den durchaus interessanten Temperaturgang des spezifischen Widerstands

$$\rho = \frac{1}{e(\mu_p p + \mu_n n)} \tag{2.6}$$

selbst nutzen (Bild 2.5). Im Störstellen-Erschöpfungsbereich hängen die Ladungsträgerkonzentrationen p und n nur von der Dotierungskonzentration n_A bzw. n_D ab.

Durch thermische Gitterstreuung sinkt die Beweglichkeit bei steigender Temperatur und bewirkt eine Erhöhung des spezifischen Widerstands [2.8,

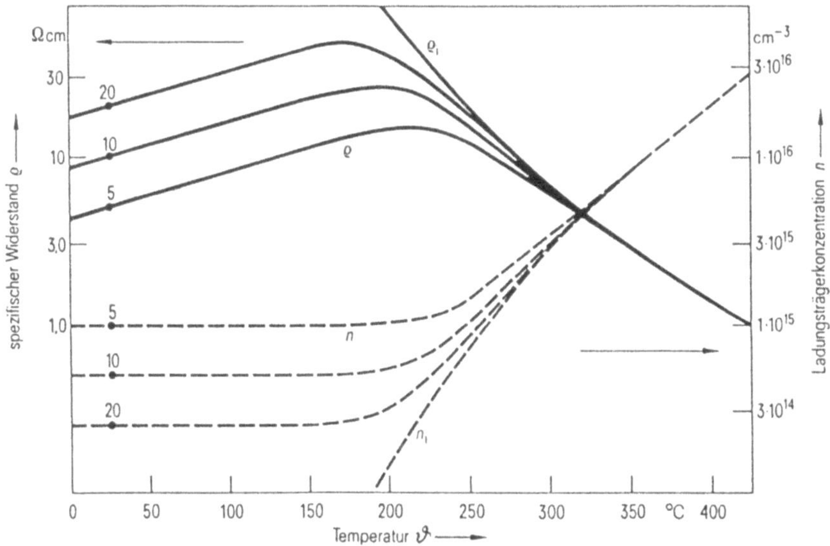

Bild 2.5. Spezifischer Widerstand ϱ(——), Ladungsträgerkonzentration n(---) von n-dotiertem Silizium in Abhängigkeit von der Temperatur (Eigenleitung: p_i, n_i)

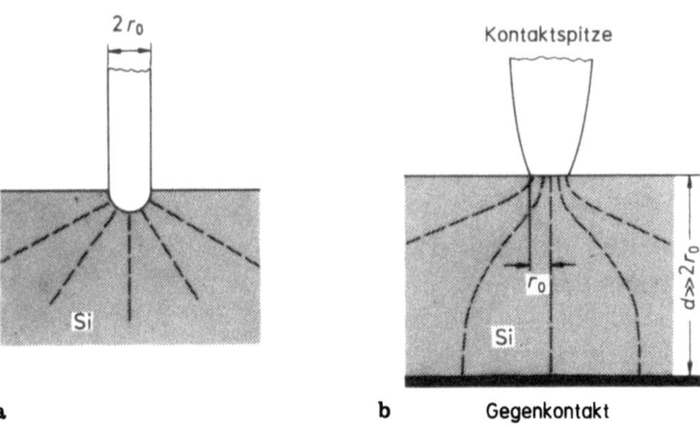

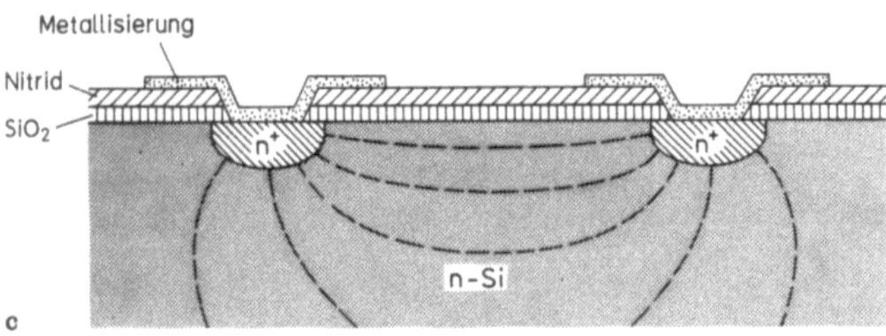

Bild 2.6 a–c. Ausbreitungswiderstand an Kontakten: **a** zentralsymmetrische Feld- und Stromverteilung; **b** "Einspitzenmethode"; **c** Realstruktur eines Si-Temperatursensors

Abschn. 2.5]. Dies ist der Arbeitsbereich für Si-Temperatursensoren. Er erstreckt sich von -50 bis $+150\,°$C. Bei höheren Temperaturen kommt man in den Eigenleitungsbereich, in dem thermische Paarerzeugung von Ladungsträgern die Gitterstreuung überwiegt und der spezifische Widerstand nach einem Maximalwert wieder absinkt. Die Begrenzung nach tiefen Temperaturen rührt vom Kontaktwiderstand her, der klein gegenüber dem Gesamtwiderstand des Sensors bleiben muß.

Für einen Meßbereich bis $150\,°$C sind gem. Bild 2.5 Dotierungskonzentrationen $> 3.10^{14}\,\mathrm{cm}^{-3}$ erforderlich, die zu spezifischen Widerständen $< 20\,\Omega$ cm führen. Man muß daher durch entsprechende Probengeometrie für einen meßtechnisch geeigneten hohen Widerstand sorgen. Besonders einfach lassen sich solch hohe Widerstände durch sog. Punktkontakte unter Nutzung des Ausbreitungswiderstands realisieren [2.9] (vgl. Bild 2.6). Der Widerstand ist dann bis auf einen Geometriefaktor ß nur durch den Kontaktradius r_0 bestimmt

$$R = \frac{\rho}{\beta r_0}. \tag{2.7}$$

Im Falle einer zentralsymmetrischen Feldverteilung errechnet man leicht den

Gesamtstrom aus dem elektrischen Feld

$$I = 2\pi r^2 E/\rho,$$

wobei E mit der Kontaktspannung U durch die Gleichung

$$E = r_0 U/r^2$$

verknüpft ist. Damit ergibt sich für ß der Wert 2π. Im Fall der sog. Ein-Spitzen-Methode, wie sie schon zu Beginn der Halbleiterentwicklung zur Bestimmung des spez. Widerstands verwendet wurde, erhält man wegen der Feldverzerrung ß = 4 und bei der üblichen Sensoranordnung mit zwei Kontaktlöchern einen vom Lochabstand abhängigen noch etwas kleineren Wert.

Diese symmetrische Anordnung mit zwei Kontaktlöchern bietet den wichtigen Vorteil, daß auch bei kleineren nichtlinearen Widerstandsbeiträgen aus dem Metall-Halbleiter-Kontakt das Bauelement polungsunabhängig arbeitet. Der Widerstandswert und der Temperaturkoeffizient bei einer Bezugstemperatur ($+25\,°C$) wird praktisch nur durch die n-Dotierung des Si-Grundmaterials und den Kontaktlochdurchmesser bestimmt. Der Meßstrom darf einige Milliampère nicht überschreiten, sonst treten nichtlineare Effekte infolge zu hoher Stromdichte an den Kontaktlöchern auf.

Eine typische Widerstands-Temperatur-Kennlinie gibt Bild 2.7 wieder. Bei $25\,°C$ beträgt der Sensorwiderstand $2\,k\Omega$. Der Temperaturkoeffizient liegt mit $0{,}7\%/K$ in der Gegend von Nickel-Metall-Widerständen. Die Kennlinie ist gekrümmt und kann durch eine empirisch gefundene Parabelfunktion

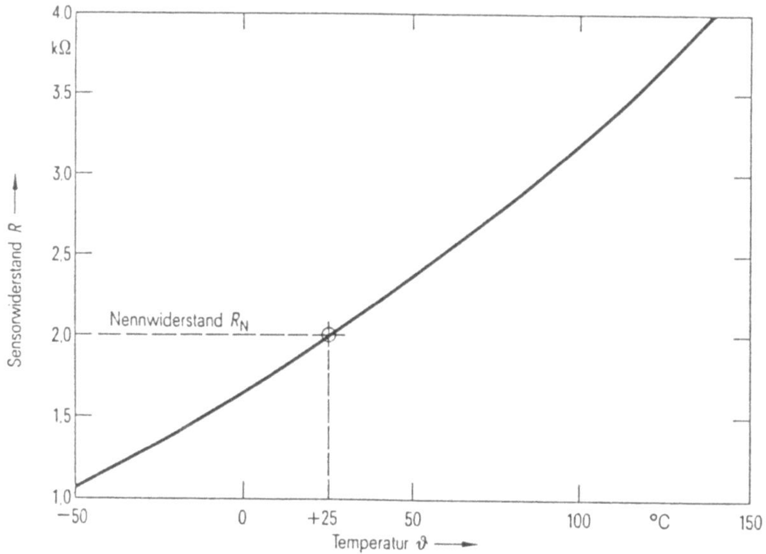

Bild 2.7. Typische Widerstands-Temperatur-Kennlinie des Si-Temperatursensors

beschrieben werden. Mit einem temperaturunabhängigen Festwiderstand ist eine Linearisierung über den gesamten Funktionsbereich leicht möglich (Abschn. 2.8.2).

Si-Temperatursensoren können engtoleriert ($\pm 1\%$ vom Nenn-Widerstandswert) gefertigt werden und sind wegen einer guten Reproduzierbarkeit der Kennlinie austauschbar. Die kleinen Systemabmessungen ermöglichen anwendungsgerechte Fühlergehäuse mit kurzen Ansprechzeiten. Die Langzeitstabilität reicht fast an die Werte von Metall-Widerstandsthermometern heran. Leitungswiderstände sind bei den relativ hochohmigen Fühlern unkritisch. Zur Signalverarbeitung reicht eine einfache Schaltungstechnik aus (Abschn. 8.2.3).

2.6 Heißleiter

Bei der Verwendung von Halbleitern wie Silizium als Temperatursensoren erhalten wir Temperaturgänge, wie sie entweder durch den Bandabstand (im Eigenleitungsbereich oder bei Trägerinjektion) oder durch die Trägerbeweglichkeit (im Störstellen-Erschöpfungsbereich) vorgegeben sind. Auf Grund dieser Einschränkung einerseits und auf Grund von Robustheit und Preis andererseits hat die bereits früher entwickelte Klasse keramischer Heißleiter auch heute noch große technische Bedeutung [2.10]. Heißleiter weisen alle einen durch eine Aktivierungsenergie E_A bestimmten exponentiellen Abfall des Widerstandes auf, der durch eine Gleichung

$$R = R_N \exp B(1/T - 1/T_N) \tag{2.8}$$

mit

$$B = E_A/k$$

beschrieben werden kann. Bei den heute bevorzugten Spinellhalbleitern ist E_A aber nicht wie bei Silizium durch einen Bandabstand bestimmt, sondern durch die Aktivierungsenergie, die für den Übergang eines Leitungselektrons von einem Gitteratom zum äquivalenten benachbarten benötigt wird. Dabei bedeutet äquivalent nicht nur gleiche Atomart, sondern auch gleichen Einbauplatz im Gitter. Durch die im Spinellgitter vorhandenen unterschiedlichen Einbauplätze lassen sich nun – gesteuert durch das Mischungsverhältnis der verwendeten Oxide – sowohl Leitfähigkeit als auch Aktivierungsenergie in einem weiten Bereich einstellen. Dies geschieht beispielsweise in einem sog. inversen Spinell der Formel

$$Fe^{3+}[Fe^{2+}_{1-x}, Ca^{2+}_x; Fe^{3+}]O^{2-}_4$$

durch geeignete Wahl des Parameters x, da alle in der eckigen Klammer angegebenen Ionen auf gleichwertigen Gitterplätzen zu finden sind. Bezüglich einer ausführlichen Darstellung von Eigenschaften und Möglichkeiten solcher Heißleiter-Materialien sei auf [E.2, Kap. 3] verwiesen. Hier sei nur erwähnt,

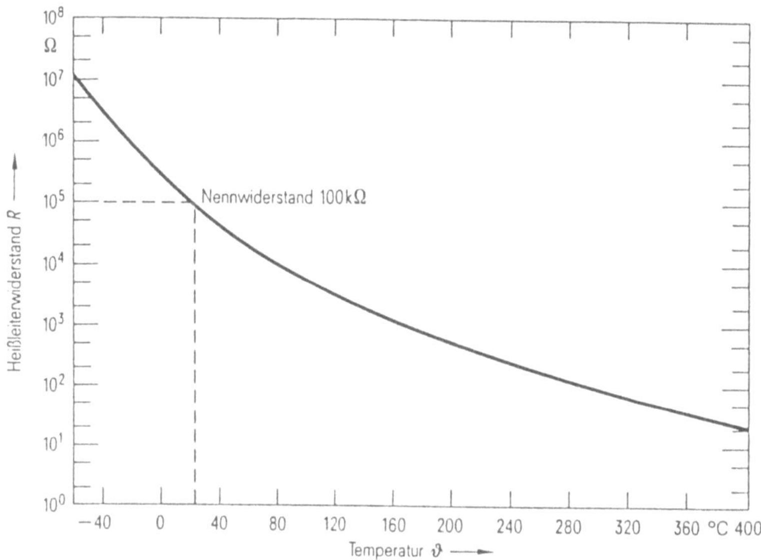

Bild 2.8. Heißleiterwiderstand als Funktion der Temperatur

daß heute technische Heißleiter in einem weiten Eigenschaftsbereich ($1\Omega < R_N < 1M\Omega$, $1500\,K < B < 7000\,K$) in verschiedenen Toleranzklassen ($\pm 2\%$ bis $\pm 10\%$) angeboten werden (vgl. Bild 2.8).

Eine Selektion in Toleranzengruppen mit $\pm 2\%$ schränkt den Temperaturfehler auf $\pm 0,5\,K$ ein, was in den meisten Anwendungsfällen genügt.

Heißleiter haben weite Verbreitung gefunden in der Lebensmittel- und Kunststoffindustrie, in der Kfz-Elektronik, in transportablen Betriebsmeßgeräten und in der medizinischen Technik, auch als Fieberthermometer. Vorteilhafte Einsatzmöglichkeiten ergeben sich in der Tieftemperatur-Meßtechnik und bei speziellen physikalischen Aufgabenstellungen als Strahlungsempfänger bei Pyrometern, wo sich der Heißleiter auf der Rückseite einer schwarzgefärbten Absorptionsfläche befindet, oder als Geber in Strömungsanemometern. Ein Teil der Anwendungen betrifft die Temperaturkompensation von Spulen, die Arbeitspunktstabilisierung von Transistoren und die Übertemperatursicherung elektronischer Geräte.

2.7 Kaltleiter

Bei Kaltleitern handelt es sich wie bei Heißleitern um halbleitende keramische Materialien. Sie werden wie diese ausführlich in [E.2, Kap. 4] beschrieben, so daß hier ihre Eigenschaften nur kurz betrachtet werden sollen. Für neuere Daten wird auf [2.11] verwiesen.

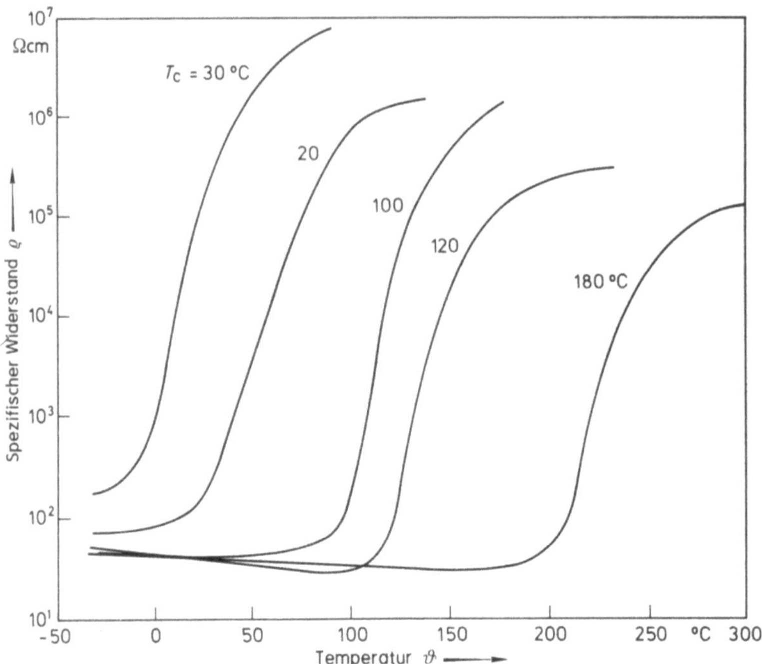

Bild 2.9. Spezifischer Kaltleiterwiderstand als Funktion der Temperatur

Auf Grund eines Fehlstellengleichgewichts bilden sich an den Korngrenzen natürliche Sperrschichten aus. Die Höhe der dadurch bedingten Potentialbarrieren wird von den dielektrischen Eigenschaften des verwendeten ferroelektrischen Grundmaterials gesteuert, so daß sich oberhalb der jeweiligen Curietemperatur ein steiler Widerstandsanstieg ausbildet mit Temperaturkoeffizienten bis zu 70%/K (Bild 2.9). Wichtig ist, daß die Ansprechtemperatur durch die Curietemperatur, d.h. durch geeignete Wahl des Grundmaterials ($BaTiO_3$ und Homologe) in einem weiten Bereich von unter Zimmertemperatur bis ca. 250 °C (mit fertigungstechnischen Toleranzen von ± 5 K) eingestellt werden kann.

Kaltleiter eignen sich wegen ihrer typischen Kennlinie mit rasch einsetzendem Widerstandsanstieg bevorzugt für Schutzfunktionen, wobei zwei Arten prinzipiell zu unterscheiden sind:

- die des einfachen Temperaturfühlers wie beim Überlastschutz in Motorwicklungen und
- solche, bei denen das charakteristische Verhalten bei Eigenerwärmung ausgenützt wird.

Dieses charakteristische Verhalten wird im wesentlichen durch die stationäre I/U-Kennlinie von Bild 2.10 beschrieben. Bei ansteigender Spannung

20

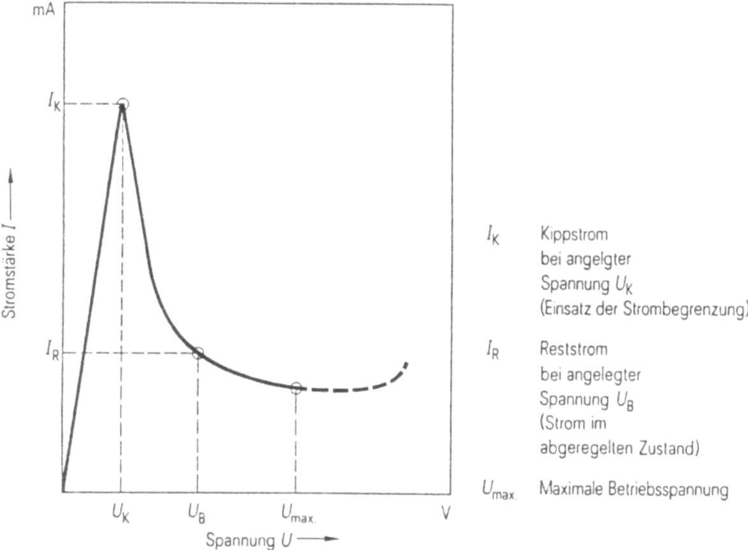

Bild 2.10. Typische Strom-Spannungs-Charakteristik von Kaltleitern

erwärmt sich der Kaltleiter bis zur Ansprechtemperatur. Eine weitere Erwärmung durch Spannungserhöhung führt wegen der raschen Zunahme des Widerstands zu einer Stromabnahme, die in einen stationären Reststrom mündet. Darauf beruht die Schutzfunktion von Kaltleitern, die – in Serie zum Verbraucher geschaltet – bei Überlastung hochohmig werden. Hauptanwendungen sind:

- Grenztemperatur-Fühler (Motorwicklung, Maschinenteile, Heißwassergeräte),
- Überlastschutz bei Überschreiten von I_k (Lautsprecher, NF-Endstufe, Kleinmotoren, Leuchtstoffröhrenstarter),
- Verzögerungsschaltungen durch Nutzung der Zeit bis zum Erreichen der Ansprechtemperatur (Relaisverzögerung, Entmagnetisierung bei Farbfernsehröhren, Steuerung der Anlauf-Hilfsphase von Wechselstrommotoren),
- Messung der Wärmeableitung (Flüssigkeitsniveaufühler),
- selbstregelnder Thermostat (Heißluft-Haartrockner, Wärmeplatte).

2.8 Linearisierung von Halbleiter-Temperatur-Sensoren

Häufig wird zwischen der Temperatur und der elektrischen Ausgangsgröße ein linearer Zusammenhang gefordert [2.12] [2.13].

2.8.1 Linearisierung bei Temperatur-Meßtransistoren

Temperatur-Meßtransistoren haben im Bereich von $-5\,°C$ bis $+150\,°C$ einen typischen Linearitätsfehler von $\pm 1\,K$. Für Präzisionsmessungen bringt eine Nachsteuerung des Kollektorstroms nach der Beziehung

$$I_C = I_{C_0}\left(\frac{T}{T_0}\right)^x \tag{2.9}$$

einen wesentlichen Linearitätsgewinn. Schaltungstechnisch läßt sich Gl. (2.9) durch eine Quadrierschaltung im Rückkopplungszweig eines Operationsverstärkers realisieren, der die temperaturabhängige Spannung U_{BE} des Meßtransistors am Ausgang liefert.

2.8.2 Passive Linearisierung von Heißleitern und Si-Temperatursensoren

Bei Temperatursensoren und Heißleitern besteht die einfache Möglichkeit einer passiven Linearisierung der R(T)-Kennlinie durch Parallelschaltung eines geeigneten, temperaturunabhängigen Widerstands R_p. Der Gesamtwiderstand R' ergibt sich zu:

$$R'(T) = \frac{R(T)R_p}{R(T) + R_p}; \tag{2.10}$$

Der Parallelwiderstand R_p wird so gewählt, daß die resultierende Funktion $R'(T)$ einen Wendepunkt in der Mitte des Meßbereichs hat.

Diese Methode ist bei allen Temperatursensoren anwendbar, deren erste und zweite Ableitung unterschiedliche Vorzeichen haben.

Zur Ableitung einer temperaturproportionalen Spannung $U_A(T)$ verwendet man den Temperatursensor in einer Spannungsteilerschaltung nach Bild 2.11.

Hat der Vorwiderstand R_v denselben Wert wie der optimale Linearisierungswiderstand R_p, dann weist die Funktion $U_A(T)$ denselben Linearitätsgewinn wie $R'(T)$ auf.

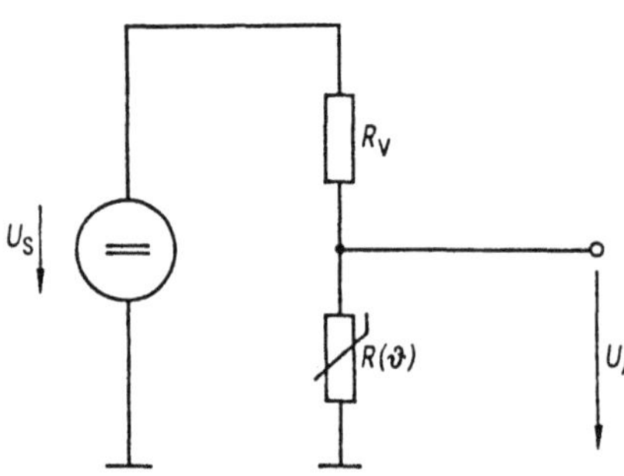

Bild 2.11. Temperaturabhängiger Spannungsteiler mit Si-Sensor

22

In der Literatur sind eine Reihe von passiven Linearisierungsnetzwerken und von aktiven Linearisierungsschaltungen bekannt, bei denen der Spannungsteiler nach Bild 2.11 zu einer Brückenschaltung mit einem Operationsverstärker ergänzt wird (Abschn. 8.2.3).

Sie unterscheiden sich in ihren Linearisierungseigenschaften nicht, wenn der Temperatursensor an seinen Klemmen den gleichen Parallelwiderstand als Innenwiderstand der Schaltung sieht. Die Unterschiede beziehen sich dann lediglich auf die Abgleichmöglichkeit der Kennlinie hinsichtlich Steilheit und Nullpunktfehler sowie auf die Korrektur von Offsetspannungen der Operationsverstärker und anderer nichtidealer Einflüsse. Temperaturgesteuerte Spannungs- und Stromquellen (z.B. 0 bis 20 mA-Stromschleife für Analogtechnik oder Pegelanpassung für Prozeßrechnereingänge 0 bis 10 V) mit annähernd linearer Übertragungskennlinie über einen weiten Meßbereich, lassen sich mit einem Operationsverstärker konzipieren.

Beispiel

Bild 2.12 zeigt den Linearitätsgewinn bei der passiven Linearisierung eines Si-Temperatursensors und eines Heißleiters.

Zum besseren Vergleich sind beide Kennlinien in normierter Darstellung (Bezugspunkt $+25\,°C$) eingetragen. Bild 2.13 stellt den absoluten Fehler beider Bauelemente, bezogen auf die jeweilige Wendetangente, dar. Für den Heißleiter endet die Kurve bei $\pm 5\,K$ Fehler aus Maßstabsgründen. Dabei fällt auf, daß

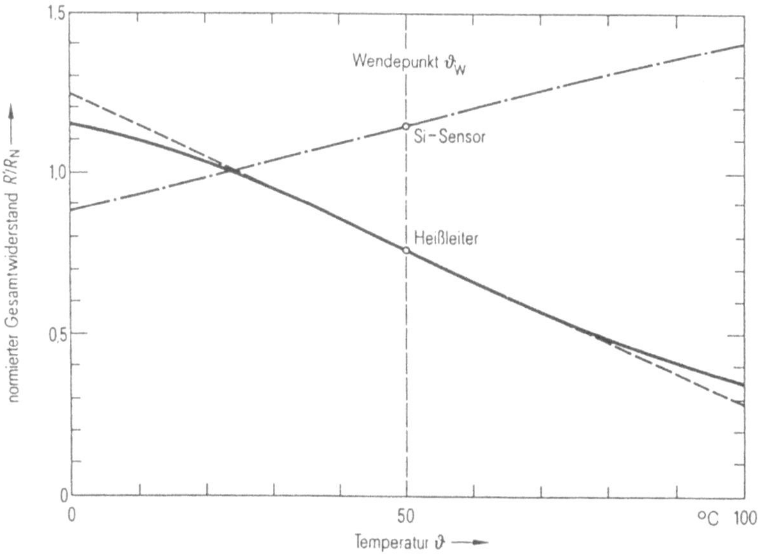

Bild 2.12. Kennlinienvergleich eines durch einen Parallelwiderstand optimal linearisierten Heißleiters (———) mit dem Si-Temperatursensor (–·—·–)

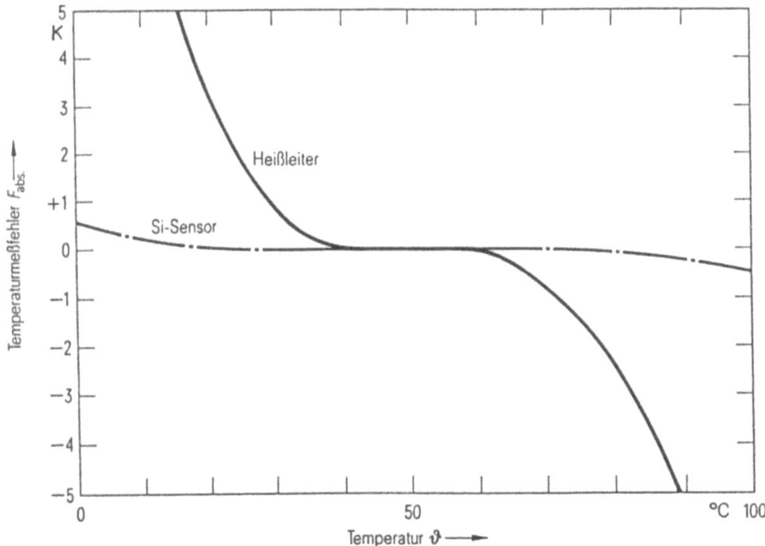

Bild 2.13. Absoluter Fehler $F_{abs} = \vartheta_{Anzeige} - \vartheta_{Fühler}$ als Abweichung der linearisierten Kennlinie von der Wendetangente beim Heißleiter (———) und beim Si-Sensor (–·–·–)

die relative Widerstandsänderung sowohl beim mit R_p beschalteten Heißleiter als auch beim Si-Temperatursensor ungefähr gleich ist. Obwohl der Heißleiter unbeschaltet einen viel größeren Temperaturkoeffizienten hat, muß zur Einhaltung der Wendepunktbedingung eine starke Scherung der Kennlinie vorgenommen werden. Dies ist beim Siliziumsensor nicht in dem Maße notwendig.

2.9 Literatur zu Kapitel 2

2.1 Weichert, L.: Temperaturmessung in der Technik. Frankfurt: Expert-Verlag 1976.
2.2 McGee, T. D.: Principles and methods of temperature measurement. Chichester: Wiley 1988.
2.3 Eckl, R.: Einfacher denn je: Erfassen, Messen und Verarbeiten von Temperaturen. Elektronik-praxis **2**, 15.
2.4 Lieneweg, F.: Handbuch Technische Temperaturmessung Braunschweig: Vieweg 1976.
2.5 Müller, R.: Bauelemente der Halbleiter-Elektronik, 3. Aufl. Berlin: Springer 1987 (Halbleiter-Elektronik Band 2).
2.6 O'Neil, P.: Derrington, C.: Transistoren als Temperatursensoren. Elektronik **11** (1980) 81.
2.7 Kesel, G.; Hammerschmitt, J.; Lange, E.: Signalverarbeitende Dioden. Berlin: Springer 1982 (Halbleiter-Elektronik Band 8).
2.8 Müller, R.: Grundlagen der Halbleiter-Elektronik, 5. Aufl. Berlin: Springer 1987 (Halbleiter-Elektronik, Band 1).
2.9 Beitner, M.; Tomasi, G.: Mikroelektronischer Spreading-Widerstand-Temperatursensor. Siemens Forsch.-u. Entwickl.-Ber. **10** (1981) 65.
2.10 Wetzel, K.: Temperaturmessung mit Heißleitern. Siemens Compon. **20** (1985) 234.
2.11 Kahr, W.: Der Kaltleiter. Siemens Compon. **20** (1985) 152.
2.12 Die Linearisierung von NTC-Temperaturfühlern. Funkschau **7** (1979) 382.
2.13 Hoge, H. J.: Comparison of circuits for linearizing the temperature indications of thermistors. Rev. Sci. Instr. **50** (1979) 316.

3 Optische Effekte

3.1 Einleitung

Optoelektronische Bauelemente werden in vielfältiger Weise zum Aufbau optischer Sensoren und als Verbindungselemente zur elektrischen Signalverarbeitung eingesetzt. Insbesondere für die optische Nachrichtentechnik wurden preisgünstige Bauelemente mit hoher Zuverlässigkeit und großer Lebensdauer entwickelt, die in der Sensorik genutzt werden können. Typische Einsatzgebiete solcher optoelektronischer Bauelemente sind:

- die Lichtquelle zur Erzeugung von Licht für eine Messung, für die Signal- oder Energieübertragung,
- der Detektor zur Messung der Intensität und Position optischer Signale und die optoelektronischen Wandlung für eine nachfolgende, elektrische Verarbeitung der Signale,
- das Element innerhalb eines Sensorsystems.

Halbleitermaterialien werden aber nicht nur zur Nutzung optoelektronischer Effekte eingesetzt. Auch die Lichtführung in integrierter Optik wird heute auf der Basis von Halbleitermaterialien realisiert, um einen möglichst hohen Stand der Integrierbarkeit von optischen und elektronischen Bauteilen zu erreichen.

Für den Einsatz optischer Sensoren sind vor allem die folgenden Gründe maßgeblich:

- Vorliegen optischer Effekte oder Meßgrößen (z.B. bei Flammen, Absorptionsänderungen),
- kontaktlose Messung,
- Messung an schwer zugänglichen Stellen oder in aggressiver Umgebung (z.B. bei hohen Temperaturen),
- hohe Genauigkeit (insbesondere bei interferometrischen Meßanordnungen),
- Weitgehende Immunität optischer Signale gegenüber äußeren elektromagnetischen Feldern,
- einfache Potentialtrennung,
- Vermeidung elektrischer Funken (höhere Explosionssicherheit).

Einen Schwerpunkt im Rahmen der optischen Sensorik bilden faseroptische Sensoren [3.27]. Einerseits bieten faseroptische Sensoren neben den bereits genannten Vorteilen die Möglichkeit einer flexiblen und sehr verlustarmen Lichtführung. Zusätzlich können aber auch spezifische Eigenschaften von Lichtwellenleitern (z.B. temperaturabhängige, lokale Streueffekte) für die Sensorik eingesetzt werden.

Die Vorteile einer optischen Signalführung lassen sich auch bei nichtoptischen Sensoren nutzen, wenn die Signalübertragung über Lichtwellenleiter erfolgt. Führt man in diesem Fall auch die für das Sensorelement und die Signalwandlung notwendige Energie über eine optische Faser zu, dann ist ebenfalls eine Potentialtrennung auf einfache Weise realisiert. Dieser Sensortyp eines elektrischen oder elektronischen Sensorelements mit einer optischen Signalübertragung und (abhängig von der Anwendung) auch mit einer optischen Energieversorgung wird als hybrider faseroptischer Sensor bezeichnet.

Dieses Kapitel enthält zunächst eine kurze Übersicht über Bauelemente optischer Sensoren (Sender und Empfänger aus Halbleitermaterialien, Lichtwellenleiter) und gibt Hinweise auf moderne Technologien (integrierte Optik, Mikromechanik), die für die optische Sensorik eingesetzt werden. Die Behandlung verschiedener charakteristischer Beispiele bildet den größten Teil dieses Kapitels. Die getroffene Auswahl soll zumindest einen Eindruck von den vielen Möglichkeiten vermitteln, die hier zur Verfügung stehen.

3.2 Erzeugung und Nachweis von Licht mit Halbleiterbauelementen

3.2.1 Lumineszenzdioden

Lumineszenzdioden (LED = light emitting diode) aus GaAs, (Ga, Al)As und GaAs-(Ga, Al)AS-Heterostrukturen, die bevorzugt im Bereich des nahen Infrarot (0,7 bis 0,95 µm) emittieren, zeichnen sich aus durch hohe Zuverlässigkeit, kleine Abmessungen, leichte Modulierbarkeit und hohe Strahldichte (verglichen mit anderen inkohärenten Lichtquellen). Sie werden daher in großem Umfang in optischen Sensoren eingesetzt. Die Grundlagen der Lichterzeugung durch Ladungsträgerinjektion in pn-Überlänge und ihre Herstellung sind in [3.1] ausführlich beschrieben. Die üblichen Bauformen zeigt Bild 3.1. Beim einfachen Flächenemitter (Bild 3.1a) kann nur ein Bruchteil von wenigen Prozent der erzeugten Strahlung die Kristalloberfläche verlassen, der Rest wird durch Totalreflexion in den Kristall zurückgeworfen. Durch die Domstruktur (Bild 3.1b) lassen sich diese Verluste vermeiden. Die "Burrus"-Diode (Bild 3.1c) hat besonders hohe Strahldichte und ermöglicht daher mit Hilfe geeigneter Linsen eine effektive Einkopplung in Multimodeglasfasern (Abschn. 3.3, [3.2]). Ähnlich liegen die Verhältnisse beim Kantenemitter (Bild 3.1d). Dort ist die Feldverteilung allerdings nicht rotationssymmetrisch.

Die spektrale Bandbreite von Lumineszenzdioden ist verhältnismäßig groß, wie Bild 3.2 zeigt. Die Anstiegs- und Abfallzeiten der Lichtleistung bei gepulster Anregung liegen je nach Aufbau in der Größenordnung von 15 bis 1 µs und

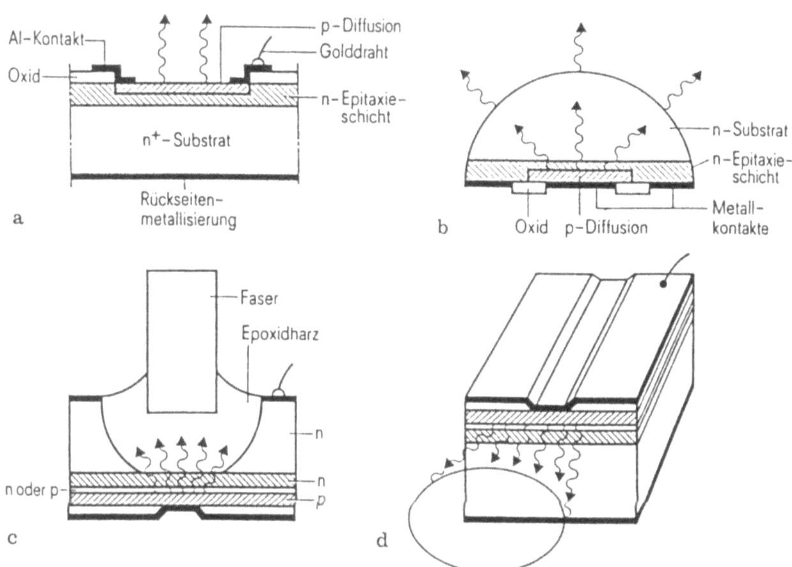

Bild 3.1 a–d. Bauformen von Lumineszenzdioden

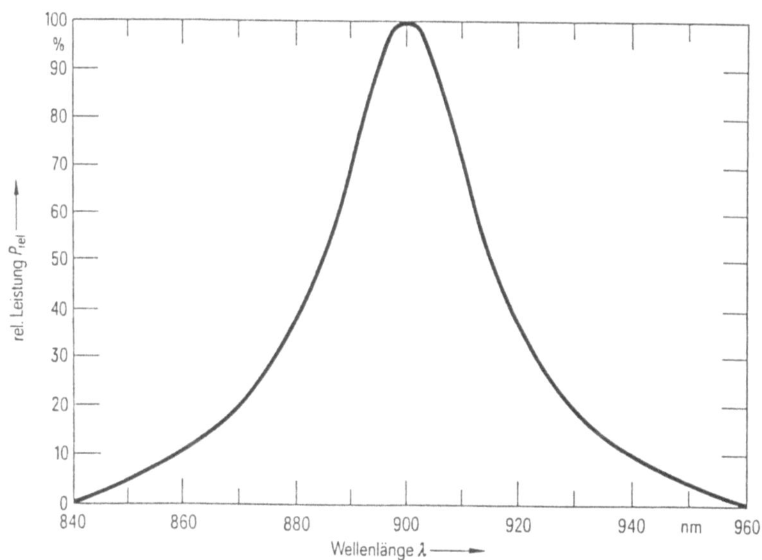

Bild 3.2. Spektrale Verteilung der Emission von Lumineszenzdioden

sind damit für fast alle Sensoranwendungen hinreichend kurz. Lumineszenzdioden sind in unterschiedlichen Gehäuseformen mit einem breiten Spektrum der Betriebsdaten käuflich.

3.2.2 Laserdioden

Wird in einer Diode, die nach dem in Bild 3.1d gezeigten Schema aufgebaut ist, der Strom erhöht, so tritt oberhalb einer bestimmten Schwelle neben der spontanen Emission induzierte Emission auf (s. auch [3.1]). Wenn die beiden Endflächen des Kristalls parallel sind, bilden sie einen optischen Resonator, der das in seinem Inneren erzeugte Licht zurückkoppelt. Durch Rückkopplung und induzierte Emission entsteht Laseremission [3.1]. Neben der Kohärenz ist sie durch einen steilen Anstieg in der Lichtleistungs-Strom-Kennlinie und ein sehr schmales Emissionsspektrum gekennzeichnet. Die Schwellenstromdichte, bei der Emission auftritt, nimmt bei steigender Temperatur zu. Bei einfachen Diodenstrukturen ist der Schwellenstrom bei Zimmertemperatur zu hoch, Laserbetrieb ist dann nur bei sehr tiefen Temperaturen möglich. Durch eine Einengung des elektrisch und optisch wirksamen Volumens konnten die Schwellenströme so weit gesenkt werden, daß Laserbetrieb auch bei Zimmertemperatur auftritt. Das Spektrum und die Winkelverteilung der Strahlung sind enger als bei Lumineszenzdioden und hängen von der speziellen Diodenstruktur ab [3.1].

Für die Sensorik sind in erster Linie Laserdioden aus GaAs und (Ga, Al)As für den Wellenlängenbereich zwischen 0,7 bis 0,9 µm von Bedeutung. Sie werden eingesetzt, wenn Licht großer Kohärenzlänge benötigt wird (z.B. Interferometer) oder wenn Licht mit gutem Wirkungsgrad in Monomodefasern eingekoppelt werden soll. Ein weiteres Anwendungsgebiet sind optische Entfernungsmesser, die kurze Pulse (10 ns Dauer) mit steilem zeitlichem Anstieg und eine gut gebündelte Strahlung benötigen. Mit Laserdioden in linearer Arrayanordnung stehen sehr leistungsstarke Lichtquellen (bis 10 W Dauerstrichleistung) zur Verfügung, die inbesondere für eine optische Energieversorgung eingesetzt werden können.

3.2.3 Photodetektoren

Während Lichtemitter auf Halbleiterbasis nur für eingeschränkte spektrale Bereiche verfügbar sind, existieren effiziente Photodetektoren für einen breiten Frequenzbereich vom sichtbaren Licht bis ins ferne Infrarot. Ein Überblick über die dabei verwendeten Materialien und Technologien sowie die vor allem im Infraroten auftretenden Begrenzungen durch Dunkelströme und Rauschen findet sich in Band 11 dieser Reihe [3.41], auf den hier ausdrücklich verwiesen sei.

In optischen Sensoren werden vorwiegend Si-Detektoren mit pn-Übergang verwendet. Die durch den inneren Photoeffekt erzeugten Ladungsträger werden durch das innere Feld in der Raumladungszone getrennt (Einzelheiten s. [3.3]).

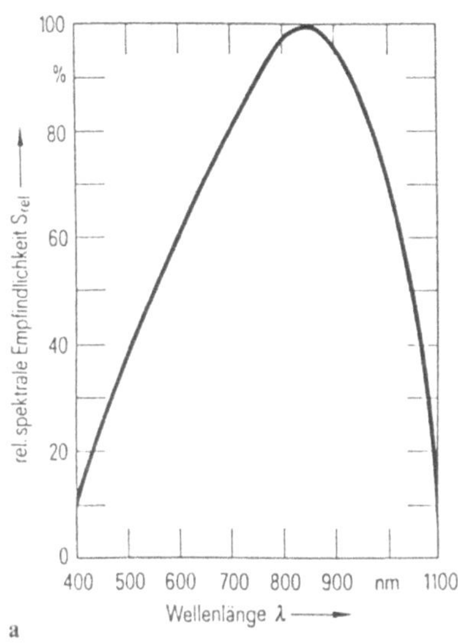

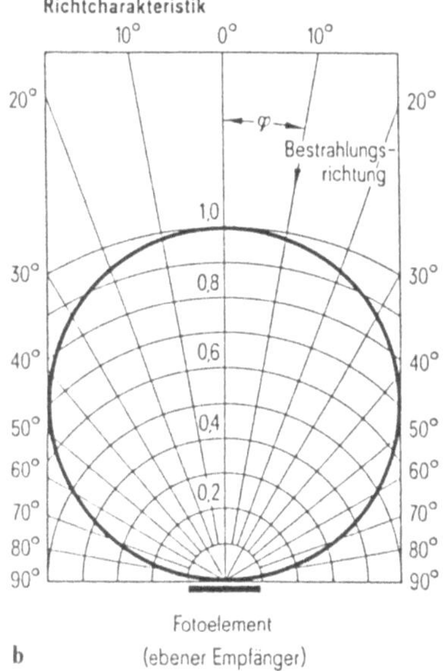

Bild 3.3. Spektrale Empfindlichkeit (**a**) und Richtcharakteristik (**b**) von Si-Photodioden

Photodioden können ohne äußere Spannung als Photoelemente oder mit negativer Vorspannung im Diodenbetrieb verwendet werden. In beiden Fällen ist der Photostrom über viele Zehnerpotenzen eine lineare Funktion der auf die lichtempfindliche Fläche treffenden Lichtleistung.

Das Maximum ihrer spektralen Empfindlichkeitsverteilung (Bild 3.3a) liegt bei ca. 850 nm, so daß sie besonders gut an die Emissionsspektren der Halbleitersendedioden aus GaAs und (Ga, Al)As angepaßt sind. Photodioden zeigen eine räumliche Verteilung der Empfindlichkeit, die für die Diode selbst Lambertsche Charakteristik zeigt (Bild 3.3b). Durch Blenden am Gehäuse oder Linsen kann Richtcharakteristik erreicht werden.

Die einfache Photodiode läßt sich durch Integrieren einer zweiten Diode zum bipolaren Phototransistor erweitern (Bild 3.4). Dadurch ist eine Verstärkung des Photostroms um den Faktor 100 bis 1000 möglich, durch die die Empfindlichkeit erhöht wird. Allerdings sind Phototransistoren mit Anstiegs- und Abfallzeiten zwischen 5 und 10 µs langsamer als Photodioden, und der Zusammenhang zwischen Photostrom und Bestrahlungsstärke kann Abweichungen von einigen Prozent von der Linearität zeigen.

Für manche Anwendungen ist es von Interesse, den Ort des Auftreffpunktes der Strahlung auf dem Detektor zu bestimmen. Dies ist mit positionsempfindlichen Dioden (langgestreckte Schottky-Dioden mit Sperrschicht zwischen Metall und Halbleiter bzw. flächenhafte Dioden) möglich. Sie können in Längen bis zu 250 mm und aktiven Flächen bis 6 cm² hergestellt werden. Die Positionsbestim-

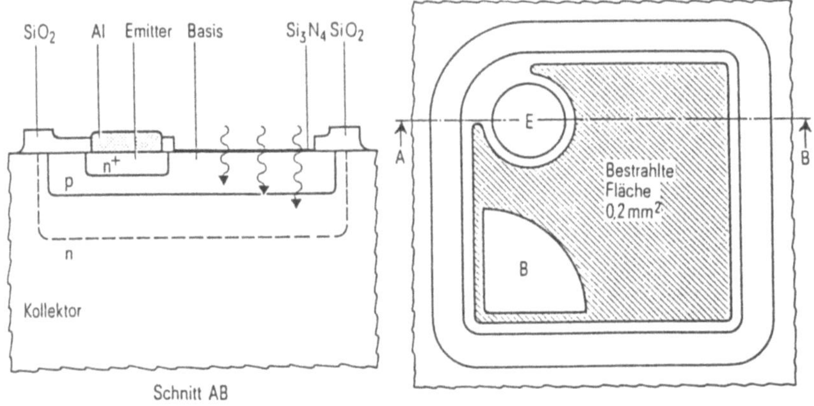

Bild 3.4. Aufbau eines Phototransistors

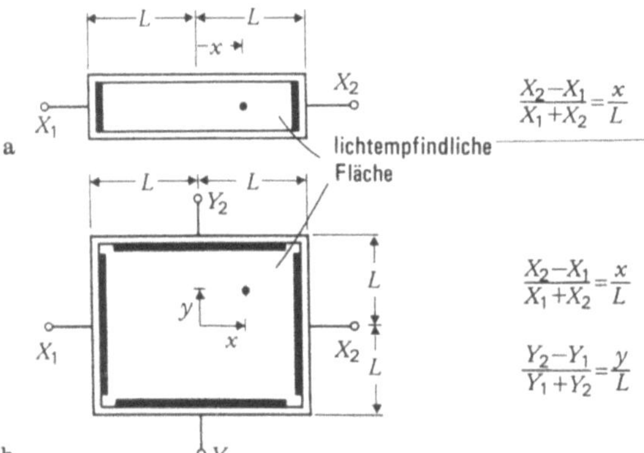

$$\frac{X_2-X_1}{X_1+X_2}=\frac{x}{L}$$

$$\frac{X_2-X_1}{X_1+X_2}=\frac{x}{L}$$

$$\frac{Y_2-Y_1}{Y_1+Y_2}=\frac{y}{L}$$

Bild 3.5 a, b. Positionsbestimmung mit positionsempfindlichen Photodioden: **a** eindimensionale Photodiode; **b** zweidimensionale Photodiode

mung mit diesen Lateraleffektdioden ist in Bild 3.5 gezeigt. Die Photoströme, die im Fall eindimensionaler Dioden an beiden Enden der Diode auftreten, sind proportional zum Leitwert zwischen der jeweiligen Elektrode und der beleuchteten Fläche, die klein sein muß gegen die Gesamtfläche. Durch die angegebene Auswertung von Summe und Differenz der beiden Signale erhält man ein normiertes, von Leistungsschwankungen der Lichtquelle unabhängiges Analogsignal, das proportional ist dem Abstand zwischen dem Lichtfleck und einem Ende der Photodiode.

Es ist zu beachten, daß bei diesem Verfahren stets die Position des Schwerpunktes der Intensitätsverteilung bestimmt wird. Analog zum eindimensionalen Detektor gibt es flächenhafte Elemente mit einer Kontaktierung über vier Elektroden, die auch eine zweidimensionale Positionsbestimmung erlauben.

Entscheidend für die Anwendung eines Photodetektors ist neben der Empfindlichkeit die Nachweisgrenze, die durch verschiedene Rauschquellen bestimmt wird [3.3].

3.2.4 Photodiodenarrays

Neben einfachen Kombinationen aus zwei oder vier Photodioden, die die Kontrolle der Position des Schwerpunktes eines Lichtflecks gestatten, gibt es monolithisch integrierte Detektorschaltungen mit linearen und flächenhaften Anordnungen zahlreicher Empfänger. Sie können zur Längenmessung und für die Bildauswertung eingesetzt werden (s. auch Kap. 9 und [3.3]).

3.3 Lichtwellenleiter

3.3.1 Stufenprofil- und Gradientenfasern

Die Führung von Licht mittels Sprüngen oder Gradienten der Brechzahl ist ein lange bekanntes Phänomen, das auch technisch genutzt wurde. Doch waren die Verluste dieser Lichtleiter früher so groß, daß nur Strecken von wenigen Metern überbrückt werden konnten. Im Laufe der letzten Jahre konnte die Technologie entscheidend verbessert werden, so daß heute Lichtwellenleiter mit extrem niedrigen Dämpfungswerten insbesondere im infraroten Wellenlängenbereich um $0{,}85\,\mu m$, $1{,}3\,\mu m$ und $1{,}55\,\mu m$ verfügbar sind. Sie zeichnen sich außerdem durch hohe Flexibilität, kleinen Außendurchmesser, geringes Gewicht und Beständigkeit gegen die meisten chemischen Substanzen aus. Für Anwendungen in der optischen Sensorik mit kürzeren Streckenlängen können Lichtwellenleiter aus Quarzglas auch in einem Spektralbereich von etwa 200 nm bis 2 µm eingesetzt werden. Lichtwellenleiter aus Kunststoff (PMMA) besitzen nur begrenzte Spektralfenster und werden vorzugsweise um 650 nm eingesetzt.

Nach ihrem Aufbau sind zwei Hauptklassen von Lichtleitern zu unterscheiden (Bild 3.6):

- Stufenprofilfasern aus einem runden Kern mit der Brechzahl n_K, dessen Radius a zwischen 5 und 100 µm liegt, und einem Mantel der Brechzahl n_M, die um höchstens 5% kleiner ist als die Kernbrechzahl,
- Gradientenfasern mit näherungsweise parabelförmigem Brechzahlverlauf im Kern, dessen Radius a zwischen 25 und 30 µm beträgt.

Daneben gibt es verschiedene Spezialfasern, von denen insbesondere polarisationserhaltende Fasern für die optische Sensorik Bedeutung haben.

In einer Stufenprofilfaser wird im Bild der geometrischen Optik alles Licht mit geringen Verlusten auf stückweise geraden Wegen geführt, die unter so kleinem Winkel zur Faserachse verlaufen, daß an der Grenzfläche zum Mantel Totalreflexion auftritt. Das bedeutet, daß das Licht innerhalb des Akzeptanz-

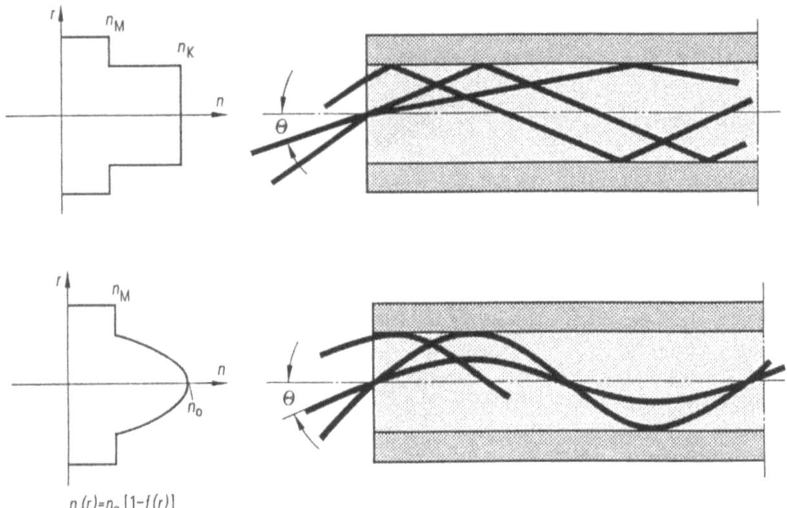

Bild 3.6. Typen von Lichtwellenleitern

winkels $\pm\Theta_A$ (s. Bild 3.6) zur Faserachse auf die Faserstirnfläche treffen muß. Befindet sich diese in Luft, so gilt

$$\sin\Theta_A = (n_K^2 - n_M^2)^{1/2} = A_N. \tag{3.1}$$

Der Sinus des Akzeptanzwinkels heißt numerische Apertur A_N [3.4]. Bei Gradientenfasern ist er wegen des kontinuierlichen Brechzahlverlaufs eine Funktion des Abstands von der Faserachse:

$$\sin\Theta_A(r) = (n_K^2(r) - n_M^2)^{1/2} \leqq A_N. \tag{3.2}$$

Die numerische Apertur einer Gradientenfaser verschwindet am Rand des Kerns ($r = r_0$).

Die Akzeptanzwinkel von Stufen- und Gradientenfaser mit parabolischem Brechzahlprofil sind in Bild 3.7 in Form eines Phasenraumdiagramms [3.5] dargestellt. Die Koordinaten sind die Fläche A eines Kreises mit dem Radius r um die Faserachse und der Raumwinkel

$$\Omega = 2\pi(1 - \cos\Theta) \approx \pi\sin^2\Theta \tag{3.3}$$

eines Kreiskegels um die Faserachse mit dem Öffnungswinkel $\pm\Theta$. Die von der Lichtquelle der Strahldichte $N(\mathrm{Wm}^{-2}\,\mathrm{sr}^{-1})$ in die Faser eingekoppelte Leistung ist

$$P = \int\!\!\int N(A,\Omega)\,dA\,d\Omega \tag{3.4}$$

mit den in Bild 3.7 eingetragenen Integrationsgrenzen.

32

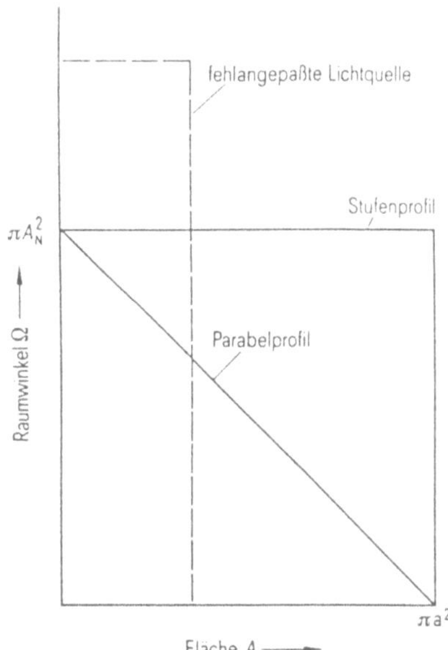

Bild 3.7. Das Phasenraumdiagramm. Die eingetragenen Linien stellen die Integrationsgrenzen für (3.4) dar

Im einfachsten Fall konstanter Strahldichte, wie er z.B. bei einer Lumineszenzdiode näherungsweise vorliegt, ergibt sich für eine Stufenprofilfaser mit dem Kernradius r_0

$$P = N\pi r_0^2 \pi A_N^2. \tag{3.5}$$

(Beispiel: $r_0 = 30\,\mu\text{m}$, $A_N = 0{,}2$, $N = 2{,}8\cdot 10^4\,\text{Wm}^{-2}\,\text{sr}^{-1}$, $P = 10\,\mu\text{W}$).

Die in eine Gradientenfaser eingekoppelte Leistung ist dagegen nur halb so groß.

In Bild 3.7 ist auch das Phasenraumdiagramm einer fehlangepaßten Lichtquelle (kleine Fläche, großer Raumwinkel) eingezeichnet. Nur ein Teil der Lichtleistung, der innerhalb der Akzeptanzgrenze einer Faser liegt, kann eingekoppelt werden. Durch eine Linse zwischen Lichtquelle und Faser kann die strahlende Fläche und der Winkel verändert werden, wobei der Lichtleitwert (Produkt aus Fläche und Öffnungswinkel) konstant bleibt. Damit ist eine Optimierung des Koppelwirkungsgrades möglich.

Das Licht kann sich in einem Lichtwellenleiter nicht unter beliebigen Winkeln ausbreiten, sondern nur in bestimmten Richtungen. Zu jeder Richtung gehört eine bestimmte Wellenform oder ein bestimmter Modus [3.6]. Die Laufzeiten der verschiedenen Moden sind bei Gradientenfasern im Gegensatz zu Stufenprofilfasern etwa gleich, was bei Anwendungen mit gepulsten Lichtsignalen eine bessere Zeitauflosung ermöglicht. Die Zahl der Moden ist proportional zur Kernquerschnittsfläche. Für Fasern mit sehr kleinen Kernquerschnitten (a meist kleiner 5 µm) ist nur noch ein Modus (der Grundmodus) ausbreitungsfähig. Diese

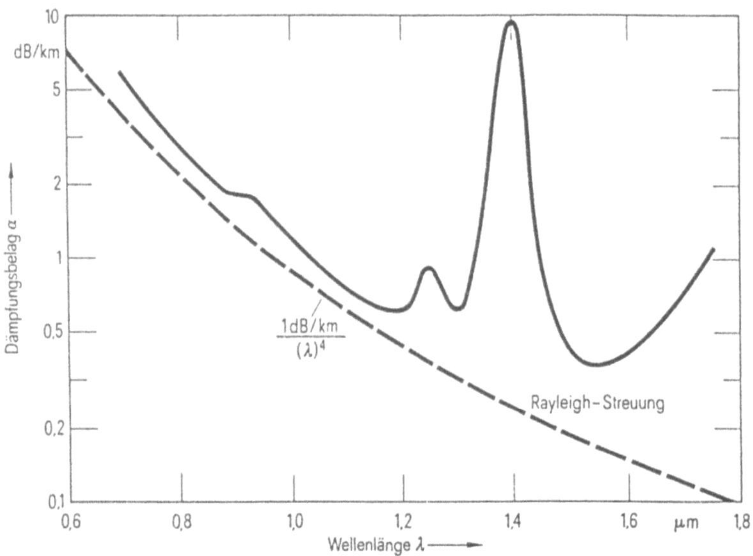

Bild 3.8. Dämpfung eines Quarzglas-Lichtwellenleiters als Funktion der Wellenlänge

Monomodefaser ist für den Aufbau von Interferometern geeignet, weil das Licht hier nur einen einzigen Weg durchlaufen kann und daher seine Kohärenz erhalten bleibt.

Dabei ist aber noch zu berücksichtigen, daß der Grundmodus in zwei orthogonalen Polarisationszuständen (zwei zueinander senkrecht linear polarisierten bzw. rechts- und linkszirkular polarisierten Zuständen) vorkommen kann. Da die Fasern fast immer Doppelbrechung zeigen, sind die optischen Wege für die beiden Polarisationsrichtungen nicht gleich lang (Abschn. 3.4.5).

Längs einer geraden Faser erleidet das im Kern geführte Licht Verluste durch Absorption und Streuung. Für die Abnahme der eingekoppelten Leistung P_0 als Funktion der Faserlänge 1 in Kilometer gilt:

$$P(l) = P_0 10^{-\alpha l/10}. \tag{3.6}$$

Den typischen spektralen Verlauf der Dämpfung α(dB/km) einer Gradientenfaser zeigt Bild 3.8. Gestrichelt eingezeichnet ist die Rayleigh-Streuung, die den starken Anstieg bei kurzen Wellenlängen bewirkt.

3.3.2 Polarisationserhaltende Fasern

Die Erhaltung des Polarisationszustands im Lichtwellenleiter ist von Bedeutung sowohl für interferometrische Sensoren als auch für Sensorsysteme, die gezielt die Änderung der Polarisation auf Grund äußerer Auswirkungen ausnutzen. Es wurden zu diesem Zweck verschiedene Fasertypen sowohl mit polarisations-erhaltenden als auch mit polarisierendem Verhalten entwickelt. Nach ihren Eigenschaften lassen sich diese Fasern in solche mit geringer bzw. in solche mit starker Doppelbrechung klassifizieren [3.28–3.30].

a) Fasern mit geringer linearer Doppelbrechung

Konventionelle Fasern zeigen lineare Doppelbrechung entweder auf Grund von Abweichungen des Faserquerschnitts von einer perfekt zirkular-symmetrischen Form oder aber auf Grund von äußeren Einflüssen wie Biegungen, Verspan-nungen oder Temperaturänderungen. Dadurch breitet sich ursprünglich linear polarisiertes Licht in den zu den Hauptachsen gehörenden, orthogonalen Polari-sationsrichtungen unterschiedlich aus. Der Polarisationszustand wird sich daher entlang der Ausbreitungsrichtung ändern. Die fasereigene Doppelbrechung kann durch Realisierung einer weitgehend rotationssymmetrischen Faser vermindert werden. Praktisch ist dies durch eine zusätzliche Rotation um die longitudinale Achse beim Ziehen der Faser möglich. Nicht zirkularsymmetrische Inhomo-genitäten variieren dadurch so rasch entlang der Faser, daß sie auf den Ausbrei-tungsmode praktisch keinen Einfluß mehr haben. Die Anwendbarkeit dieser Fasern bleibt aber wegen der durch äußere Einflüsse weiterhin auftretenden Doppelbrechung beschränkt.

Die lineare Doppelbrechung konventioneller Fasern kann auch durch Verdrillen entlang der longitudinalen Achse (typisch z.B. 5 Drehungen/m) verringert werden. Durch Verdrillen wird eine starke zirkulare Doppelbrechung induziert. Der gleiche Effekt läßt sich auch in Fasern mit helixartig verdrehtem Kern erreichen. Die zirkulare Doppelbrechung in diesen Fasern erweist sich als weitgehend unempfindlich gegenüber äußeren Störungen, was etwa für Anwen-dungen als Stromsensor auf der Basis des Faraday-Effekts sehr vorteilhaft ist.

b) Fasern mit starker linearer Doppelbrechung

Durch gezielte Erzeugung einer starken linearen Doppelbrechung können die beiden orthogonalen, linear polarisierten Polarisationszustände weitgehend entkoppelt werden. Die optische Faser verhält sich dann für die beiden Polarisa-tionskomponenten polarisationserhaltend. Hohe Doppelbrechung kann im Prinzip durch einen nicht zirkularsymmetrischen Faserkern erreicht werden. Eine weitere, häufiger angewandte Methode besteht darin, eine asymmetrische, mechanische Spannung auf den Faserkern einwirken zu lassen. Dazu werden in den Mantel nicht zirkularsymmetrische Sektoren aus Materialien mit unter-schiedlichen Ausdehnungskoeffizienten eingebaut. Typische Vertreter stellen sogenannte "bow-tie"- oder "PANDA"-Fasern dar (Bild 3.9). Es wird mit diesen Fasertypen eine Moden-Doppelbrechung (Differenz der Brechungsindizes in den Hauptachsen) von $B = 10^{-4}$ erreicht gegenüber $B = 10^{-5}$ bis $B = 10^{-6}$ bei kon-ventionellen Fasern.

Eine stark linear doppelbrechende Faser, bei der eine sehr unterschiedliche Dämpfung für die beiden orthogonalen Ausbreitungszustände vorliegt, wirkt als

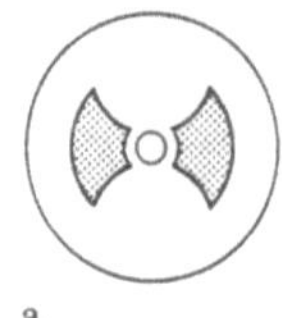
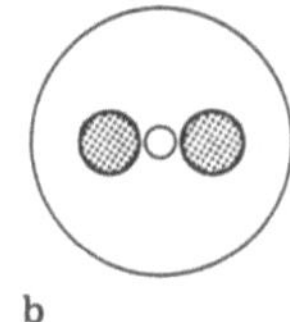

Bild 3.9 a, b. Doppelbrechende Fasern (mit spannungserzeugenden Sektoren): **a** "bow-tie"-Faser; **b** "PANDA"-Faser

polarisierende Faser. Unterschiedliche Dämpfungseigenschaften für die beiden Ausbreitungsmoden können praktisch durch starke externe Biegung der Faser (Aufwickeln auf eine Spule) oder durch unsymmetrische, absorbierende Metallsektoren nahe dem Faserkern erreicht werden.

3.4 Mikrotechnologien für die optische Sensorik

3.4.1 Integrierte Optik

Die Technologie der integrierten Optik ermöglicht eine miniaturisierte, mechanisch stabile Kombination verschiedener optischer Komponenten auf der Basis einer planaren, wellenleitergebundenen Lichtführung [3.29–3.32]. Neben rein passiven, optischen Komponenten ist teilweise auch eine Integration optoelektronischer und elektrooptischer Funktionen (z.B. Lichtquelle, Modulator, Detektor) möglich. Für die optische Sensorik sind beispielsweise interferometrische Anordnungen in integrierter Optik wegen der hohen mechanischen Anforderungen von großem Interesse.

Integrierte Optik kann in sehr unterschiedlichen Materialsystemen realisiert werden:

– integrierte Optik in Lithium–Niobat-Technologie,
– integrierte Optik in Glas,
– integrierte Optik mit III/V-Halbleitern (GaAs, InP),
– integrierte Optik in Silizium,
– integrierte Optik mit organischen Polymeren.

Den höchsten Entwicklungsstand hat bisher die Lithium–Niobat-Technologie ($LiNbO_3$) insbesondere für Anwendungen in der Nachrichtentechnik erreicht. Die Erzeugung von sehr verlustarmen Wellenleiterstrukturen geschieht durch Eindiffusion von Titan in das Trägermaterial. Es wurden nach diesem Verfahren Dämpfungswerte von 0,03 dB/cm erzielt [3.23]. Lithium–Niobat zeigt einen sehr starken elektrooptischen Effekt und ermöglicht daher die Herstellung elektrisch ansteuerbarer Komponenten wie Schalter und Modulatoren.

Integrierte Optik in Glas erlaubt vorzugsweise die Realisierung von passiven Wellenleiterstrukturen mit extrem kleiner Dämpfung. Die Erzeugung der Wellenleiterstruktur im Trägermaterial aus Glas erfolgt durch Ionenaustausch in einer Salzschmelze. Der Prozeß des Ionenaustauschs kann durch Anlegen

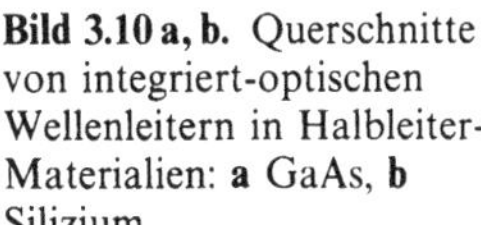
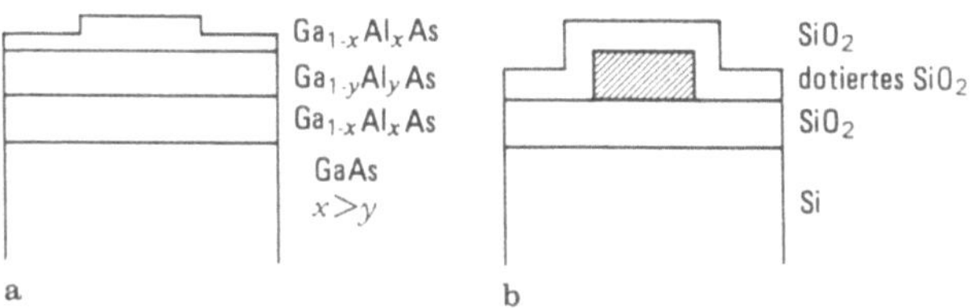

Bild 3.10 a, b. Querschnitte von integriert-optischen Wellenleitern in Halbleiter-Materialien: **a** GaAs, **b** Silizium

eines elektrischen Feldes unterstützt werden. Mit einem zweistufigen, feldunterstützten Ionenaustauschprozeß können auch vergrabene Wellenleiter realisiert werden. Wegen der gleichen Materialbasis besitzen integriertoptische Komponenten auf Glasbasis besonders gute Koppeleigenschaften für Glasfasern.

Integriert-optische Bauelemente auf der Basis von Halbleitern eröffnen die Möglichkeit zur Integration von optischen und elektronischen Komponenten auf dem gleichen Substrat. In Bild 3.10 werden Querschnitte von Wellenleitern im GaAlAs-Materialsystem und auf der Basis von Silizium gezeigt [3.33]. Für den Aufbau in GaAlAs werden Schichten mit wechselndem Aluminiumanteil aufgewachsen. Ein geringerer Aluminiumanteil resultiert in einem höheren Brechungsindex, der für den wellenführenden Teil notwendig ist. Entsprechend wird die wellenführende Struktur auf einem Si-Wafer durch eine dotierte Region von SiO$_2$ erzeugt. Mit diesen Strukturen können in Silizium sehr geringe Dämpfungswerte (0,1 dB/cm) erreicht werden. Zusätzlich besteht bei Si-Trägermaterial die einfache Möglichkeit einer Kombination mit mikromechanischen Strukturen.

Bei den organischen Polymeren steht die Entwicklung von Materialien und Technologien noch am Anfang. Auf Grund eines starken elektrooptischen Effekts wird auf dieser Materialbasis eine Integration von elektrooptischen und passiven, optischen Komponenten möglich werden.

3.4.2 Mikrostrukturtechnik in Silizium

Die Bearbeitung von Silizium hat für die Herstellung elektronischer Schaltkreise einen hohen Perfektionsgrad erreicht. Für Anwendungen in der optischen Sensorik sind neben den optischen Eigenschaften zur Erzeugung von Wellenleitern in der integrierten Optik auch die mechanischen Eigenschaften und Strukturierungsmöglichkeiten von Bedeutung. Wesentliche Anwendungsgebiete sind Komponenten zur Positionierung und gegenseitigen Justierung von optischen Bauteilen (z.B. Fasern, Kugellinsen). Hinzu kommt die Ausnutzung mechanischer Eigenschaften, z.B. zur Realisierung von beweglichen oder deformierbaren Spiegeln und von mechanisch resonanten Strukturen, die optisch angeregt und ausgelesen werden können. Die Mikromechanik in Silizium hat sich zu einem ausgedehnten Arbeitsgebiet entwickelt, so daß hier nur die grundsätzlichen, für die optische Sensorik interessanten Aspekte kurz angesprochen werden können [3.29, 3.35].

Zur Bearbeitung von Silizium stehen sowohl naßchemische Ätzverfahren als auch Trockenätzverfahren (z.B. Ionenstrahlätzen) mit unterschiedlichen

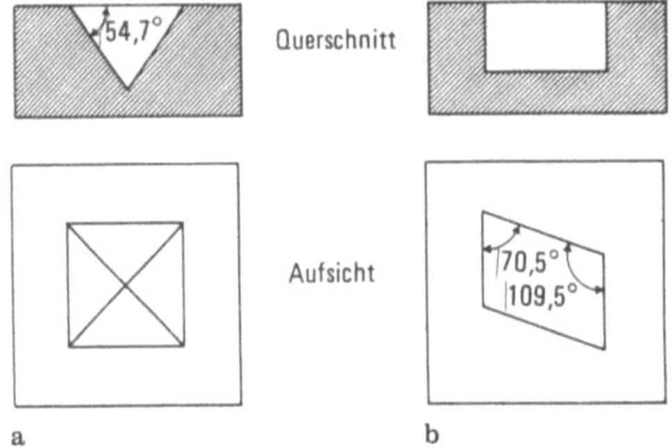

Bild 3.11 a, b. Anisotrop geätzte Grundstrukturen in Si: **a** 100-Scheibe; **b** 110-Scheibe

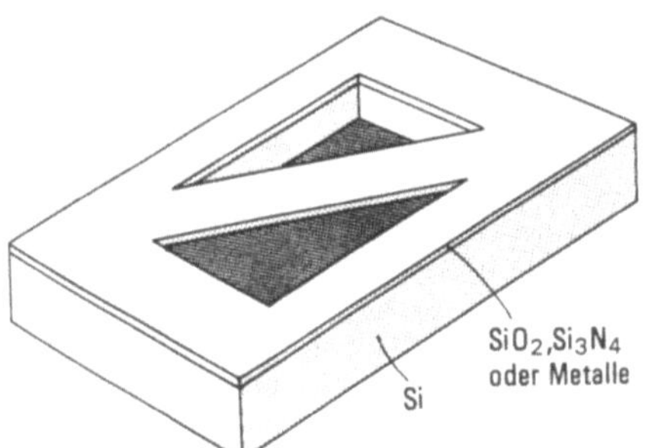

Bild 3.12. Brückenstruktur durch selektives Unterätzen

Eigenschaften zur Verfügung. Während isotrope Ätzverfahren das Material richtungsunabhängig abtragen, erfolgt der Abtrag bei anisotropen Ätzverfahren in Vorzugsrichtungen. Die Ätzeigenschaften hängen dabei sowohl vom gewählten Ätzmittel bzw. vom gewählten Ätzverfahren als auch vom zu bearbeitenden Material ab. Bei der Strukturierung von Silizium durch anisotropes, naßchemisches Ätzen werden die Ätzfiguren z.B. durch die schwer ätzbaren (111)-Flächen bestimmt. Je nach Substratmaterialien können daurch zwei verschiedene Typen von Ätzgruben hergestellt werden (Bild 3.11). Bei (100)-Scheiben entstehen V-förmige Gräben mit einem Böschungswinkel von 54,7° in (100)-Richtung. Anwendung finden diese Strukturen vor allem zur Führung von Lichtwellenleitern. Auf der Grundlage von (110)-Scheiben können Parallelogrammstrukturen (Winkel 70,5° bzw. 109,5°) mit senkrechten Wänden geätzt werden. Durch die anisotrope Ätztechnik können die jeweils möglichen Strukturen mit hoher geometrischer Präzision erzeugt werden. Die isotrope Ätztechnik bietet dagegen höhere Flexibilität in der Wahl der Ätzmuster bei jedoch deutlich geringerer Auflösung und Reproduzierbarkeit.

An geeignet dotierten Grenzschichten tritt ein Ätzstop ein, der zur Erzeugung von freitragenden Elementen wie Schwingern und Membranen ausgenutzt werden kann. Bei zusätzlich aufgebrachten Schichten (z.B. SiO$_2$, Si$_3$N$_4$, Metalle) kann man durch selektives Unterätzen ebenfalls freitragende Strukturen wie Brücken und Schwinger herstellen. Ein Beispiel hierzu ist in Bild 3.12 gezeigt.

3.5 Beispiele optischer Sensoren

3.5.1 Grundprinzipien

Die wichtigsten Grundprinzipien, auf denen die Funktion der zahlreichen, sehr unterschiedlichen optischen Sensoren beruht, sind:

- die Änderung der Intensität bzw. des zeitlichen Intensitätsverlaufs oder die Änderung der Modulation,
- die Änderung von Position oder Richtung eines optischen Lichtstrahls,
- die Änderung der Phase (i. allg. nur mit einer interferometrischen Anordnung meßbar),
- die Änderung der spektralen Eigenschaften,
- die Änderung der Polarisation.

Diese verschiedenen Grundprinzipien unterscheiden sich unter anderem in ihrer Empfindlichkeit auf äußere Einflüsse. Eine Modulation der Intensität beispielsweise bei faseroptischen Sensoren führt auf das Problem der Streckenneutralität. Bei hohen Genauigkeitsanforderungen an einen Sensor wird eine von der Lichtwellenleiterlänge, von den Lichtwellenleiter-Dämpfungseigenschaften und von den Koppelelementen unabhängige Signalübertragung erwartet. Entsprechend sollte die Meßwertwandlung auch nicht von den Lichtquellen und Detektoreigenschaften abhängen. Bei einer Intensitätsmodulation wird dann in vielen Fällen die Kalibrierung über einen unabhängigen Referenzkanal notwendig, der auf unterschiedliche Weise realisiert werden kann, z.B.:

- mit zwei oder mehreren Spektralkanälen,
- über zwei Polarisationszustände,
- über eine 4-Tor-Anordnung,
- durch ein zeitverzögertes Referenzsignal bzw. durch Umschaltung auf einen Referenzkanal.

In speziellen Fällen läßt sich auch aus dem Meßsignal selbst ein Referenzsignal ableiten (z.B. aus dem Nulldurchgang bei periodischen Vorgängen). Bei anderen Meßprinzipien als der Intensitätsmodulation tritt das Problem der Streckenneutralität in weit geringerem Maße auf. Bei einer geeigneten Kodierung der Daten, z.B. in digitaler Form, können diese Schwierigkeiten ebenfalls vermieden werden. Diese Möglichkeit wird insbesondere bei hybriden, faseroptischen Sensoren genutzt, bei denen die Signalübertragung nach einer Wandlung aus einem elektrischen Signal (und eventuell die Energieversorgung) optisch über Lichtwellenleiter erfolgt.

Die physikalischen Effekte zur Wandlung der Meßgröße in ein optisches Signal decken einen extrem weiten Bereich von rein optischen über elektrooptische, elektronische, elastooptische und mechanische Eigenschaften ab und berühren auch benachbarte Gebiete wie chemische und biologische Effekte.

3.5.2 Lichtmessung und Lichtschranken

Die Lichtmessung natürlicher und künstlicher Lichtquellen mit Photodioden bzw. Phototransistoren mit nachgeschalteten Verstärkern gehört zu den klassischen Aufgabengebieten optischer Sensoren. Optische Sensoren werden beispielsweise eingesetzt zur automatischen Steuerung von Kameraverschlüssen, von Blitzgeräten und Vergrößerungsapparaten, zur Überwachung von Flammen in Heizanlagen oder zur Beobachtung von motorischen Verbrennungsvorgängen [3.7]. Die Messung strahlender Körper hoher Temperatur kann zur berührungslosen Temperaturmessung ausgenutzt werden. Diese Verfahren sind insbesondere für die Eisen-, Papier- und Kunststoffidustrie von hoher Bedeutung. Für Temperaturen über 600 °C eignen sich Si-Photodioden, und für Temperaturen über 100 °C kommen Photoleiter aus PbS in Frage [3.8].

Die Kombination aus künstlicher Lichtquelle (Sender) und einem optischen Empfänger führt auf die Anordnung einer Lichtschranke, bei der die Unterbrechung des Lichtstrahls ausgewertet wird (Bild 3.13a). Diese Lichtschranken im Transmissions- oder Reflexionsbetrieb finden breite Anwendung zur Kontrolle und Sicherung von Produktionsanlagen und zur Zählung von Gegenständen. In Kombination mit geeigneten linearen und kreisförmigen Maßstäben und Masken ist ein Einsatz als Weg- oder Winkelgeber möglich. Bei binären Masken wird eine weitgehende Unabhängigkeit gegenüber Intensitätsschwankungen erreicht. Die Maßstäbe können digital codiert sein für Absolutmessungen, oder reine Strichgitter für inkrementale Messungen. Die Auflösung kann dabei bis etwa 0,1 μm erreichen. Analog messende Geber für relativ kleine Wegstrecken (von der Größenordnung des Strahlquerschnitts) lassen sich realisieren durch eine bewegliche Blende, die die auf den Empfänger fallende Leistung moduliert.

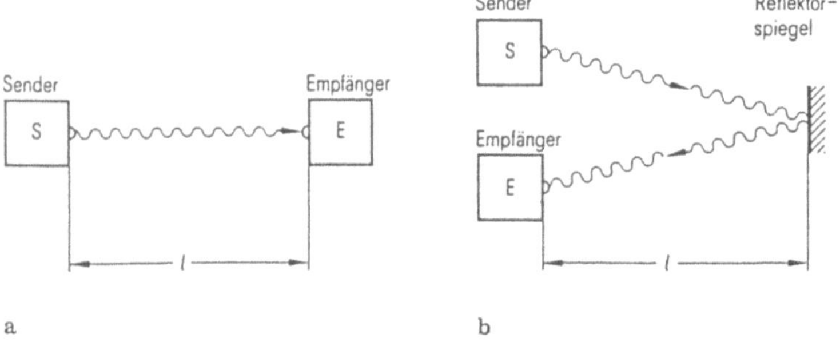

Bild 3.13 a, b. Lichtschranken

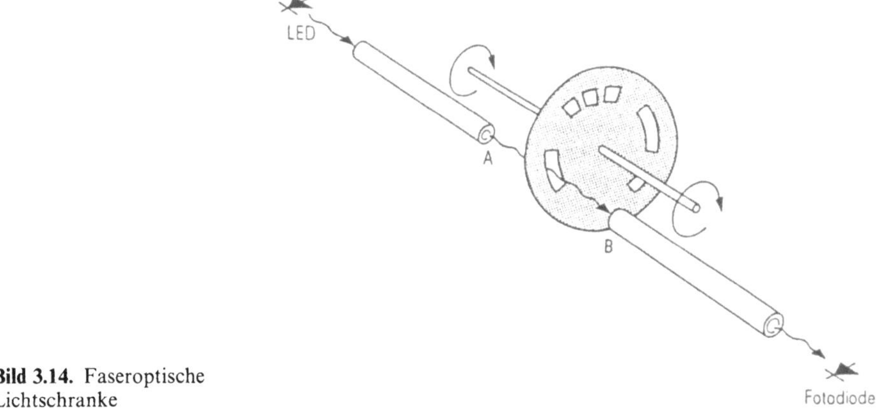

Bild 3.14. Faseroptische Lichtschranke

Dieses Meßprinzip kann auf wesentlich kleinere Wegstrecken angepaßt werden, wenn die Blendenfunktion durch zwei relativ zueinander bewegte Gitterstrukturen erzeugt wird.

Eine Lichtschrankenanordnung mit Multimodefasern zeigt Bild 3.14. Der Abstand zwischen den beiden Faserenden A und B darf allerdings nur von der Größenordnung des Kerndurchmessers sein, damit keine zu großen Lichtverluste auftreten. Größere Abstände machen es nötig, Linsen an den Stellen A und B einzusetzen, durch die die Faserenden aufeinander abgebildet werden.

Bei der Reflexlichtschranke sind Sender und Empfänger zu einer Einheit zusammengefaßt, und das Licht gelangt durch Reflexion oder Streuung an einer Oberfläche zum Emfänger (Bild 3.13b). Sie kann in der gleichen Weise verwendet werden wie die einfache Lichtschranke. Darüber hinaus bietet sie die Möglichkeit, die Entfernung zwischen Meßkopf und Reflektor zu messen (s. Abschn. 3.5.3).

3.5.3 Optische Abstands- und Entfernungsmessung

Die am meisten verbreiteten Prinzipien zur optischen Abstandsmessung beruhen entweder auf der Messung von Laufzeit- bzw. Gangunterschieden, auf einer optischen Version der geometrischen Triangulation oder einer abstandsabhängigen Intensitätsmodulation.

a) Laufzeit-Entfernungsmessung

In der optischen Interferometrie können relative Abstände in der Größenordnung von Bruchteilen der verwendeten Wellenlänge bestimmt werden. Die interferometrische Messung von Rotationsbewegungen hat besondere Bedeutung bei der Entwicklung von Laser-Gyroskopen gewonnen.

Für größere lineare Entfernungen von einigen Metern bis zu einigen Kilometern sind Systeme geeignet, bei denen die Lichtquelle in der Amplitude

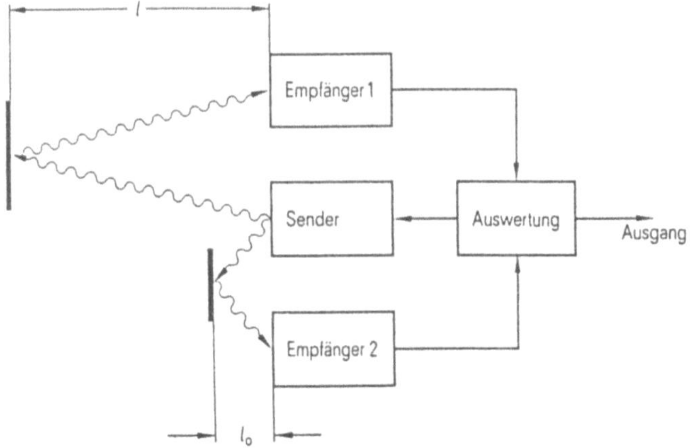

Bild 3.15. Schema eines optischen Laufzeit-Entfernungsmessers

moduliert wird (Bild 3.15). Das Licht läuft einerseits vom Sensor zum Meßobjekt in der Entfernung 1, wird dort reflektiert oder gestreut und läuft zurück zum Empfänger 1. Andererseits läuft ein Teil des Lichts vom Sender über einen bekannten Referenzweg l_0 zum Empfänger 2, der den Meßprozeß startet. Für den Laufzeitunterschied zwischen Meß- und Referenzstrahl gilt

$$\Delta t = 2n(1 - l_0)/c \qquad (3.7)$$

mit n = Brechzahl des Mediums, c = Vakuumlichtgeschwindigkeit

Bei pulsförmiger Modulation wird die Laufzeit direkt gemessen, indem zwischen Start- und Stopsignal die Perioden einer stabilen Frequenz gezählt werden. Bei sinusförmiger Modulation mit der Frequenz $f_m = n\lambda_m/c$ ist die Phasendifferenz zwischen den beiden Empfangssignalen

$$\Delta\varphi = 2\pi f_m \Delta t. \qquad (3.8)$$

Bei entsprechend hoher Modulationsfrequenz f_m bzw. großem Laufzeitunterschied Δt kann $\Delta\varphi > 2\pi$ werden. Der Phasenunterschied $\Delta\varphi$ wird aber stets modulo 2 bestimmt. Dadurch ergibt sich eine Mehrdeutigkeit bei der Bestimmung des Abstandes:

$$2(1 - l_0) = \lambda_m(N + \delta/2\pi) \qquad (3.9)$$

mit $\delta < 2\pi$, N ganzzahlig.

Eine eindeutige Messung setzt die Bestimmung von N voraus, wofür verschiedene Methoden bekannt sind (3.13). Als Lichtquelle verwendet man Laser oder LEDs und schnelle Si-Photodioden als Empfänger.

b) Die abstandsabhängige Intensitätsmessung

Ein konvergentes oder divergentes Lichtbündel leuchtet eine vom Abstand abhängige Fläche auf einem Objekt aus. Die höchste lokale Intensität ergibt sich bei optimaler Fokussierung auf der Oberfläche. Durch eine kontrollierte, rückgekoppelte Fokussierung läßt sich die optimale Einstellung ermitteln und daraus auf den Abstand vom Objekt schließen. Dieses Verfahren ist weitgehend von den Reflektionseigenschaften der Oberfläche unabhängig [3.36, 3.37].

Es kann aber auch direkt die gemessene Intensität zur Bestimmung des Abstands verwendet werden. Diese Methode bietet sich insbesondere für eine faseroptische Ausführung an, bei der das reflektierte und in die Faser zurückgekoppelte Licht gemessen wird. Das in die Faser zurüchgekoppelte Licht ist maximal bei direktem Kontakt von Reflektor und Faser und nimmt dann mit wachsendem Abstand ab. Die abstandsabhängige Kennlinie für verschiedene. Faserdurchmesser ist in Bild 3.16 gezeigt. Bei größeren Abständen ist die zusätzliche Verwendung von abbildenden Linsen zur Erhöhung der in die Faser rückgekoppelten Intensität notwendig. Dadurch ist eine Anpassung an die gewünschten Meßbereiche von einigen Mikrometern bis zu mehreren Zentimetern möglich. Für dieses Intensitätsmeßverfahren sind reflektierende Oberflächen mit bekannten Reflexionseigenschaften nötig. Eine Variante dieses Sensors verwendet statt einer Einzelfaser ein Bündel aus Multimodefasern. Ein Teil der Fasern dient zur Beleuchtung der reflektierenden Oberfläche (Bild 3.17). Das andere Teilbündel leitet das reflektierte Licht an den Emfänger. In diesem Fall ist bei direktem Kontakt von Bündelende und Reflektor eine Überkopplung von den Beleuchtungsfasern in die Empfängerfasern nicht möglich und die Intensität am Detektor wird Null. Mit wachsendem Abstand von Bündelende und Reflektor steigt zunächst die übergekoppelte Lichtleistung in Abhängigkeit von den verwendeten Fasern und der gewählten Verteilung von Beleuchtungsund Empfängerfasern innerhalb des Bündels auf einen Maximalwert, um danach wieder abzufallen.

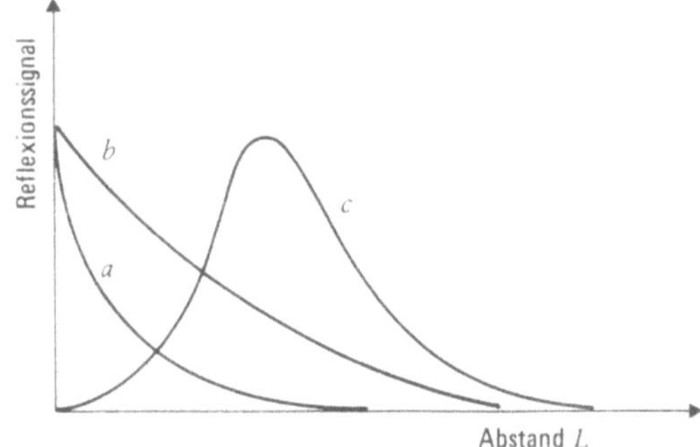

Bild 3.16. Abhängigkeit des Reflexionssignals vom Abstand zwischen Faserende bzw. Faserbündelende und Reflektor:
a Faser mit kleinem Kerndurchmesser;
b Faser mit großem Kerndurchmesser;
c Faserbündel

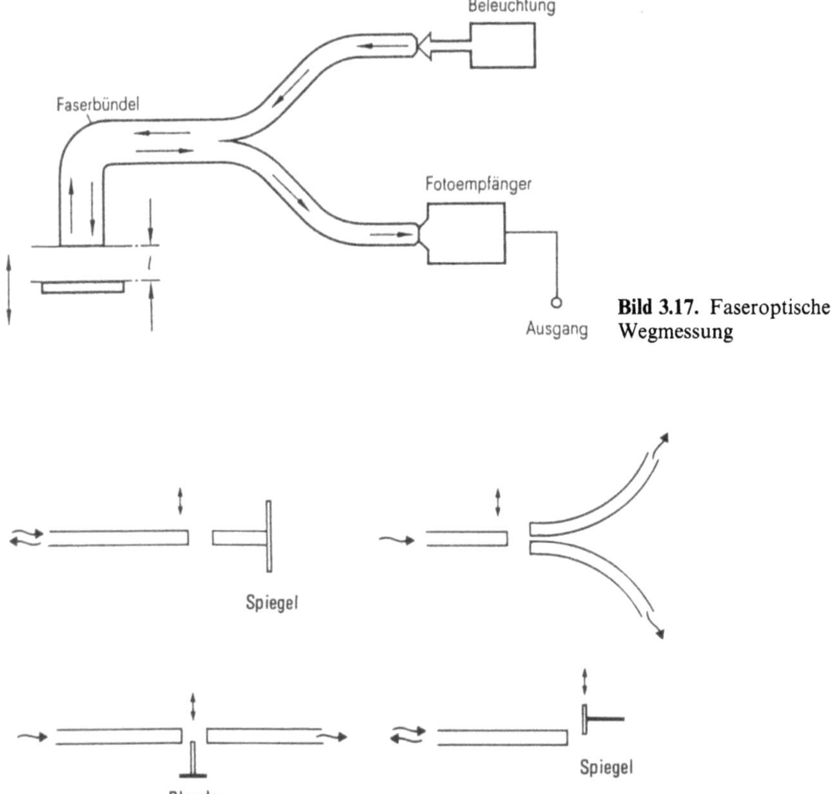

Bild 3.17. Faseroptische Wegmessung

Bild 3.18. Beispiele von intensitätsmodulierten Sensoren für mechanische Verschiebung

Verwandte Verfahren, die eine mechanische Verschiebung (oder auch eine Rotation um eine geeignet versetzte Achse) in eine Intensitätsänderung umsetzen, sind in Bild 3.18 skizziert. Auf dieser Basis können auch Sensoren für verschiedene andere physikalische Meßgrößen (z.B. Strom, Spannung, Druck, Beschleunigung) realisiert werden, sofern eine Transformation der Meßgröße in eine mechanische Verschiebung oder Rotation möglich ist. Mikrostrukturen in Silizium als Halteelemente für Fasern oder als geeignet angeordnete Spiegelstrukturen erlauben miniaturisierte Sensorelemente nach diesem Prinzip, die kostengünstig hergestellt werden können.

c) Die optische Triangulation

Die optische Triangulation zur Abstandsmessung beruht auf der geradlinigen Lichtausbreitung. In Bild 3.19 sind verschiedene Möglichkeiten nach diesem Prinzip schematisch dargestellt.

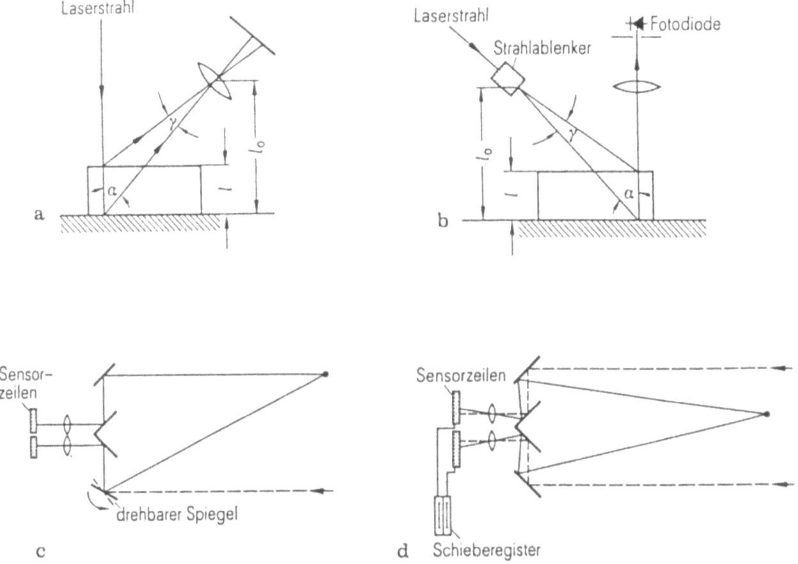

Bild 3.19 a–d. Längenmessung durch Triangulation

Bei der bearbeitenden Methode nach Bild 3.19a fällt ein enges Lichtbündel, wie es am besten mit einem Laser oder einer Laserdiode erzeugt wird, auf die zu messende Oberfläche. Das von der Oberfläche reflektierte Licht wird auf den Empfänger abgebildet. Der Winkel α, unter dem das Bild des Auftreffpunktes auf dem Empfänger erscheint, ist eine Funktion der Abstände l und l_0 sowie des Winkels α. Es gilt

$$\frac{l}{l_0} = \frac{\sin \gamma}{\sin(\alpha + \gamma)} \cdot \frac{1}{\sin \alpha}. \tag{3.10}$$

Im Bild erscheint daher der Auftreffpunkt in Abhängigkeit von der Verschiebung l linear verschoben. Als Empfänger eignen sich daher positionsempfindliche Photodioden oder Diodenzeilen. Mit diesen Verfahren sind Auflösungen von 10^{-3} bis 10^{-4} des Meßbereichs bei minimalen Verschiebungen von bis zu $1\,\mu\mathrm{m}$ möglich.

Auf einem abgewandelten Prinzip beruht bie Anordnung nach Bild 3.19b, bei der der Laserstrahl periodisch abgelenkt wird. Die Messung des Winkels wird in eine Zeitmessung (Frequenzzählung) umgewandelt [3.14].

Durch eine zusätzliche zweidimensionale Abtastung lassen sich auch einfach Höhenprofildaten für ausgedehntere, dreidimensionale Objekte erstellen. Der Abstandsmeßbereich und die Auflösung können durch eine geeignete Wahl der Geometrie und der Optik in weiten Bereichen variiert werden. Das Meßprinzip ist weitgehend unabhängig von den Reflexionseigenschaften der zu messenden

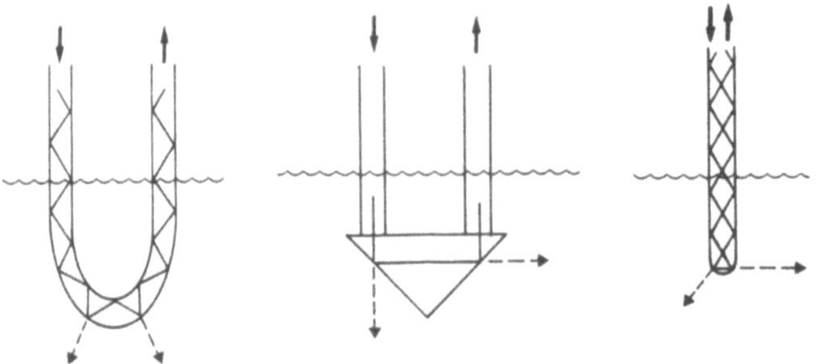

Bild 3.20. Beispiele von Füllstandssensoren für Flüssigkeiten

Oberfläche. Dadurch ergeben sich vielfältige Anwendungen in der industriellen Meß- und Automatisierungstechnik.

Bearbeitende Sensoren nach Bild 3.19c und d eignen sich besonders als Entfernungsmesser für Kameras. Sie beruhen auf dem Vergleich der Helligkeitsmuster auf den beiden Sensorzeilen. Im ersten Fall wird der Spiegel so lange gedreht, bis die beiden Muster übereinstimmen. Im zweiten Fall sind keine mechanisch beweglichen Teile vorhanden und die Auswertung der beiden Muster geschieht rein elektronisch durch Verschieben der Bit-Muster in einem Schieberegister und durch Bestimmen der Korrelation der beiden Muster. Sie wird maximal für die richtige Verschiebung, die ein Maß für die Entfernung ist [3.15]. Die Auflösung dieser Geräte ist vergleichsweise gering, für den vorgesehenen Zweck jedoch angepaßt.

3.5.4 Messung von Brechungsindexsprüngen

An Grenzflächen dielektrischer Materialien treten optische Reflexionen auf, die für sensorische Anwendungen genutzt werden können. Besonders starke Änderungen der Reflexionseigenschaften sind um den Grenzwinkel der Totalrefleion zu erhalten. Die Lichtführungseigenschaften optischer Wellenleiter können deshalb besonders wirkungsvoll durch solche Effekte beeinflußt werden. Einige verschiedene Anordnungen nach diesem Sensorprinzip sind in Bild 3.20 gezeigt. Die reflektierte bzw. transmittierte Intensität des Beleuchtungslichts kann durch das umgebende Medium an der Meßstelle variiert werden. Solche Sensoren bieten sich insbesondere als Füllstandssensoren für Flüssigkeiten an. Es können aber auch andere vom Brechungsindex abhängige Parameter wie Temperatur, Druck oder Zusammensetzung der jeweiligen Flüssigkeiten erfaßt werden.

An Stelle einer Flüssigkeit kann auch ein fester optischer Probekörper nahe an den Lichtwellenleiter gebracht werden. In Abhängigkeit vom Abstand ändert sich empfindlich der effektive Brechungsindex an der Grenzfläche, und es kann Licht über quergedämpfte Wellen ein-bzw. ausgekoppelt werden.

46

3.5.5 Optische Temperaturmessung durch Änderungen der spektralen Eigenschaften von Festkörpern mit der Temperatur

Verschiebung der Bandkante in Halbleitern
Die Absorption von Photonen durch Halbleiter führt zu Elektronenübergängen zwischen dem Valenz- und dem Leitungsband. Nur Halbleiter mit direktem Band–Band-Übergang [3.1] zeigen in der Nähe der Bandkante hohe Absorptionskoeffizienten. Die Wellenlängenabhängigkeit des Absorptionskoeffizienten von reinem GaAs zeigt Bild 3.21.

Der Verlauf dieser Kurve wird durch mehrere Parameter beeinflußt [3.20]. Der Bandabstand E_g ist eine Funktion der Temperatur T:

$$E_g(T) = E_g(0) - \alpha T^2/(T + \Theta). \tag{3.11}$$

Hierin ist $E_g(0)$ der Bandabstand für $T = 0\,K$, α and Θ sind empirische Konstanten. (Für GaAs ist $E_g(0) = 1,519\,eV, \alpha = 5,405 \cdot 10^{-4}\,eVK^{-1}, \Theta = 204\,K$.)

Am oberen Rand von Bild 3.21 ist die Lage der Bandkante des GaAs für verschiedene Temperaturen angegeben. Die für 300 K eingezeichnete Kurve des Absorptionsverlaufs ist für andere Temperaturen entsprechend zu verschieben. Dem Bild ist zu entnehmen, daß der Absorptionskoeffizient für $\lambda = 905\,nm$ zwischen 300 und 400 K um mehrere Zehnerpotenzen zunimmt. Ein Thermometer für diesen Meßbereich, das auf der Änderung der Transmission einer GaAs-Probe mit der Temperatur beruht, darf deshalb nur eine Schichtdecke von etwa

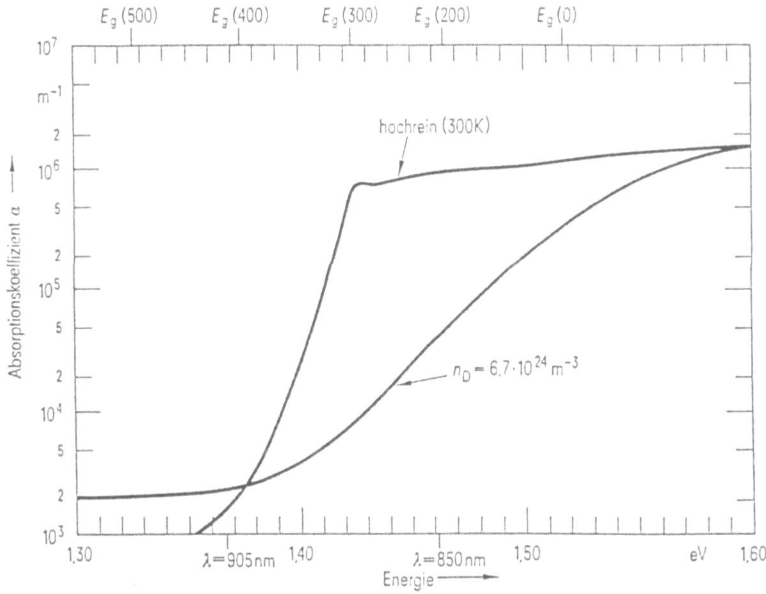

Bild 3.21. Absorption von reinem und n-leitendem GaAs

10 µm haben. Begnügt man sich mit einem kleineren Meßbereich, kann die Schichtdicke größer sein.

Ein solcher Sensor besteht z.B. aus einem GaAs-Prisma mit 240 µm langer Basis, an die zwei Multimodefasern angekittet sind. Der Außendurchmesser der fertigen Probe beträgt deshalb nur 0,5 mm. Durch die eine Faser wird Licht einer Lumineszenzdiode ($\lambda = 905$ nm) in das Prisma eingestrahlt, durch die zweite Faser gelangt das durchgelassene Licht zu einem Detektor. Im Temperaturbereich zwischen 33 und 47 °C sinkt die Transmission des Prismas von 100 auf 60.

Durch geeignete Auswahl der Lichtwellenlänge läßt sich die Lage des Meßbereichs einstellen. Mit einer kurzen Wellenlänge (z.B. $\lambda = 850$ nm, s. Bild 3.21) liegt er bei sehr tiefer Temperatur.

Der Absorptionskoeffizient hängt auch von der Dotierung ab. Wie Bild 3.21 zeigt, steigt er bei hoch dotiertem GaAs langsamer mit der Quantenenergie als bei reinem Material. Gleichung (3.11) beschreibt die Verschiebung dieser Kurve mit der Temperatur nur noch näherungsweise, sie kann aber durch entsprechende Kalibrierung angepaßt werden. Für dieses Material ist ein größerer Meßbereich zu erzielen als bei reinem GaAs.

GaAs ist hier nur als Beispiel angeführt worden. Auch mit anderen Halbleitermaterialien und Lumineszenzdioden lassen sich Temperatursensoren mit verschiedenen Meßbereichen im gesamten technisch wichtigen Bereich von der Tieftemperatur bis zu hohen Temperaturen aufbauen, wobei die Grenzen durch die Temperaturbeständigkeit der Materialien bestimmt werden. Bei diesen

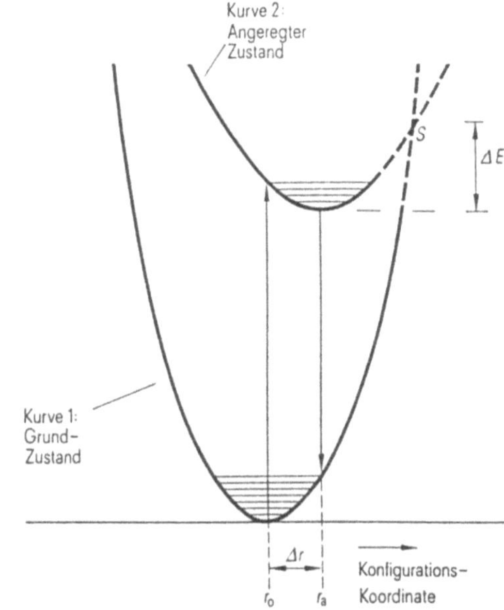

Bild 3.22. Energie-Konfigurations-Diagramm eines Leuchtzentrums

Sensoren handelt es sich wiederum um den bearbeitenden Typ, bei dem die
Hilfsenergie Licht durch die Meßgröße beeinflußt wird.

Lumineszens bei der Dotierung mit seltenen Erden
Viele kristalline Stoffe werden durch Dotieren zu Leuchtstoffen, die nach einer
Anregung durch energiereiche Strahlung (UV-, Röntgen-, Elektronenstrahlen)
Strahlung geringerer Quantenenergie emittieren. Dieser Vorgang ist unter dem
Namen Lumineszenz bekannt.

Bild 3.22 zeigt ein Modell zur Erklärung der mit der Lumineszenz
verknüpften atomaren Prozesse. (Eine eingehende Diskussion enthält [3.21]).
Die Ordinate stellt die Energie dar, die Abszisse ist eine Konfigurationskoordi-
nate, z.B. der Abstand des betreffenden Atoms zu seinem nächsten Nachbarn.
Bei der Anregung geschieht der Übergang vom Grundzustand (Kurve 1) in den
angeregten Zustand (Kurve 2) so schnell, daß sich – nach dem Franck–Condon–
Prinzip – der Abstand zunächst nicht ändert. Anschließend findet Relaxation
zum metastabilen Gleichgewichtszustand r_a statt. Von hier aus ist dann ein
strahlender Übergang zum Grundzustand ohne Änderung der Konfigurations-
koordinate möglich. Hohe Quantenausbeute setzt aber voraus, daß die dem
Punkt S entsprechende Energie deutlich höher ist als das durch die Anregung
erreichte Energieniveau, da sonst hier noch nichtstrahlende Übergange möglich
sind. (Dieser Schnittpunkt liegt um so höher, je kleiner Δr ist, da es sich um
innere Anregung handelt. Für Eu^{3+} ist $\Delta r = 0$). Bei genügend hoher Temperatur
kann das Leuchtzentrum in höhere Schwingungszustände gelangen, d.h. auf
eine höhere Stelle der Kurve 2. Für die Wahrscheinlichkeit w_t, durch thermische
Anregung den Punkt S zu erreichen, gilt:

$$w_t = \alpha v \exp(-\Delta E/kT), \tag{3.12}$$

mit v = Frequenz der Gitterschwingung und α der Übergangswahrscheinlichkeit
im Punkt S. Von hier ist der Übergang auf die Kurve 1 und die anschließende
Relaxation ohne Strahlung möglich. Ist w_s die Wahrscheinlichkeit für
strahlenden Übergang, so gilt für den Quantenwirkungsgrad der Lumineszenz

$$\eta = w_t/(w_t + w_s). \tag{3.13}$$

Er nimmt also mit zunehmender Temperatur ab.

Besonders geeignet als Dotierungsstoffe sind die Ionen der seltenen Erden,
weil sie aufgrund ihrer Elektronenkonfiguration wenige scharfe Linien
emittieren. Unter ihnen kommt das Eu^{3+} für Temperatursensoren mit großem
Meßbereich in Frage, weil seine Löschungstemperatur wegen $\Delta r = 0$ relativ
hoch ist. Bild 3.23 zeigt das Emissionsspektrum des $Gd_2O_2S{:}Eu^{3+}$. Die mit N,
M und H bezeichneten Liniengruppen haben jeweils eine höhere Löschungstemperatur. Die Abhängigkeit der Leistung verschiedener Linien von der
Temperatur und die Verhältnisse der Leistungen von je zwei Linien sind in Bild
3.24 für $La_2O_2S{:}Eu^{3+}$ dargestellt.

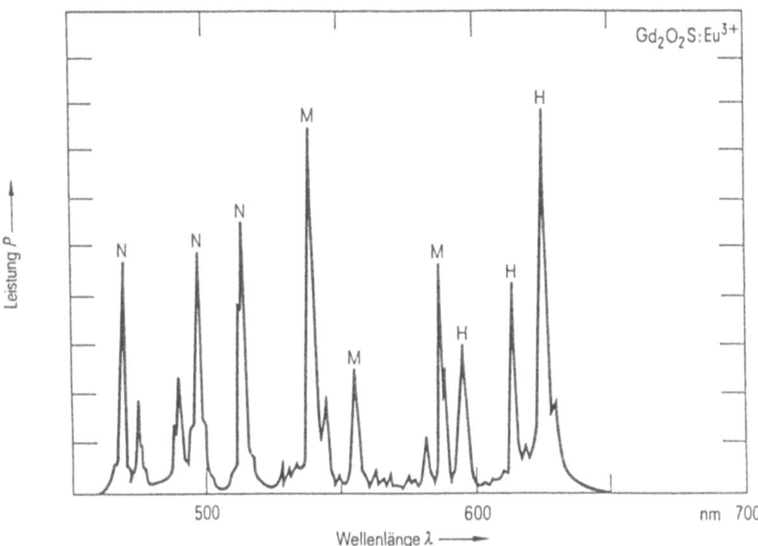

Bild 3.23. Emissionsspektrum des Gd$_2$O$_2$S:Eu^{3+}

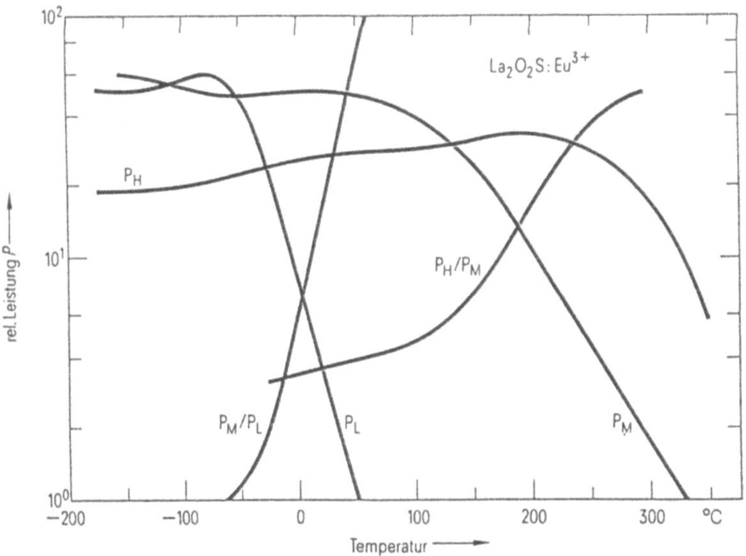

Bild 3.24. Temperaturabhängigkeit der Emission des La$_2$O$_2$:Eu^{3+}

50

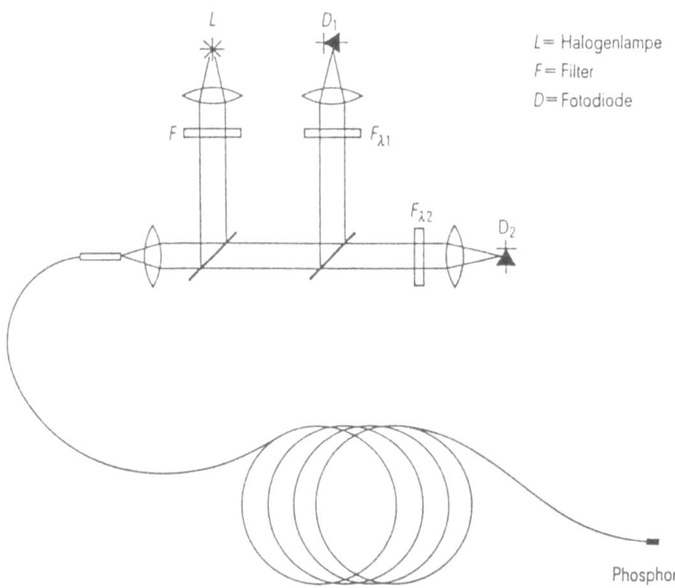

Bild 3.25. Faseroptischer Temperatursensor mit Löschung der Lumineszenz

Man erkennt, daß durch Auswahl entsprechender Linien zwei verschiedene Temperaturbereiche durch diese bearbeitenden Sensoren erfaßt werden.

Bild 3.25 zeigt das Schema eines Thermometers mit einem solchen Phosphor. Er befindet sich an einem Ende einer Lichtleitfaser und wird durch den UV-Anteil des Lichts einer Halogenlampe angeregt. Das Lumineszenzlicht läuft durch die Faser zurück und wird auf zwei Detektoren mit vorgeschalteten Schmalbandfiltern aufgeteilt. Das Verhältnis der bei zwei Wellenlängen empfangenen Leistungen (s. Bild 3.24) ist ein Maß für die Temperatur. Durch die Verhältnisbildung werden Meßfehler durch Schwankungen der Lampenleistung und Zusatzverluste in Steckern kompensiert.

3.5.6 Polarisationsmessung

Doppelbrechende Medien haben unterschiedliche Brechzahlen für orthogonale Polarisationszustände. Nach Durchlaufen einer Strecke l (Bild 3.26) haben zwei anfangs phasengleiche, zueinander senkrecht polarisierte Lichtwellen eine Phasendifferenz

$$\Delta\varphi = (n_1 - n_2)l = \Delta n \, l, \tag{3.14}$$

so daß das austretende Licht elliptisch polarisiert ist [3.22]. Der Brechzahlunterschied Δn und damit die Elliptizität ist eine Funktion äußerer Parameter, die auf das doppelbrechende Medium einwirken. Je nach Material

51

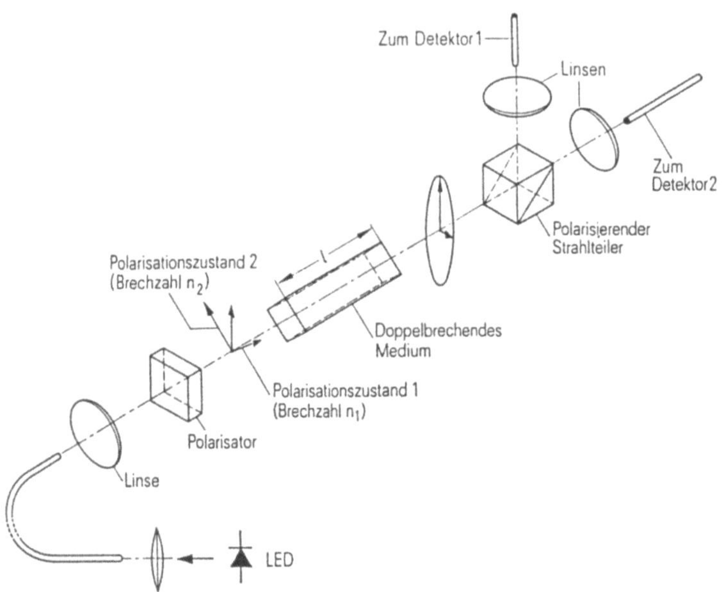

Bild 3.26. Ellipsometrischer Sensor mit Multimodefasern

können bearbeitende Sensoren für Druck, Temperatur, elektrische oder magnetische Feldstärke realisiert werden. Trennt man die beiden Polarisationsrichtungen mit einem polarisierenden Strahlteiler, so gilt für die beiden Teilleistungen

$$P_1 = \frac{P_0}{2}(1 + \sin \Delta\varphi) \quad \text{und} \quad P_2 = \frac{P_0}{2}(1 - \sin \Delta\varphi), \tag{3.15}$$

unter der Voraussetzung, daß beide Polarisationsrichtungen gleich stark angeregt wurden. Bildet man den Ausdruck

$$S = \frac{P_1 - P_2}{P_1 + P_2} = \sin \Delta\varphi, \tag{3.16}$$

so lassen sich Leistungsverluste und Leistungsschwankungen der Lichtquelle ausschalten.

Die Lichtwege zwischen Lichtquelle und Polarisator bzw. Detektoren und Polarisationsweiche können durch Multimodefasern gebildet werden. In den Abschnitten mit definierten Polarisationsverhältnissen können polarisationserhaltende Lichtwellenleiter eingesetzt werden. Das doppelbrechende Medium kann ebenfalls als Faser realisiert werden.

In Bild 3.27 ist als Beispiel ein Sensor für die Schalldruckmessung gezeigt. Eine Spule aus einer Monomodefaser bildet das eigentliche Sensorelement. Die

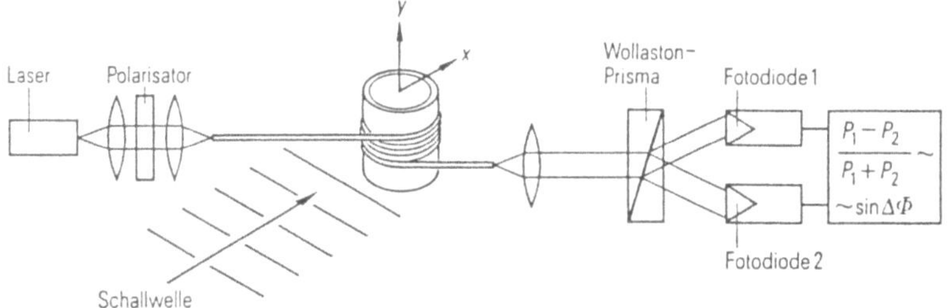

Bild 3.27. Ellipsometrischer Sensor mit Monomodefaser

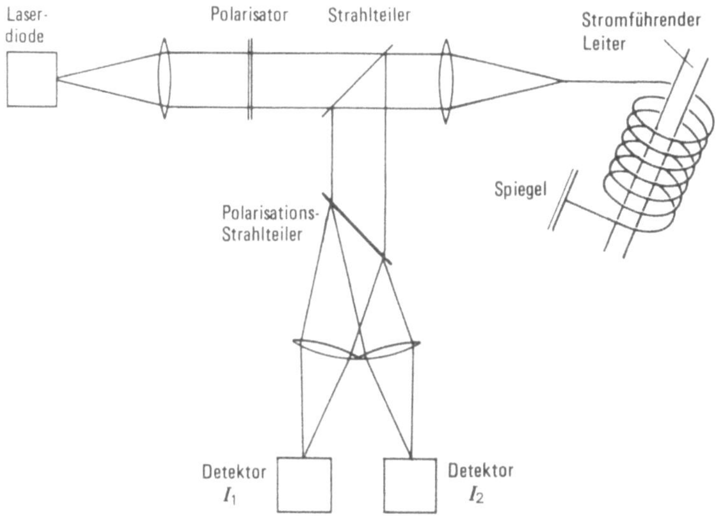

Bild 3.28. Faseroptischer Stromwandler auf der Basis des Faraday-Effekts

Druckschwankungen verformen den Spulenkörper. Dadurch wirken Kräfte auf die Monomodefaser, die durch Aufwickeln unter Zug doppelbrechend gemacht wurde. Die äußeren Kräfte ändern die Doppelbrechung über den elastooptischen Effekt.

Ein weiteres Beispiel für einen polarisationsoptischen, faseroptischen Sensor stellen magnetooptische Stromwandler dar (Bild 3.28). Sie beruhen auf der Drehung der Polarisationsebene linear polarisierten Lichts unter Einwirkung eines äußeren Magnetfeldes (Faraday-Effekt). Die Größe der Rotation φ der Polarisation ist über die materialabhängige Verdet-Konstante V mit dem Linienintegral über das Magnetfeld H entlang der Lichtausbreitung verknüpft:

$$\varphi = V \int H dl, \tag{3.17}$$

H = Magnetfeld.

Für die Anordnung mit einer Faserspule um einen langen, stromdurchflossenen Leiter folgt daraus:

$$\varphi = VIN_f \qquad (3.18)$$

I = Strom

N_f = Anzahl der Faserwindungen.

Durch den Aufbau mit einen Spiegel am Ende wird die Faserspule zweimal durchlaufen und der polarisationsdrehende Effekt verdoppelt sich gegnüber der Beziehung (3.18). Aus der Messung der Polarisationsdrehung kann dann auf den fließenden Strom geschlossen werden. Diese Betrachtungen gelten streng nur für Fasern mit vernachlässigbarer linearer Doppelbrechung.

3.5.7 Messung von Absorptions- oder Transmissionsänderungen

Viele Stoffe zeigen im Bereich des optischen Spektrums charakteristische Absorptionen. Die Elektronenübergänge der Atome und vieler Moleküle liegen meist im Ultravioletten, einige organische Stoffe absorbieren im Sichtbaren, die Rotations-Schwingungsübergänge der Moleküle liegen im mittleren Infrarot. Für die Transmission T einer absorbierenden Probe der Länge 1 gilt:

$$T = P_2/P_1 = \exp(-al) \qquad (3.19)$$

mit P_1, P_2 der einfallenden bzw. der durchgelassenen Lichtleistung (ohne Reflexionsverluste) und dem Absorptionskoeffizienten a. Dieser ist bei Mischungen, Lösungen oder Gasen der chemischen Konzentration eines Stoffs proportional (Beersches Gesetz), so daß sich die Konzentration eines Stoffs aus einer Messung der Transmission bei einer charakteristischen Wellenlänge bestimmen läßt. Für die Messung werden häufig kommerzielle Spektralphotometer verwendet. Diese sind jedoch umfangreiche und kostspielige Geräte für universellen Einsatz. Sie unter gleichzeitiger Spezialisierung kleiner und billiger zu machen, ist eine interessante Aufgabe der Sensorentwicklung. Für bearbeitende Sensoren dieser Art gibt es zahlreiche Anwendungsmöglichkeiten in Medizin, Produktion und Umweltschutz (S. auch Abschn. 7.7).

Als Beispiel soll ein optischer pH-Wert-Sensor für medizinische Anwendungen beschrieben werden [3.23]. Als pH-Wert-Indikator dient hier Phenol-Rot, das einen Farbumschlag von Gelb nach Rot im Bereich pH = 6,4 bis 8,2 zeigt. Bild 3.29 zeigt den Aufbau des Sensorelements. Der Indikator befindet sich in einem Dialyseröhrchen (0,4 mm Durchmesser), durch dessen Wand kleine Ionen und Moleküle diffundieren können. Er ist in Kunststoffkügelchen (5 bis 10 µm Durchmesser) gebunden, zwischen denen kleinere Kunststoffkügelchen (1 µm Durchmesser) als Streuzentren eingebettet sind. Das Licht einer Halogenlampe wird durch eine Faser in die Probe geleitet, das Streulicht gelangt durch eine zweite Faser zurück zur Meßapparatur, die ähnlich wie in Bild 3.20 aufgebaut ist. Die Absorption des Indikators wird bei 558 nm gemessen, eine Messung bei

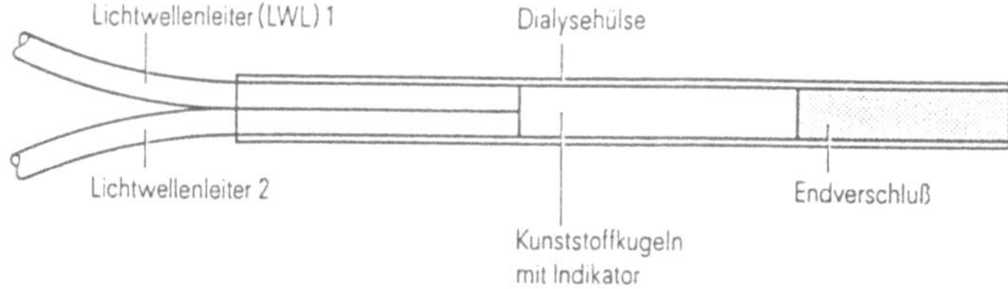

Bild 3.29. pH-Wert-Sensor

600 nm dient als Referenz zur Kontrolle der eingestrahlten Lichtleistung. Aus dem Verhältnis der beiden Lichtmessungen kann der pH-Wert einer Flüssigkeit, die das Dialyseröhrchen umspült, im physiologisch wichtigen pH-Wert-Bereich zwischen 7, 0 und 7, 4 mit einer Auflösung $\Delta p = 0,01$ bestimmt werden.

Ein anderes Beispiel für die Ausnutzung spektraler Transmissionsänderungen stellen Fabry–Perot–Strukturen dar, die aus zwei planparallelen, teilweise durchlässigen Spiegelschichten bestehen. Entsprechend kann ein Fabry–Perot–Interferometer auch durch ein Faserstück mit teilweise verspiegelten Enden gebildet werden. Die Transmission T ändert sich bei fester Wellenlänge und bei einem Brechungsindex n empfindlich mit dem Abstand d der Spiegelschichten:

$$T = \frac{1}{1 + \frac{4R}{(1-R)^2} \sin^2 \delta/2} \tag{3.20}$$

mit $\delta = 2\pi nd/\lambda$,
  R = Spiegelreflektivität.

Im Fall sensorischer Anwendungen kann der Abstand als Maß für die Temperatur oder den äußeren Druck verwendet werden.

3.5.8 Sensoren mit optisch angeregten mechanischen Resonanzen

Sensoren mit elektrisch angeregten mechanischen Schwingern, deren Resonanzfrequenz durch eine Meßgröße beeinflußt wird, sind seit langem bekannt [3.16]. Sie sind wegen ihres frequenzanalogen Signals gerade auch für die faseroptische Sensorik besonders attraktiv. Durch Vorzugsätzen von Silizium lassen sich miniaturisierte Schwinger herstellen, die so wenig Anregungsenergie benötigen, daß diese in Form von Licht durch eine Faser zugeführt werden kann [3.17, 3.18]. Die zugeführte Lichtleistung wird mit der Resonanzfrequenz moduliert, ein Teil des Lichts wird absorbiert und erwärmt den Schwinger periodisch. Die damit verknüpfte periodische Wärmeausdehnung regt die Schwingung an. Alternativ ist auch eine pulsförmige Anregung möglich. Ein Meßstrahl kann dann über einen geeigneten Reflektor am Sensor moduliert werden und überträgt das Signal zum Empfänger, wo die gemessene Frequenz ausgewertet wird. Damit ergibt sich die Möglichkeit, bearbeitende Sensoren, die ausschließlich mit Licht arbeiten, zu realisieren. Sensoren nach diesem Prinzip wurden beispielsweise vorgeschlagen zur Druckmessung, zur Temperaturmessung und zur Messung adsorbierter Massen [3.19, 3.29].

3.5.9 Verteilte optische Sensorsysteme

Bei verteilten Sensorsystemen handelt es sich um Anordnungen, die kontinuierlich entlang eines langen Lichtwellenleiters ortsaufgelöst spezifische Parameter (z.B. die lokale Rückstreuung) bestimmen können. Die gesamte Lichtwellenleiterstrecke wirkt damit wie eine Kette von hintereinandergeschalteten Einzelsensoren. Besonders intensiv untersucht und auch praktisch angewendet werden sogenannte OTDR-Systeme (optical time domain reflectometer). Sie beruhen auf einem Echo-Verfahren, bei dem ein kurzer Sendeimpuls in den Wellenleiter eingekoppelt und der reflektierte bzw. gestreute Rückimpuls zeitaufgelöst gemessen wird. Aus der Laufzeit läßt sich dann auf den Ort des Reflektors (z.B. eine Steck- oder Spliceverbindung) oder eines Streuers schließen (Bild 3.30). An Stelle eines Einzelpulses kann zur Verminderung der notwendigen optischen Spitzenleistung auch eine geeignete Folge von Pulsen verwendet werden, die über Korrelationsverfahren ausgewertet wird [3.29].

Bei Abhängigkeit der Rückstreuintensität von einem äußeren Parameter kann bei entsprechender Normierung auch diese physikalische Größe ortsaufgelöst bestimmt werden (z.B. die Temperatur über das Verhältnis der Stokes- und Anti-Stokes-Linien bei der Raman-Streuung). Kommerziell ist ein solches Temperaturmeßsystem z.B. für einen Temperaturbereich von -25 bis $+125\,°C$ und einer Länge von 2 km bei einer Temperaturauflösung von $1\,°C$ und einer Ortsauflösung von $7,5$ m erhältlich. Damit ist eine lokale Temperaturüberwachung ausgedehnter Bereiche z.B. auf Schiffen möglich.

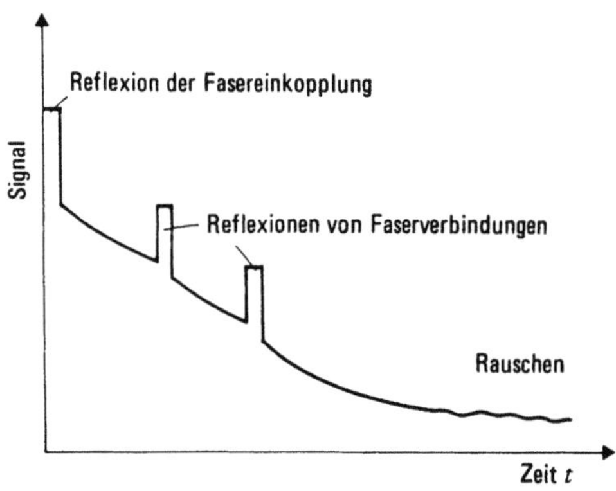

Bild 3.30. Beispiel für ein OTDR-Signal

3.5.10 Hybride Sensoren

Zu den wichtigsten Gründen für die Entwicklung faseroptischer Sensoren gehören
die Ausschaltung elektromagnetischer Störungen, die Überbrückung von
Potentialunterschieden und die besonderen Anforderungen explosionsgefährdeter
Bereiche. Wie die bisher beschriebenen Beispiele zeigen, muß bei vielen dieser
Sensoren ein optisches Analogsignal durch den Lichtwellenleiter zum
Empfänger gesendet werden. Zusatzverluste auf diesem Weg, die nach der
Eichung auftreten können (z.B. in Steckverbindungen), verursachen Meßfehler,
wenn keine Gegenmaßnahmen (z.B. zwei Messungen bei unterschiedlichen
Wellenlängen) getroffen werden können. Weitere Meßfehler können auftreten,
wenn Störgrößen eine Modulation der Lichtleistung bewirken, die nicht
kompensiert werden kann (z.B. ist die Doppelbrechung häufig eine Funktion
mehrerer Parameter). Hinzu kommt, daß unter Umständen für ein spezifisches
Meßproblem keine geeigneten rein optischen Sensorköpfe zur Verfügung
stehen.

In solchen Fällen kann es vorteilhaft sein, einen hybriden Sensor zu verwenden, dessen prinzipielle Aufbaumöglichkeiten Bild 3.31 verdeutlichen soll.
Er besteht aus einem elektrischen Sensorkopf, dessen Ausgangssignal in ein
elektrisches, digitales oder frequenzanaloges Signal und danach in ein
entsprechendes optisches Signal gewandelt wird. Dieses gelangt über eine
Multimodefaser zum Empfänger. Wegen des Leistungsbedarfs des Sensorkopfes

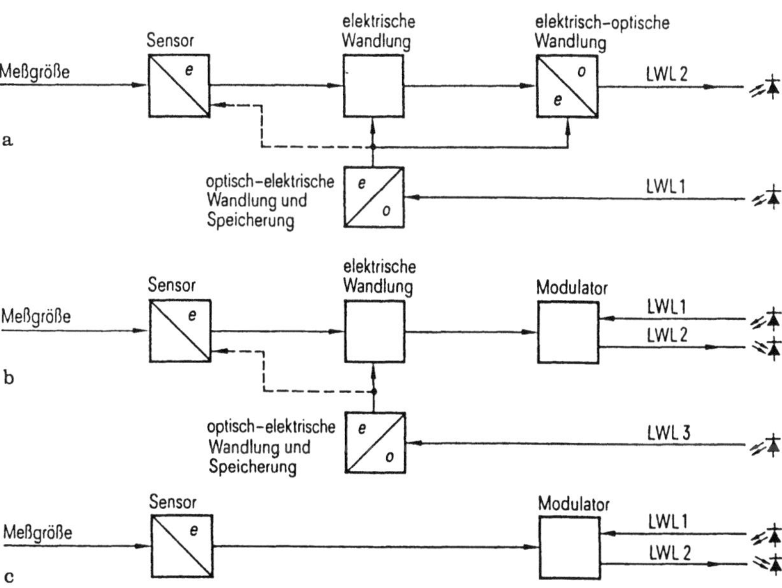

Bild 3.31 a–c. Prinzipien hybrider Sensoren

und der mehrfachen Signalwandlung wird im allgemeinen eine Energieversorgung zum Sensor notwendig sein, die aus den oben genannten Gründen oft optisch zugeführt werden muß [3.38–3.40].

Diese optische Energieversorgung kann über einen Lichtwellenleiter erfolgen, dessen Ausgangslicht auf einem Photoelement in einen elektrischen Strom umgewandelt wird. Um die üblicherweise nötigen Spannungspegel z.B. von 3 bis 5 V zu erreichen, können mehrere dieser Photoelemente in integrierter Form hintereinander geschaltet werden. Verluste treten bei dieser Art der Energieversorgung vor allem bei der Erzeugung des Lichts (LED, Laserdiode oder Laserdiodenarray) und bei der optoelektrischen Wandlung auf dem Photoelement auf. Bei einem Laserdiodenarray mit 700 mW optischer Ausgangsleistung können mit einem Photoelementarray auf GaAs-Basis etwa 100 mW elektrische Leistung am Sensorkopf zur Verfügung gestellt werden [3.40].

Dieses Konzept eines hybriden, faseroptischen Sensors vereint in sich wesentliche Vorteile rein faseroptischer Sensoren mit einer breiten Auswahl an kommerziell verfügbaren elektrischen Sensorelementen und der Möglichkeit, "Intelligenz" in den Sensor einzubauen.

Eine Variante des beschriebenen Sensors, die mit weniger elektrischer Energie an der Meßstelle auskommt, zeigt Bild 3.31b [3.24]. Der Sensor enthält einen elektrooptischen Modulator, der über die Lichtwellenleiter 1 und 2 mit einem Sender bzw. Empfänger verbunden ist. Elektrooptische Modulatoren stellen im wesentlichen eine sehr kleine kapazitive Last dar (Größenordnung 50 pF), so daß sie nur sehr wenig elektrische Energie verbrauchen. Über den Lichtwellenleiter 3 muß deshalb nur noch die Energie für die elektrische Signalverarbeitung zugeführt werden.

Das Schema eines Rauchmelders, der nach diesem Prinzip arbeitet und aus handelsüblichen Teilen aufgebaut ist, zeigt Bild 3.32 [3.25]. Eine einzige Laserdiode liefert das Licht für das Signal und die Energieversorgung, so daß nur zwei Faserleitungen benötigt werden. Der Teil des Lichts, der der

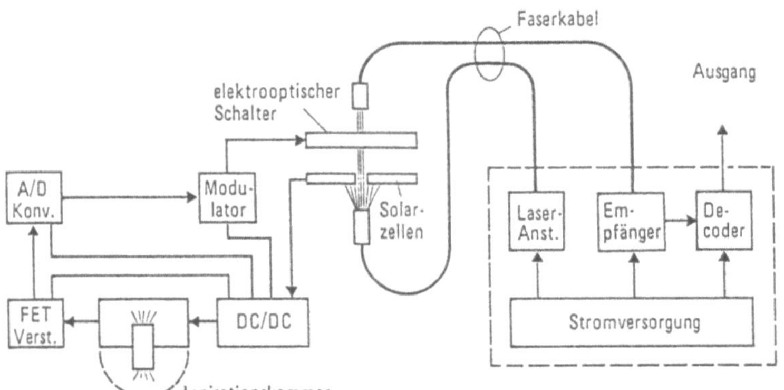

Bild 3.32. Faseroptischer Rauchmelder

Energieversorgung dient, fällt auf eine Anordnung von 4 in Reihe geschalteten Solarzellen. Das Signallicht tritt durch ein Loch in dieser Anordnung und trifft auf eine Flüssigkristallanzeige, die als Schalter arbeitet. Das von ihr durchgelassene Licht wird durch eine zweite Faserleitung zum Empfänger geleitet. Der eigentliche Sensor ist eine übliche Ionisationskammer.

Eine weitere Variante zeigt Bild 3.31c. Hier steuert der elektrische Sensor direkt den elektrooptischen Modulator an [3.26]. Allerdings werden hier optische Analogsignale übertragen, bei denen die oben genannten Probleme auftreten können.

3.6 Ausblick

Optoelektronische und optische Komponenten können in sehr vielfältiger Weise in der Sensorik eingesetzt werden. Der praktisch bei allen optischen Sensoren vorhandene elektronische Anteil zur Ansteuerung und zur Signalverarbeitung bzw. Signalauswertung erweitert die Anwendungsmöglichkeiten und führt in vielen Fällen auch zu einem fließenden Übergang zwischen optischen und elektrischen Sensoren.

Von der Empfindlichkeit lassen sich die bisher eingesetzten, optischen Sensoren grob in drei Leistungsklassen einteilen:

- Einfache Sensoren mit einem digitalen Ja-Nein-Ausgangssignal (z.B. Lichtschranke nach Bild 3.14),
- Sensoren mit einem optischen Analogausgangssignal und einer Auflösung von einigen Prozent des Meßbereichs (z.B. Intensitätsmodulation bei der Abstandsmessung),
- hochwertige Sensoren mit einer Auflösung besser als 1% des Meßbereichs. Zur Erreichung dieser hohen Genauigkeit ist i.allg. die Erzeugung und Messung von Referenzsignalen notwendig.

Einfache optische Sensoren, z.B. zur Lichtmessung oder als Lichtschranken sowie als optische Weg- und Winkelgeber, werden in großer Zahl hergestellt und eingesetzt. Erhebliche Bedeutung haben inzwischen auch kontaktlose Abstandsmeßsysteme zur Bestimmung des Verlaufs von Oberflächen und zum Erkennen von Bauteilen gewonnen.

An verschiedenen faseroptischen Sensortypen wird intensiv gearbeitet. Hier eröffnen sich inbesondere in Kombination mit den Technologien der integrierten Optik und der Mikrostrukturtechnik neue Möglichkeiten der Miniaturisierung und Integration mit optoelektronischen Bauteilen. Verschiedene faseroptische Sensoren mit hoher Auflösung z.B. zur Temperaturmessung sind bereits auf dem Markt. Für eine breitere Anwendung faseroptischer Sensoren in der industriellen Meßtechnik wird es vor allem notwendig sein, für eine größere Gruppe von interessierenden Meßgrößen faseroptische Sensoren mit hoher Auflösung zur Verfügung zu stellen, diese Sensoren in vollständige optische

Sensorsysteme zu integrieren und einheitliche Schnittstellen mit der Möglichkeit zur Kombination mit bereits vorhandenen Sensoren zu schaffen.

3.7 Literatur zu Kapitel 3

3.1 Winstel, G.; Weyrich, C.: Optoelektronik I. Berlin: Springer 1981 (Halbleiter-Elektronik, Band 10).

3.2 Plihal, M.: Improvement of launching efficiency of high radiance surface-emitters IRED with hybrid or integrated spherical lenses into step-index and graded-index fibers. Siemens Forsch.-u. Entwickl.-Ber. **11** (1982) 221.

3.3 Heywang, W.: Amorphe und polykristalline Halbleiter. Halbleiter-Elektronik, Band 18, Berlin: Springer 1984, Kapitel 1.2.6.

3.4 Grau, G.: Optische Nachrichtentechnik, 2. Aufl. Berlin: Springer 1985.

3.5 Geckeler, S.: Das Phasenraumdiagramm, ein vielseitiges Hilfsmittel zur Beschreibung der Lichtausbreitung in Lichtwellenleitern. Siemens Forsch.-u. Entwickl.-Ber. **10** (1981) 162.

3.6 Sharma, A. B.; Halme, S. J.; Butusov, M. M.: Optical fiber systems and their components. Berlin: Springer 1981, S. 61.

3.7 Hatzinger, G.: Optoelektronische Bauelemente und Schaltungen. Siemens AG, 1977.

3.8 Stahl, K.; Miosga, G.: Infrarottechnik. Heidelberg: Hüthig 1980.

3.9 Riegl, J.; Bernhard, M.: Empfangsleistung in Abhängigkeit von der Zielentfernung bei optischen Kurzstrecken-Radargeräten. Appl. Opt. **13** (1974) 931.

3.10 Coole, R. O.; Hamm, C. W.: Fiber-optic lever displacement transducer. Appl. Opt. **13** (1979) 3230.

3.11 Rines, G. A.: Fiber-optic accellerometer with hydrophone applications. Appl. Opt. **20** (1981) 3453.

3.12 Bodlaj, V.; Klement, E.: Remote measurement of distance and thickness using a deflected laser beam. Appl. Opt. **15** (1976) 1432.

3.13 Rosenberger, D.: Technische Anwendungen des Lasers. Berlin: Springer 1975, Kap. 2.

3.14 Bodlaj, V.: LAMBDA, a laser measuring system for the differential determination of thickness, Siemens Forsch.-u. Entwickl.-Ber. **6** (1977) 180.

3.15 Herbst, H.; Grassl, H.-P.: Simulation for a rangefinder system for lens-shutter cameras. Siemens Forsch.-u. Entwickl.-Ber. **11** (1982) 105.
Herbst, H.; Grassl, H.-P.; Pfleiderer, H. J.: Experimental autofocus system for lens shutter cameras. IEEE J. Solid State Circuits SC-17 (1982) 558.

3.16 Langdon, R. M.: Resonator sensors – a review. J. Phys. E. **18** (1985) 103.

3.17 Petersen, K. E.: Silicon as a mechanical material. Proc. IEEE **70** (1982) 420.

3.18 Venkatesh, S.; Novak, S.: Micromechanical resonators in fiber optic systems. Optics Letters **12** (1987) 129.

3.19 Uttamachandani, U.; Thomton, K. E. B.; Nixon, J.; Culshaw, B.: Optically excitet resonant diaphragm pressure sensor. Electronics Letters **23** (1987) 152.

3.20 Casey, H. C.; Parish, M. B.: Hetereostructure lasers, Part B, New York: Academic press 1978.

3.21 Blasse, G.; Bril, A.: Charakteristische Lumineszenz. Philips Tech. Rdsch. **31** (1970/71) 320.

3.22 Hecht, E.; Zajac, A.: Optics. Reading, Mass.: Addison-Wesley 1974.

3.23 Peterson, J. I.; Goldstein, S. R.; Fitzgerald, R. V.: Fiber optic pH proof for physiological use. Anal. Chem. **52** (1980) 864.

3.24 Baues, P.: Deutsche Offenlegungsschrift DOS 3138074.3, DOS 3138073.

3.25 Güttinger, H.; Pfister, G.: Fiber-optic sensors and technology in security systems. Proc. 1. Conf. on Optical Fiber Sensors. 26–28 April 1983, London: IEE Conference Publication Nr. **221** (1983) 62.

3.26 Heywang, W.; Baues, P.: Deutsche Offenlegungsschrift DOS 3127333.5-51, DOS 3127406.4-51.

3.27 Jones, B. E.: Optical fiber sensors and systems for industry. J. Phys. E.: Sci. Instrum. **18** (1985) 770.

3.28 Gambling, W. A.: Exotic fibres. Ann. Telecommun. **41** (1986) 541.

3.29 Dakin, J.; Culshaw, B. (Hrsg.): Optical fiber sensors. Boston (USA): Artech House 1988.

3.30 Noda, J.; Okamoto, K.; Sasaki, Y.: Polarization-maintaining fibers and their applications. J Lightwave Technol. LT-4 (1986) 1071.

3.31 Auracher, F.; Mahlein, H. F.; Winzer, G.: Entwicklungstendenzen der integrierten Optik. telecom report **10** (1987) 90.

3.32 Wulf-Mathies, C.: Integrierte Optik für faseroptische Sensoren. Laser und Optoelektronik **21**(1) (1989) 57.

3.33 Boyd, J. T.: Integrated optics. Photonics Spectra (Januar 1989) 127.

3.34 Okhawa, M.; Izutsu, M.; Sueta, T.: Integrated optic pressure sensor on silicon substrate. Appl. Opt. **28** (1989) 5153.

3.35 Heuberger, A. (Hrsg.): Mikromechanik. Berlin: Springer 1989.

3.36 Brodemann, R.; Smigla, W.: Evaluation of a commercial microphotography sensor. SPIE **802** (1987) 165.

3.37 Westkämper, E.; Maskus, P.: Laserfokus-Oberflächensensor mit breiter Anwendung. VDI-Z **131** (1989) 165.

3.38 Lenz, J.; Bjork, P.: Optically powered sensors: a systems approach. SPIE **961** (1988) 8.

3.39 Kuntz, W.; Mores, R.: Energie- und Datenübertragung über Lichtwellenleiter bei intelligenten Sensoren. Tech. Mess **56** (1989) 166.

3.40 Groß, W.: Fiber-optic sensors with optical data link and optical power supply. Proc. Sensors Systems. London (1989), Vol. 2.

3.41 Winstel, G.: Weyrich, C.: Optoelektronik II. Berlin: Springer 1986 (Halbleiter-Elektronik, Band 11)

4 Magnetische Effekte

4.1 Einleitung

Das magnetische Feld der Erde dient gewissen Tieren zur Orientierung und wird von ihren Sinnesorganen wahrgenommen. Der Mensch behilft sich seit 4000 Jahren mit dem Kompass, dem wohl ältesten sensorartigen Instrument. Moderne mikroelektronische Magnetfeldsensoren auf Siliziumbasis sind zu Millionen als Positions- und Stromdetektoren im Einsatz. Die Einleitung zu diesem Kapitel bietet eine erste Übersicht der Anwendungen, Feldstärkebereiche, Spezifikationen, physikalischen Effekte, Materialien und Technologien der auf magnetischen Phänomenen beruhenden Sensoren und ihrer Literatur.

4.1.1 Anwendungen

Magnetfeldsensoren (MFS) wandeln magnetische Feldgrößen in elektronische Signale um. Zwei Gruppen von Anwendungen lassen sich dabei unterscheiden. Bei den *direkten Anwendungen* ist der Sensor Teil eines Magnetometers. Beispiele sind

- die Aufnahme des erdmagnetischen Feldes und Magnetometrie in der Raumforschung,
- die Detektion metallischer Objekte, z.B. die Identifikation von Münzen,
- das Lesen von magnetischen Speichermedien (Magnetband, Diskette, Identifikation von magnetisch codierten Karten),
- die Erkennung von magnetischen Mustern in Druckfarben zur Echtheitsprüfung von Banknoten,
- die Überwachung magnetischer Apparate,
- die Detektion biomagnetischer Felder, die von der Aktivität von Herz, Hirn oder Muskeln oder von der Ablagerung ferromagnetischer Materialien in Lunge oder Leber herrühren.

Bei den *indirekten Anwendungen* dient das Magnetfeld als Zwischenträger der Information bei der Aufnahme nichtmagnetischer Signale durch einen sogenannten Tandemwandler. Beispiele sind

- die berührungslose Stromdetektion für z.B. integrierte Stromzähler und Überstromschutz,

- die kontaktlose Positionserfassung oder Materialprüfung von Objekten aus ferromagnetischem Material durch Detektion lokaler Feldänderungen,
- die Detektion von Position, Verschiebung, Geschwindigkeit oder Drehzahl mittels Permanentmagnet und MFS, z.B. berührungsloses Schalten für Tastaturen, Positions- und Drehzahlsensoren, Erfassung der Läuferstellung im kollektorlosen Motor,
- die Dehnungsmessung mit Hilfe magnetoelastischer Materialien, d.h. Materialien mit dehnungsabhängiger magnetischer Permeabilität, und
- die Kraft- oder Drehmoment-Messung durch Detektion der Auslenkung elastischer Probekörper mittels MFS.

4.1.2 Feldstärkebereiche

Je nach Anwendung kommen sehr unterschiedliche Feldstärken vor. Dementsprechend sind verschiedene Magnetfeld-Empfindlichkeiten und -Auflösungen gefordert. Als Maß für die magnetische Feldstärke benutzen wir die zugehörige magnetische Induktion oder Flußdichte. Die Einheit der magnetischen Induktion ist 1 Tesla $= 1\,\mathrm{Vs/m^2}$. Sie ist invers zur Einheit $1\,\mathrm{m^2/Vs} = 10^{-4}\,\mathrm{cm^2/Vs} = 1\,\mathrm{T^{-1}}$ der Ladungsträgerbeweglichkeit, so daß das Produkt aus magnetischer Flußdichte und Beweglichkeit eine reine Zahl ist.

Beispiele für zu detektierende Feldstärken sind $30\,\mu\mathrm{T}$ bis $60\,\mu\mathrm{T}$ beim Erdfeld, um $1\,\mathrm{mT}$ bei magnetischen Speichermedien, einige $10\,\mathrm{fT}$ bis einige nT bei biomagnetischen Feldern, $5\,\mathrm{mT}$ bis $100\,\mathrm{mT}$ bei Permanentmagneten in Schaltern und Positionssensoren, $1\,\mathrm{mT}$ an der Oberfläche eines Leiters mit einem Strom von $10\,\mathrm{A}$ und $10\,\mathrm{T}$ bis $20\,\mathrm{T}$ in supraleitenden Spulen. Einige der heute verfügbaren oder in Entwicklung befindlichen Sensoren decken verschiedene Feldstärkebereiche wie folgt ab:

- Galvanomagnetische Halbleitersensoren inklusive integrierte Silizium- und GaAs-Sensoren: $10\,\mathrm{nT}$ bis $100\,\mathrm{T}$,
- magnetoresistive Sensoren mit anisotropen ferromagnetischen Filmen: $10\,\mu\mathrm{T}$ bis $10\,\mathrm{mT}$,
- Flux-Gate-Magnetometer (ferromagnetischer Kern mit Referenzfeld- und Sensorspule): $100\,\mathrm{pT}$ bis $1\,\mathrm{mT}$,
- Induktionsspule ("search coil") mit Luftkern oder ferromagnetischem Kern: $100\,\mathrm{pT}$ bis $100\,\mathrm{T}$,
- optoelektronische und faseroptische MFS einschließlich solcher mit ferro- oder ferrimagnetischen Materialien: $100\,\mathrm{pT}$ bis $1\,\mathrm{mT}$,
- Kernspinresonanz-Magnetometer: $100\,\mathrm{pT}$ bis $100\,\mu\mathrm{T}$,
- SQUID (superconducting quantum interference device): $10\,\mathrm{fT}$ bis $10\,\mathrm{nT}$.

Integrierte Halbleiter-MFS können für viele der oben genannten Anwendungen mit Ausnahme der Detektion der schwachen biomagnetischen Felder eingesetzt werden. Für den Masseneinsatz als berührungslose Schalter,

Positionssensoren und potentialfreie Stromdetektoren sind die in großen
Stückzahlen kostengünstig herstellbaren integrierten MFS besonders geeignet.

4.1.3 Spezifikationen

Die Auswahl geeigneter Sensor-Effekte, -Materialien und -Technologien hängt
von den Spezifikationen ab, die je nach Anwendung stark variieren. So ist
beispielsweise hohe räumliche Auflösung wichtig für die Detektion bei binären
magnetischen Speichern, wohingegen Linearität in diesem Falle nicht
erforderlich ist. Es folgen Auswahlkriterien für den MFS-Entwurf:

- Zugang zur Technologie,
- Herstellungskosten,
- Einsatzbedingungen
  - Temperatur,
  - Feuchtigkeit und andere chemische Einflüsse,
  - Mechanische Belastung, Vibrationen,
  - Belastung durch Strahlung,
- Sensorgeometrie (Skalar- oder Vektorsensor),
- Empfindlichkeit, Ausgangssignalhöhe,
- Meßbereich bezüglich Feldstärke,
- Auflösung bezüglich Feldstärke, Signal-Rausch-Verhältnis,
- räumliche Auflösung,
- Zeitliche Auflösung, Frequenzantwort, Bandbreite,
- Linearität, Sättigungsbereich,
- Einsatzbereich bezüglich Temperatur,
- Temperaturkoeffizient der Empfindlichkeit,
- Offset, Temperaturabhängigkeit des Offset,
- Stromverbrauch, Größe, Gewicht,
- elektrischer Ausgangs- und Eingangswiderstand, Interface-Anforderungen,
- Stabilität, Zuverlässigkeit, Lebensdauer.

4.1.4 Effekte und Materialien

Die meisten MFS beruhen auf der Wirkung der *Lorentz-Kraft* $\mathbf{F} = -q\mathbf{v} \times \mathbf{B}$
auf (freie oder gebundene) Elektronen, sei es in einem Metall, Halbleiter oder Isolator. Hier bedeutet $-q$ die Ladung des Elektrons, $\mathbf{v}$ seine Geschwindigkeit
und $\mathbf{B}$ die magnetische Induktion. Wegen der Beziehung $\mathbf{B} = \mu\mu_0\mathbf{H}$ mit der
magnetischen Permeabilität $\mu\mu_0$ des Sensormaterials und der magnetischen
Feldstärke $\mathbf{H}$ kann man zwei Klassen von MFS unterscheiden:

- MFS mit dia- oder paramagnetischen Materialien; μ ist von der Größenordnung eins,
- MFS mit ferro- oder ferrimagnetischen Materialien hoher Permeabilität

($\mu \gg 1$) und entsprechender Fluxkonzentration oder Verstärkung der Lorentz-Kraft und magnetischen Hysterese-Effekten.

Halbleiter-MFS in der Form von diskreten oder integrierten Hall-Platten, Magnetowiderstands- oder Feld-Platten, magnetfeldempfindlichen Feldeffekt-Transistoren, bipolaren Magnetotransistoren oder Magnetodioden benutzen *galvanomagnetische Effekte* wie den Hall-Effekt, die Ladungsträger- oder Lorentz-Ablenkung, die magnetische Widerstandsänderung und die Magnetokonzentration. Alle diese Effekte und Halbleiter-MFS beruhen auf der Einwirkung der Lorentz-Kraft auf die Ladungsträger. Ein Maß für diese Wirkung (aber nicht unbedingt für die Empfindlichkeit des resultierenden Sensors) ist das Produkt von Trägerbeweglichkeit und magnetischer Induktion.

Ferromagnetische MFS in Form von magnetisch anisotropen dünnen Filmen aus z.B. Permalloy ($Ni_{81}Fe_{19}$) beruhen auf dem magnetoresistiven Effekt, d.h. einer Widerstandsänderung bei der Umkehr der Magnetisierungsrichtung durch eine (kleine) Änderung des äußeren Magnetfeldes. Gewisse mechanisch und thermisch vorbehandelte Drähte aus ferromagnetischem Material zeigen eine sprunghafte Änderung der Magnetisierungsrichtung unter dem Einfluß eines sich ändernden äußeren Magnetfeldes (Wiegand-Effekt).

Ferromagnetika bilden die Kerne von Spulen bei Induktions- und Flux-Gate-Sensoren. Erstere beruhen auf dem Induktionsgesetz von Faraday und detektieren zeitliche Änderungen der Flußdichte; bei den letzteren ist die zweite Harmonische der hysteresebedingten nichtlinearen Übertragung eines Referenzwechselfeldes dem zu detektierenden Feld proportional. Ferromagnetische Filme können auch als miniaturisierte Fluxkonzentratoren bei Halbleiter-MFS dienen.

Magnetoelastische Materialien, wie z.B. $Fe_{50}Co_{50}$ (je 50 Molprozent), ändern ihre Magnetisierung unter Druck oder Zug (Villari-Effekt) oder bei Torsion (Matteucci-Effekt) und dienen als magnetoelastische Sensoren für Kraft oder Drehmoment. Umgekehrt führt die Magnetisierung gewisser ferromagnetischer Materialien zu einer Änderung der Abmessungen (Magnetostriktion oder Joule-Effekt) und des Elastizitätsmoduls (ΔE-Effekt). Das letztere Phänomen wird für magnetisch modulierbare Ultraschall-Verzögerungsleitungen benutzt.

Optoelektronische MFS benutzen Licht als Signalträger. Magnetooptische MFS beruhen auf dem Faraday-Effekt, d.h. der Drehung der Polarisationsebene von linear-polarisiertem Licht als Folge der Wirkung der Lorentz-Kraft auf die gebundenen Elektronen im Isolator, z.B. Quarz. Spulen aus optischen Fasern erlauben lange Lichtwege und daher große Rotationswinkel. Optische Fasern mit Mantel aus magnetostriktivem Material (z.B. Nickel) kombinieren die Magnetostriktion mit dem photoelastischen Effekt: Die von der Magnetostriktion herrührende mechanische Kompression verändert die optische Dichte des Fasermaterials, was zu einer Phasenverschiebung des Lichts führt.

Supraleitungs-MFS beruhen auf Josephson-Übergängen zwischen Supraleitern im SQUID-Magnetometer (z.B. Nb/AlOxid/Nb-Übergang) oder im Super-magnetowiderstand aus polykristalliner supraleitender Oxidkeramik (z.B. YBaCuOxid). *Kernspinresonanz-Magnetometer* benutzen die magnetischen Präzession des Protonenspins in Kohlenwasserstoffen.

4.1.5 Technologien für magnetische Mikrosensoren

Unter Technologie verstehen wir hier die Gesamtheit der zur Herstellung eines Sensors benötigten Schritte inklusive computergestützter Entwurf, Fabrikation mit Verpacken, Charakterisierung und Zuverlässigkeitstest.

Silizium-Technologien. Angesichts der Mikroelektronik-Revolution in der Signalverarbeitung werden technisch und kostenmäßig angepaßte *Mikrosensoren* benötigt, d.h. Sensoren, die mit der integrierten Schaltungstechnik verträglich sind und ebenso kostengünstig hergestellt werden können. Eine Antwort auf diese Herausforderung für MFS für Flußdichten über 100 nT gibt die Mikro-elektronik selbst: Es lassen sich integrierte Silizium-MFS mit den Standard-technologien der heutigen Schaltungstechnik, nämlich CMOS- (complementary metal-oxide-semiconductor) und Bipolar-Technologie, herstellen. Damit wird die Integration von Sensorelement und Signalaufbereitung auf demselben Chip möglich. Mikro-MFS, insbesondere integrierte Halbleiter-MFS und die entsprechenden galvanomagnetischen Effekte stehen in diesem Kapitel im Vordergrund.

Verbindungshalbleiter-Technologien. Für Sensorentwicklungen außerhalb der etablierten Silizium-Technologien sind die höheren Kosten für spezielle Fabrikationsanlagen und Zuverlässigkeitstests zu berücksichtigen. Das kann gerechtfertigt sein, wo Silizium-MFS nachweislich ausscheiden, z.B. im Falle zu hoher Betriebstemperaturen. Integrierte GaAs-MFS sind die nächste Wahl für Temperaturen über 150 °C, aber unter 250 °C. InSb bei Zimmertemperatur eignet sich für magnetoresistive Sensoren; die ausgeprägte Temperaturabhän-gigkeit wird durch hohe Dotierung abgeschwächt. Hinreichend hohe Wider-standswerte lassen sich durch mäanderförmige Schichten erreichen, deren Gestalt mit Photolithographie definiert wird. In der Forschung wird die Molekularstrahl-Epitaxie für Hallsensor-Strukturen mit Hetero-Übergängen und Supergittern herangezogen, ferner die Ionenstrahl-Implantation für Submikron-Hallelemente.

Ferromagnetische Dünnfilme (NiFe, NiCo) können mit der Silizium-Technologie kombiniert werden, indem sie nach der Herstellung des Silizium-Chips bei nicht zu hoher Substrat-Temperatur deponiert werden. *SQUID-Magnetometer* auf einem Chip und aus Oxidkeramik sind neuere technologische Entwicklungen für die Magnetometrie schwacher Felder.

4.1.6 Literatur

Vertiefung bieten umfangreiche Übersichtsartikel über integrierte Halbleiter-Magnetfeldsensoren [4.1], insbesondere Hall-Effekt-Komponenten [4.2] und Silizium-Sensoren [4.3–4.4], ihre Technologien [4.5], ihre Modellierung [4.6] und ihre Integration in elektronische Schaltungen [4.7]. Das ausgezeichnete Handbuch [4.8] enhält Kapitel über galvanomagnetische [4.9] und magnetoelastische [4.10] Sensoren, Flux-Gate-Magnetometer [4.11], die verschiedenen induktiven Sensoren [4.12–4.13], Wiegand-Sensoren [4.14], magnetoresistive Sensoren [4.15] und SQUID-Magnetometer [4.16].

4.2 Galvanomagnetische Effekte in Halbleitern

Galvanische Effekte betreffen den elektrischen Ladungstransport (Luigi Galvani, 1737–1798, Universität Bologna). Galvanomagnetische oder magnetogalvanische Effekte treten auf, wenn stromführende Materie einem Magnetfeld ausgesetzt ist; sie sind eine Folge der auf die bewegten Ladungsträger einwirkenden Lorentz-Kraft (H. A. Lorentz, 1853–1928, Universität Leiden).

Der bekannteste dieser Effekte ist der Hall-Effekt, das Auftreten eines elektrischen Feldes senkrecht zum magnetischen Flußdichte-Vektor und zur ursprünglichen Stromrichtung (Edwin Hall, Universität Baltimore, 1879). Weitere galvanomagnetische Effekte sind die Ladungsträger-Ablenkung oder Lorentz-Ablenkung, die 1856 entdeckte magnetische Widerstandsänderung (William Thomson Kelvin, 1824–1907, Universität Glasgow) und der Magnetokonzentrations-Effekt oder Suhl-Effekt, das Auftreten eines Ladungsträgerkonzentrationsgradienten senkrecht zu Stromrichtung und magnetischem Induktionsvektor (Harry Suhl, Bell Laboratories, 1949).

Galvanomagnetische Effekte werden durch hohe Ladungsträgerbeweglichkeit und relativ niedrige Ladungsträgerkonzentration begünstigt und sind daher vor allem in Halbleitern von praktischer Bedeutung. (Eine Ausnahme bildet die ebenfalls praktisch wichtige Widerstandsänderung in anisotropen ferromagnetischen Metallfilmen). Galvanomagnetische Effekte in Silizium erlauben die Herstellung integrierter MFS mit Methoden der Mikroelektronik, wie bereits 1968 für den Bipolarprozeß vorgeschlagen wurde [4.17]. Die Zahl der seither produzierten integrierten Hall-Sensoren beträgt über 100 Millionen. Gegenstand dieses Abschnitts sind der Elektronentransport im Magnetfeld mit Hall-Effekt, Lorentz-Ablenkung und Magnetowiderstandseffekten, Potential-und Stromverteilungen sowie die Auswahl von Halbleitermaterialien.

4.2.1 Ladungsträgertransport im Magnetfeld

Betrachten wir einen homogenen n-Typ-Halbleiter mit der Elektronenkonzentration n und der Drift-Beweglichkeit μ_n für Elektronen. Die resultierende elektrische Leitfähigkeit bei Magnetfeld Null ist $\sigma_n = q\mu_n n$, der Diffusionskoeffizient $D_n = \mu_n kT/q$ mit der Boltzmann-Konstanten k und der absoluten Temperatur T. In der Drift-Diffusions-Näherung ist die Stromdichte $\mathbf{j}_{no}$ bei magnetischer Induktion null, elektrischem Feld $\mathbf{E}$ und Konzentrationsgradient ∇n aus Drift- und Diffusionsstrom zusammengesetzt:

$$\mathbf{j}_{no} = \sigma_n n\mathbf{E} + qD_n\nabla n. \tag{4.1}$$

Bei nicht zu großer magnetischer Induktion $\mathbf{B}$ lautet die Stromdichte näherungsweise

$$\mathbf{j}_{nB} = \mathbf{j}_{no} - \mu_n^*(\mathbf{j}_{nB} \times \mathbf{B}), \tag{4.2}$$

wobei μ_n^* die Hall-Beweglichkeit für Elektronen bezeichnet. Diese ist proportional zur Drift-Beweglichkeit, $\mu_n^* = r_n\mu_n$, mit dem Hall-Streukoeffizienten r_n für Elektronen, der von der Größenordnung eins ist.

Gleichung (4.2) enthält alle *isothermen* galvanomagnetischen Effekte für Elektronen in der Drift-Diffusions-Näherung für nicht zu große magnetische Induktion $\mathbf{B}$, d.h. $|\mu_n^*\mathbf{B}|^2 \ll 1$. Die Temperaturabhängigkeit von Elektronenkonzentration, Beweglichkeit und Diffusion ist berücksichtigt, nicht aber thermomagnetische und thermoelektrische Effekte oder die Wärmeleitung. Eine analoge Gleichung beschreibt die Stromdichte für Löcher. Diese Stromdichtegleichungen sind zusammen mit den Kontinuitätsgleichungen für Elektronen und Löcher und der Poisson-Gleichung für das elektrische Potential unter den jeweiligen Material- und Randbedingungen zu lösen. Als Resultat erhält man die elektrische Potential- und Stromverteilung unter dem Einfluß der magnetischen Induktion und damit einen Einblick in die mehr oder weniger komplexe galvanomagnetische Wechselwirkung [4.6]. In einfachen Grenzfällen geometrischer Anordnung und Materialeigenschaften lassen sich bestimmte galvanomagnetische Effekte herauspräparieren.

In (4.2) sind die Auswirkungen der Lorentz-Kraft auf Driftbewegung und Diffusionsbewegung berücksichtigt. Die letztere spielt bei der Magnetokonzentration eine Rolle, die beispielsweise in Magnetodioden mit Injektion von Elektronen und Löchern auftritt, kann aber sonst oft vernachlässigt werden. Lösen wir nun (4.2) nach $\mathbf{j}_{nB}$ auf, vernachlässigen den Konzentrationsgradienten ∇n und nehmen an, daß elektrischer Feldvektor $\mathbf{E}$ und magnetischer Induktionsvektor $\mathbf{B}$ aufeinander senkrecht stehen, so erhalten wir [4.1]

$$\mathbf{j}_{nB} = \sigma_{nB}(\mathbf{E} + \mu_n^*\mathbf{B} \times \mathbf{E}) \tag{4.3}$$

mit der magnetfeldabhängigen elektrischen Leitfähigkeit

$$\sigma_{nB} = \sigma_n[1 + (\mu_n^*B)^2]^{-1} \approx \sigma_n[1 - (\mu_n^*B)^2]. \tag{4.4}$$

Gleichung (4.3) enthält die *transversalen* galvanomagnetischen Effekte im Falle vernachlässigbarer Diffusion. Der Faktor σ_{nB} beschreibt den sogenannten *physikalischen Magnetowiderstandseffekt*, einen quadratischen Effekt. Die entsprechende relative Widerstandsänderung $(\mu_n^*B)^2$ ist sehr klein für n-Silizium mit $\mu_n^* \leq 0{,}16\,\mathrm{m^2/Vs} = 0{,}16\,\mathrm{T^{-1}}$; für die relativ große Flußdichte 0,1 T erhält man bestenfalls 250 ppm Änderung!

4.2.2 Hall-Feld, Lorentz-Ablenkung und geometrischer Magnetowiderstand

Wir führen nun kartesische Koordinaten x, y, z, ein. Für die aufeinander senkrechten Feldvektoren wählen wir $\mathbf{B} = (0, 0, B)$ und $\mathbf{E} = (E_x, E_y, 0)$. Dann erhalten wir die Stromdichte $j_{nB} = (j_{nx}, j_{ny}, 0)$ mit

$$j_{nx} = \sigma_{nB}(E_x - \mu_n^* B E_y)$$
$$j_{ny} = \sigma_{nB}(E_y + \mu_n^* B E_x). \tag{4.5}$$

In zwei entgegengesetzten Grenzfällen leiten wir nun daraus den Hall-Effekt und die Lorentz-Ablenkung her.

Hall-Feld. Wir nehmen an, daß die Stromdichte nur eine x-Komponente hat, d.h. $j_{ny} = 0$. Diese Bedingung ist annähernd erfüllt für eine lange (Länge l) und schmale (Breite $b \ll l$) rechteckige Halbleiterscheibe mit Stromkontakten an den schmalen Seiten. Dann ergibt (4.5) das Hall-Feld

$$E_y = -\mu_n^* B E_x = R_H j_{nx} B \tag{4.6}$$

mit dem Hall-Koeffizienten R_H für Elektronen:

$$R_{Hn} = -\mu_n^*/\sigma_n = -r_n/qn. \tag{4.7}$$

Die Überlagerung von E_y führt zu einer Auslenkung der Äquipotentiallinien gegenüber ihrer ursprünglichen Richtung bei Magnetfeld null um den Hall-Winkel θ_H mit

$$\tan \theta_H = E_y/E_x = -\mu_n^* B = \sigma_n R_{Hn} B, \tag{4.8}$$

wohingegen die Stromlinien gemäß Annahme nicht abgelenkt werden. Nach (4.7) sind große Werte für den Hall-Koeffizienten bei kleinen Elektronenkonzentrationen zu erwarten. Das ist der Grund dafür, daß Halbleiter hier den Metallen überlegen sind. Wir bemerken, daß nach (4.7) aus der Messung des Hall-Koeffizienten R_{Hn} die Elektronenkonzentration n ermittelt werden kann und aus R_{Hn} und der Leitfähigkeit σ_n die Hall-Beweglichkeit als $\mu_n^* = -R_{Hn}\sigma_n$.

Lorentz-Ablenkung. Nun nehmen wir an, daß das Hall-Feld kurzgeschlossen ist, $E_y = 0$. Das läßt sich annähernd durch eine kurze, breite ($b \gg l$) Halbleiterscheibe mit Stromkontakten an den breiten Seiten realisieren. Dann ergibt (4.5) eine Auslenkung der Stromlinien gegenüber der Stromrichtung bei Magnetfeld null, die durch das Verhältnis

$$-j_{ny}/j_{nx} = \mu_n^* B = \tan \theta_H \tag{4.9}$$

beschrieben wird, während die Äquipotentiallinien unbeeinflußt bleiben.

Geometrischer Magnetowiderstandseffekt. Die Ablenkung der Stromlinien führt zu einem längeren Weg der Elektronen und damit zu einem höheren Widerstand. Für kleine Drehwinkel ergibt sich für den Widerstand R_B mit magnetischer Induktion im Grenzfall der unendlich breiten kurzen Platte

$$R_B = R_o[1 + (\mu_n^* B)^2], \tag{4.10}$$

wobei R_o den Widerstand bei Magnetfeld null bezeichnet. Die relative Widerstandsänderung ist wiederum mit $(\mu_n^* B)^2$ sehr klein für Silizium. Um diesen Effekt für einen Sensor auszunutzen, müssen Materialien mit hoher Beweglichkeit wie die Verbindungshalbleiter InSb und InAs herangezogen werden. Für Siliziumsensoren kommen nur die durch (4.6) und (4.9) beschriebenen linearen Effekte in Frage.

Um den Magnetowiderstandseffekt zu optimieren (maximale Lorentz-Ablenkung), muß der Hall-Effekt unterdrückt werden. Das geschieht theoretisch durch eine unendlich breite, kurze Probe mit Kontakten an den breiten Seiten. Eine praktische Realisierung ist die *Corbino-Scheibe*, eine ringförmige Halbleiterplatte mit Kontakten entlang des Innen- und Außenumfangs. Ein anderes Verfahren ist das Einbringen von NiSb in die InSb-Schmelze: NiSb kristallisiert in Nadeln aus, die beim Kristallziehen in Vorzugsrichtung wachsen. Sie schließen bei geeigneter Orientierung das Hall-Feld wegen ihrer hohen Leitfähigkeit kurz [4.27].

Für p-Halbleiter mit Drift- und Hall-Beweglichkeit μ_p und $\mu_p^* = r_p\mu_p$ ist von der Lorentz-Kraft mit dem umgekehrten Vorzeichen der Ladung auszugehen. Es gelten zu (4.6–4.9) analoge Beziehungen. Der Hall-Koeffizient für Löcher ist

$$R_{Hp} = + r_p/qp. \tag{4.11}$$

Für gemischte n- und p-Leitung hat der Hall-Koeffizient die allgemeine Form

$$R_H = - [r_n(\mu_n/\mu_p)^2 n - r_p p]/q[(\mu_n/\mu_p)n + p]^2. \tag{4.12}$$

Eine statistische Interpretation von Hall- und Magnetowiderstandseffekt bietet [4.18]. Für die weitere Vertiefung der physikalischen Grundlagen der galvanomagnetischen Effekte in Halbleitern wird auf die Literatur [4.19] verwiesen.

4.2.3 Potential- und Stromlinien-Verteilung

Die Beziehungen (4.6–4.9) gelten in Strenge nur für die Grenzfälle einfacher Geometrien und Randbedingungen, unter denen dann jeweils nur ein bestimmter galvanomagnetischer Effekt auftritt. Bei allgemeinen Halbleitergeometrien, Magnetfeldverteilungen und Randbedingungen liegen weit kompliziertere Potential- und Stromverteilungen vor, die aus der numerischen Lösung der Ladungsträger-Bewegungsgleichungen mit realistischen Randbedingungen und Materialparametern gewonnen werden können [4.6].

Es zeigt sich, daß die analytischen Resultate (4.6–4.9) schon für Verhältnisse der Länge zur Breite der Halbleiterscheibe über 4 bzw. unter 1/4 brauchbare

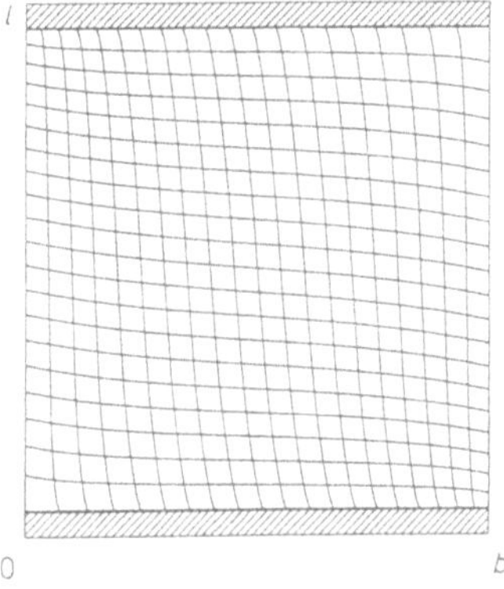

Bild 4.1. Modellierte Äquipotential- und Stromlinien einer quadratischen Halbleiterscheibe in *homogenem* Magnetfeld mit $\mu_n^* B = 0{,}21$

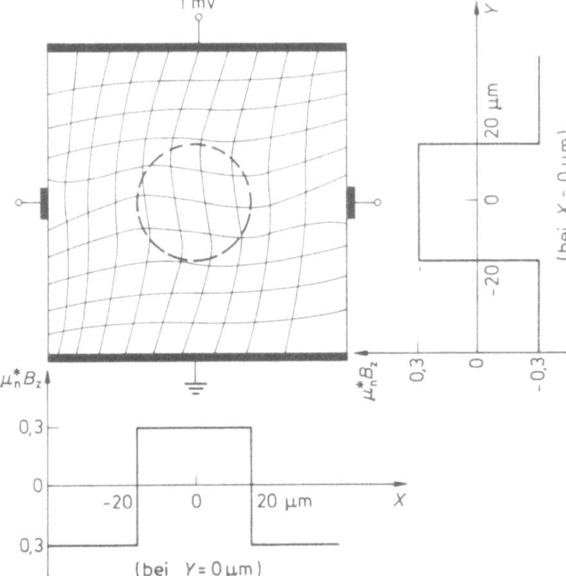

Bild 4.2. Modellierte Äquipotential- und Stromlinien einer quadratischen Hall-Platte in *inhomogenem* Magnetfeld mit Querschnitten der Magnetfeldverteilung in den Nebenbildern

Näherungen darstellen. Dagegen sind bei einer quadratischen Halbleiterscheibe (b = l) in einem senkrechten homogenen Magnetfeld sowohl Äquipotentiallinien als auch Stromlinien durch die Lorentz-Kraft deformiert. Bild 4.1 zeigt ein Beispiel ($\mu_n^* B = 0{,}21$): In der Mitte der quadratischen Platte sieht man eine Überlagerung der Lorentz-Ablenkung der Stromlinien und der Hall-Ablenkung der Äquipotentiallinien.

Bild 4.2 zeigt ein analoges Resultat der numerischen Modellierung für eine quadratische Halbleiterscheibe in einem *inhomogenen* Magnetfeld, nämlich einem lokal invertierten, unstetigen magnetischen Induktionsmuster, wie es von einer magnetischen Blasendomäne ("bubble domain") hervorgerufen wird. Strom- und Äquipotentiallinien werden im Zickzack, je nach Richtung des Induktionsvektors, abgelenkt.

4.2.4 Materialauswahl

Halbleitermaterialien für magnetische Sensoren sind in Hinblick auf die wichtigsten Kriterien wie Empfindlichkeit, Signal-Rausch-Verhältnis, Temperaturbereich und Temperaturkoeffizient sowie Eingangs- und Ausgangsimpedanz für die Anpassung an elektronische Schaltungen auszuwählen.

Ein erstes Maß für die Stärke des zugrunde liegenden Sensoreffekts, sei es Hall-Effekt, Lorentz-Ablenkung oder magnetische Widerstandsänderung, ist das Produkt von Ladungsträger-Beweglichkeit und magnetischer Induktion. Hier ist nur die Elektronenbeweglichkeit zu betrachten; p-Material wird wegen der allgemein niedrigeren Löcherbeweglichkeit nicht in Betracht gezogen. Dieses Kriterium spricht für Materialien mit hoher Beweglichkeit, die wir hier bei Zimmertemperatur in der Einheit $1\,\mathrm{T}^{-1} = 1\,\mathrm{m}^2/\mathrm{Vs} = 10^{-4}\,\mathrm{cm}^2/\mathrm{Vs}$ angeben (Tabelle 4.1). Demnach wären InSb (6) und InAs (2) dem GaAs (0,7) und erst recht dem Silizium (höchstens 0,14 im Volumen bzw. 0,07 in der n-Kanal-Inversionsschicht eines Feldeffekt-Transistors) überlegen.

Dieser Befund wird jedoch modifiziert, wenn man die auf den benötigten Strom I bezogene Empfindlichkeit des Hall-Effekts V_H/IB betrachtet. Hier bezeichnet V_H die dem Hall-Feld entsprechende Hall-Spannung. Nach den Beziehungen (4.6, 4.7) ist diese proportional zum Hall-Koeffizienten, d. h. im wesentlichen zu 1/n, dem Inversen der Elektronendichte, und unabhängig von der Beweglichkeit! Weitere Kriterien für Hall-Effekt-Sensoren sind der für die Impedanzanpassung wichtige Widerstand ρ/d, wobei ρ den spezifischen Widerstand des Halbleitermaterials und d die effektive Dicke der Hall-Platte bezeichnet, ferner die auf die verbrauchte Leistung bezogene zu $\mu_n\rho^{1/2}$ proportionale Empfindlichkeit. Ein Vergleich (Tabelle 4.1) zeigt, daß auch nach diesen Kriterien Silizium gegenüber den anderen genannten Materialien bei Zimmertemperatur nicht benachteiligt ist [4.2].

Eine weitere wichtige Größe ist die *Energielücke* E_g zwischen Valenzband und Leitungsband. InSb und InAs haben den Nachteil einer kleinen

Tabelle 4.1. Auswahl von n-Type-Volumen-Halbleitermaterialien (gerundete Daten bei Zimmertemperatur)

	n cm^{-3}	R_H $\mathrm{cm}^3/\mathrm{As}$	μ_n T^{-1}	ρ $\Omega\,\mathrm{cm}$	$\mu_n\rho^{1/2}$ $\mathrm{T}^{-1}(\Omega\mathrm{m})^{1/2}$	E_g eV
Si	10^{15}	6200	0,14	4	0,28	1,12
GaAs	10^{15}	6200	0,7	0,3	0,38	1,43
InAs	$5 \cdot 10^{16}$	124	2	0,006	0,15	0,36
InSb	10^{17}	62	6	0,001	0,2	0,17

Energielücke (0,17 eV bzw. 0,36 eV). Daher überwiegt bei Zimmertemperatur (sofern die Dotierung nicht sehr hoch ist) intrinsisches Verhalten mit entsprechend großen Temperaturkoeffizienten, so daß sich diese Materialien eher für magnetoresistive Sensoren (sogenannte Feldplatten) eignen. Hier sind Si und GaAs mit Energielücken von 1,12 eV bzw. 1,43 eV weit überlegen. Die größere Lücke von GaAs erlaubt Betriebstemperaturen bis zu 250 °C, während diese im Falle von Silizium auf maximal 150 °C beschränkt sind.

Wichtiger als die Empfindlichkeit ist bei hinreichender Signalhöhe das *Signal-Rausch-Verhältnis* (SRV), das die Auflösung des Sensors in Hinblick auf die kleinste detektierbare magnetische Flußdichte begrenzt. Bei tiefen Frequenzen dominiert das 1/f-Rauschen. Das entsprechende SRV für Hall-Spannungen ist proportional zur Beweglichkeit und zum sogenannten *Hooge-Parameter* α. Letzterer dient allgemein zur empirischen Beschreibung der niederfrequenten Spektraldichte S_1 von Rauschströmen, $S = \alpha I^2/nf$ (mit Strom I). Dabei kann der Hooge-Parameter je nach Material, Technologie und Geometrie über sechs Größenordnungen variieren [4.2]. Wirkungsvoller als eine Steigerung der Beweglichkeit ist daher die Kontrolle von α, wozu bei der hochentwickelten Siliziumtechnologie vermutlich die besten Voraussetzungen bestehen. Bei höheren Frequenzen dominiert das thermische Rauschen; das entsprechende SRV ist proportional zur Beweglichkeit.

Ferromagnetische Metallfilme für magnetoresistive Sensoren sollen in Hinblick auf ihre mechanische Stabilität möglichst geringe Magnetostriktion aufweisen. Das wird durch Legierungen aus Metallen mit negativer und positiver Magnetostriktion in der richtigen Zusammensetzug erreicht, z.B. $Ni_{81}Fe_{19}$ oder $Ni_{50}Co_{50}$. Diese zeigen akzeptable Empfindlichkeit, d.h. magnetische Widerstandsänderung von 1% bis 2% bei der Ummagnetisierung und hinreichend niedrige Koerzitiv- und Anisotropiefelder. Alle Parameter hängen jedoch von der Filmdicke und den Herstellungsbedingungen ab [4.15]. Dünne Filme (unter 40 nm) werden wegen des höheren spezifischen Widerstands bevorzugt. Für die Materialauswahl der ferromagnetischen "Makrosensoren" wird auf die Literatur [4.10–4.14] verwiesen.

4.3 Integrierte Hall-Sensoren

Hall-Sensoren sind seit Mitte der fünfziger Jahre als diskrete Bauelemente und seit den frühen siebziger Jahren als monolithisch integrierte Silizium-Schaltungen kommerziell erhältlich. Die Herstellungsverfahren für Hall-Sensoren haben sich parallel zum Fortschritt der Halbleitertechnologie gewandelt. Diskrete Volumen- oder Dünnfilm-Komponenten standen am Anfang. Diskrete InSb-Hall-Sensoren werden noch immer zur Kalibrierung herangezogen. Integrierte Silizium-Hall-Sensoren wurden 1966 in MOS- und 1968 in Bipolar-Technologie [4.17] vorgeschlagen; letztere setzte sich für Silizium-Hall-Sensor-Produkte durch. GaAs-Planartechnologie lässt sich ebenfalls für

Hall-Sensoren benutzen. Neuerdings werden mit Molekularstrahl-Epitaxie (MBE) hergestellte Supergitter-Hetero-Übergangs-Strukturen als Hallschicht erprobt [4.20].

Integrierte Hall-Sensoren werden intensiv erforscht und in großen Stückzahlen hergestellt und angewandt. In Hinblick auf Linearität, Offset und Temperaturkoeffizient gelten sie immer noch als den anderen integrierten Halbleitersensoren überlegen. Beim Signalrauschverhältnis bei tiefen Frequenzen scheint sich ein Vorsprung für gewisse Magnetotransistoren abzuzeichnen [4.9, 4.21]. In diesem Abschnitt wird über analytische Modelle für die Hall-Spannung und ihre Geometrie-Effekte, Beispiele für integrierte Silizium-Sensorstrukturen und Parameter für die MFS-Charakterisierung berichtet.

4.3.1 Hall-Spannung

Bild 4.3 zeigt das Schema eines Hall-Sensors in Form einer rechteckigen, dünnen Halbleiterschicht der Länge l, der Breite b und der Dicke d mit vier elektrischen Kontakten, den beiden Stromkontakten CC1 und CC2 für die Versorgung mit dem Strom I unter dem Spannungsabfall V und den beiden Sensorkontakten SC1 und SC2 mit dem Durchmesser s zur Abnahme der Hall-Spannung V_H. Im Grenzfall einer sehr langen Platte ($l \gg b$) mit sehr kleinen Sensorkontakten ($s \ll b$, keine Rückwirkung der Sensorkontakte auf die Feld- und Stromverteilung in der Halbleiterschicht) erwarten wir unter der Wirkung der zur Ebene (x, y) der Hall-Schicht senkrechten homogenen Induktion $B = (0,0,B)$ gemäß (4.6) die Hall-Spannung

$$V_{HL} = R_H BI/d. \qquad (4.13)$$

Hier steht der Index L für "lang". Wie Bild 4.1 zeigt, tritt aber auch bei einer quadratischen Halbleiterplatte mit $b = l$ eine entsprechende Potentialdifferenz auf, die allerdings kleiner als die Hall-Spannung V_{HL} der langen Platte ist. Allgemein läßt sich die jeweils vorliegende Geometrie der Hall-Platte durch

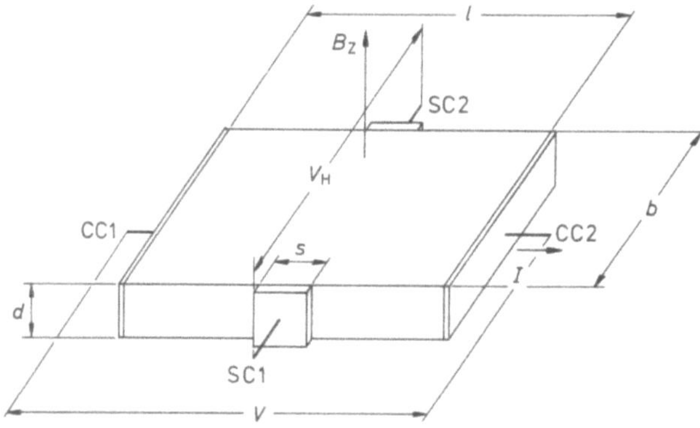

Bild 4.3. Schema eines Hall-Sensors in Form einer rechteckigen dünnen Halbleiterschicht mit Stromkontakten CC und Sensorkontakten SC

einen geometrischen Korrekturfaktor [4.1, 4.9]

$$G = G(b, l, s, y, \theta_H) = V_H/V_{HL} \qquad (4.14)$$

berücksichtigen, wobei y mit $0 < y < l/2$ die Position der Sensorkontakte angibt. Damit erhalten wir die Hall-Spannung

$$V_H = GR_H BI/d. \qquad (4.15)$$

Bei praktischen Hall-Sensoren überwiegt Elektronenleitung, so daß der Hall-Koeffizient (4.7) für Elektronen eingesetzt werden darf. Damit erhalten wir

$$V_H = GBI\, r_n/qnd. \qquad (4.16)$$

An dieser Beziehung kann man ablesen, daß kleine Schichtdicken d und niedrige Elektronenkonzentrationen n, d.h. schwache Dotierung, eine hohe Hall-Spannung begünstigen. Andererseits hätte eine sehr dünne und sehr schwach dotierte Halbleiterschicht einen großen Widerstand, der zu einem inakzeptabel hohen Spannungsabfall $V = RI$ mit dem Widerstand $R = l/q\, \mu_n\, bd$ zwischen den Stromkontakten führen würde. Zur weiteren Einsicht drücken wir die Hall-Spannung durch diesen Spannungsabfall V oder durch die in der Halbleiter-schicht verbrauchte Leistung $P = VI$ aus:

$$V_H = GBV\, \mu_n^* b/l \qquad (4.17)$$

oder

$$V_H = GBP^{1/2} r_n\, (\mu_n\, b/qndl)^{1/2}. \qquad (4.18)$$

Im Gegensatz zur strombezogenen Hall-Spannung (4.16) sind die spannungs- und leistungsbezogenen Hall-Spannungen (4.17) und (4.18) von der Elektronen-beweglichkeit abhängig: Spannungsabfall und verbrauchte Leistung werden durch Halbleitermaterial mit hoher Beweglichkeit herabgesetzt.

4.3.2 Geometrie-Effekte

Der in (4.14) definierte Korrekturfaktor G hängt vom Hall-Winkel $\theta_H = \arctan$ (μ_n^*B) ab. Daher ist die Beziehung zwischen Hall-Spannung und magnetischer Induktion im allgemeinen nicht streng linear. Das ist die sogenannte *geometrische Nichtlinearität*

Für verschiedene Klassen von Geometrien sind Näherungsformeln für G bekannt. Zwei Beispiele für rechteckige Halbleiterschichten sind unten aufge-führt. Weitere Fälle sind in der Literatur [4.9] zusammengetragen. Solche Formeln decken jedoch nicht alle praktisch interessierenden Geometrien ab, z.B. nicht die für kleinen Offset günstige Rautenform mit Kontakten an den Ecken, für welche die numerische Modellierung heranzuziehen ist.

Für *längliche* Schichten $(l/b > 1,5)$ mit kleinen Sensorkontakten $(s/b < 0,18)$, die auf der halben Länge positioniert sind $(y = l/2)$, gilt mit einem Fehler von weniger als 4% die Näherungsformel

$$G \approx [1 - \exp(-\pi l\theta_H/2b\tan\theta_H)]\,[1 - 2s\theta_H/\pi b\tan\theta_H] \leqslant 1. \qquad (4.19)$$

Für *kurze* Hall-Platten (l ≪ b) mit nahezu punktförmigen Sensorkontakten (s ≪ L) und kleinem Hall-Winkel gilt näherungsweise

$$G \approx 0,742\,l/b \qquad (4.20)$$

Einsetzen in (4.17) ergibt

$$V_H \approx 0,742\,BV\mu_n^* \qquad (4.21)$$

für die Hall-Spannung kurzer Platten bei vorgegebener Betriebsspannung V.

Mit Hilfe der Theorie der konformen Abbildung zeigte R. F. Wick (1954), daß die Wirkung der Hall-Platte geometrie-invariant ist [4.1]. Demnach produziert jede geometrische Form der Hall-Platte mit vier an beliebiger Stelle angebrachten Kontakten eine Hall-Spannung. Manche Geometrien sind jedoch im Hinblick auf Fertigungstechnologie oder Anwendung vorteilhafter als andere. Bei kleinen integrierten Hall-Sensoren (mit relativ großen Kontakten und entsprechendem Kurzschlußeffekt) ist es beispielsweise mit einer kreuzförmigen Anordnung leichter, einen großen geometrischen Faktor zu erzielen als mit einer rechteckigen. Beim vertikalen Hall-Sensor ist die Fertigung mit integrierter Schaltungstechnologie leicht möglich, wenn sich alle vier Kontakte auf derselben Seite der integrierten Hall-Platte befinden.

4.3.3 Horizontale und vertikale Strukturen

Bild 4.4 zeigt einen integrierten Hall-Sensor, der als Teil der n-Epitaxie-Schicht in einer bipolaren integrierten Schaltung hergestellt wird [4.17]. Die n-leitende Hall-Zone wird durch die tiefe p-Diffusion begrenzt. Die n^+-Diffusionsgebiete CC und SC vermitteln die ohmschen Strom- und Sensor-Kontakte zwischen der n-dotierten aktiven Hall-Schicht und der Metallisierungsebene. Wie in der integrierten Schaltungstechnik üblich, wird die Isolation der Hall-Platte gegen

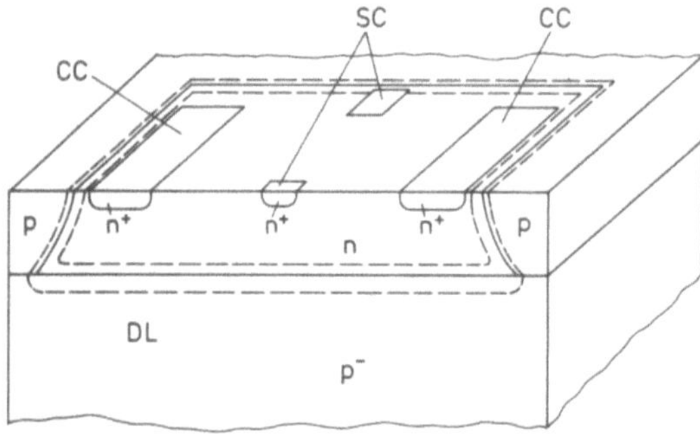

Bild 4.4. Schema eines integrierten Hall-Sensors in Bipolartechnologie mit Stromkontakten CC, Sensorkontakten SC und Depletionsschicht DL

den übrigen Chip durch einen p-n-Übergang in Sperrpolung erreicht. Die zugehörige Depletionsschicht DL ist in Bild 4.4 ebenfalls angedeutet.

Typische Elektronenkonzentrationen und effektive Schichtdicken der aktiven Sensorzone sind $n = 10^{15}$ bis $10^{16}\,\mathrm{cm}^{-3}$ und $d = 5$ bis $10\,\mu\mathrm{m}$. Damit ist das in (4.16) auftretende Produkt $nd = 5 \cdot 10^{13}\,\mathrm{cm}^{-2}$ bis $10^{15}\,\mathrm{cm}^{-2}$. Aktive Sensorzonen mit Dotierungen von besserer Präzision und Homogenität als mit Epitaxie möglich werden mit Ionenimplantation erzielt, deren Dosierung dem obigen Produkt nd entspricht. Typische Abmessungen solcher integrierter Hall-Platten sind $b \approx 200\,\mu\mathrm{m}$ und $l \approx 200\,\mu\mathrm{m}$ bis $400\,\mu\mathrm{m}$.

Auf demselben Silizium-Chip werden in der Regel die Schaltungen für Stromversorgung, Verstärkung und Auswertung integriert [4.7]. Bild 4.5 zeigt ein Beispiel eines integrierten Hall-Chips [4.22]. Die rechteckige Hall-Schicht ist in der Mitte zu erkennen. Die schräge Positionierung der Hall-Platte (um

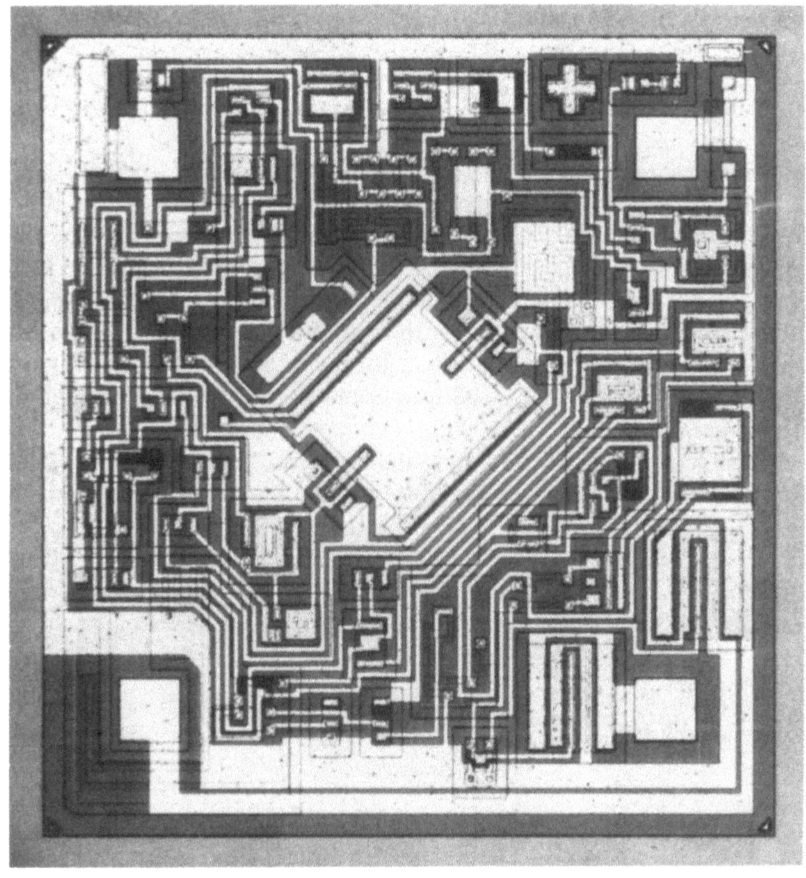

Bild 4.5. Mikrophoto eines linearen Hall-IC mit rechteckiger Hall-Platte in der Mitte

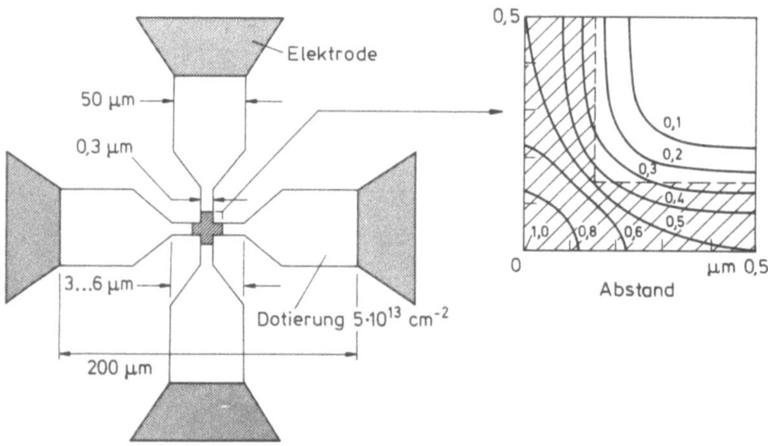

Bild 4.6. Schema eines Submikron-Hall-Sensors mit Linien gleicher Ionenkonzentration im Nebenbild

45° gegen das "Manhattan-Muster" der Schaltungselektronik) reduziert den piezoresistiven Offset.

Bei Hall-Sensoren in planarer GaAs-Technologie geht man von halb-isolierendem GaAs mit einem spezifischen Widerstand um $10^8\,\Omega\,$cm aus. Die aktive Schicht kann durch Epitaxie oder, mit größerer Homogenität, durch Implantation von Silizium-Atomen hergestellt werden. Eine typische effektive Dicke ist 0,5 µm. Arrays von GaAs- und InSb-Mikro-Hall-Sensoren mit aktivem Gebiet von 5 µm Durchmesser wurden mit Photolithographie und Ätzen realisiert [4.23]. Mit maskenloser Implantation von Silizium-Ionen in GaAs wurden kürzlich Submikron-Hall-Kreuze mit einem aktiven Gebiet von nur 0,3 µm Durchmesser (Bild 4.6) hergestellt [4.24].

Die oben betrachteten Hall-Platten sind horizontal in die Chip-Oberfläche integriert und reagieren nur auf einen magnetischen Induktionsvektor senkrecht

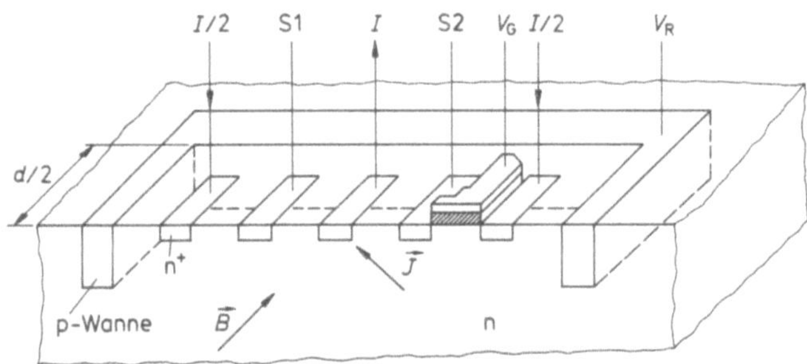

Bild 4.7. Schema eines symmetrischen vertikalen Hall-Sensors für CMOS-Technologie mit Sensorkontakten S1 and S2 und ringförmiger p-Wanne

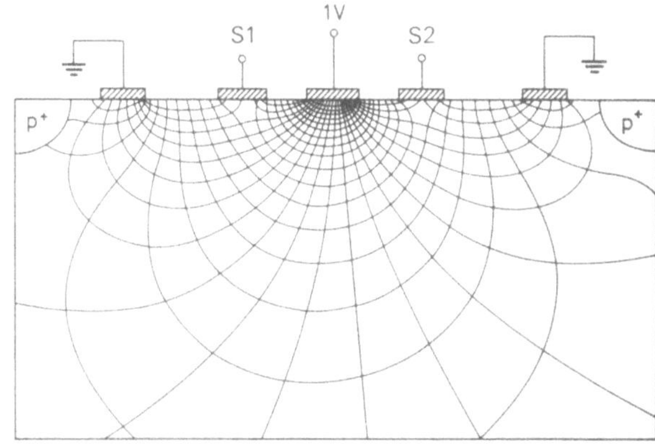

Bild 4.8. Modellierte Äqui-
potential- und Stromlinien
eines vertikalen Hall-Sensors
mit $\mu_n^* B = 0{,}2$

zur Chip-Ebene. Empfindlichkeit für Feldrichtungen parallel zur Chip-Ebene erfordert *vertikale Hall-Sensoren* (VHS). Bild 4.7 zeigt einen symmetrischen VHS in CMOS-Technologie [4.1, 4.9]. Der Strom I fließt zwischen den beiden äußeren (jeweils I/2) und dem mittleren Kontakt. Die Hall-Spannung wird an den Sensorkontakten S1 und S2 abgenommen. Zwischen allen Kontakten liegen prozeßbedingte Gate-Strukturen; durch eine sperrende Gate-Spannung V_G werden die Elektronen von der Oxid-Silizium-Grenzschicht ferngehalten. Das aktive Sensorvolumen liegt im n-Substrat und wird durch eine p-Wanne begrenzt. Die mittlere Elektronenkonzentration im aktiven Gebiet beträgt $10^{15}\,\text{cm}^{-3}$, die effektive Dicke 12 µm, somit ist $nd = 1{,}2 \cdot 10^{12}\,\text{cm}^{-2}$.

Bild 4.8 zeigt die numerisch modellierte Potential- und Stromverteilung eines solchen VHS für $\mu_n^* B = 0{,}2$ [4.1]. Die Wirkung des magnetischen Induktionsvektors (senkrecht zur Papierebene) ist an der Asymmetrie der Äquipotential- und Stromlinien abzulesen. Die Hall-Ablenkung der Äquipotentialinien ist vor allem am oberen Rand des Siliziumgebiets zwischen den äußeren Stromkontakten und den Sensorkontakten zu erkennen. VHS in Bipolartechnologie wurden ebenfalls realisiert [4.7].

4.3.4 Charakterisierung

Empfindlichkeit. Die *absolute* Empfindlichkeit eines Hall-Sensors ist definiert als [4.1, 4.2]

$$S_A = |\partial V_H/\partial B|_{I=\text{const}} \tag{4.22}$$

und wird in V/T (Volt pro Tesla) gemessen. In Hinblick auf die Beziehungen (4.16–4.18) ist es jedoch sinnvoll, *relative* Empfindlichkeiten zu definieren, die auf den Versorgungsstrom I, die zugehörige Spannung V oder die Leistung P bezogen sind. Die auf den Strom bezogene relative Empfindlichkeit ist

$$S_{RI} = S_A/I = |\partial V_H/\partial B|/I = Gr_n/qnd. \tag{4.23}$$

Diese Größe wird in V/AT gemessen und ist nur von der Geometrie und von dem Produkt nd abhängig, nicht aber von der Beweglichkeit! Typische Werte sind 100 bis 1000 V/AT. Für hinreichend lange Hall-Platten mit kleinen Kontakten ist $G \approx 1$, und wegen $r_n \approx 1$ hat man dann einfach $S_{RI} \approx 1/qnd$. Wegen des Übergangs-Feldeffekts kann nd nicht beliebig klein gemacht werden. Einige $10^{11}\,cm^{-2}$ sind die untere Grenze; $nd = 6{,}25 \cdot 10^{11}\,cm^{-2}$ entspricht $S_{RI} = 1000$ V/AT. Die spannungsbezogene relative Empfindlichkeit ist

$$S_{RV} = S_A/V = G\,\mu_n^*\,b/l \tag{4.24}$$

mit der Einheit $V/VT = T^{-1}$ und dem Wert $S_{RV} = 0{,}742\,\mu_n^*$ für kurze rechteckige Platten, d.h. $0{,}11\,T^{-1}$ oder 11% pro Tesla im Falle von Silizium bei Zimmertemperatur.

Rauschen. Die spektrale Dichte $S_V(f)$ der Rauschspannung (Einheit: V^2/Hz) am Ausgang eines Hall-Sensors, d.h. über den Sensorkontakten, setzt sich aus dem bei tiefen Frequenzen f dominierenden 1/f-Rauschen und dem thermischen Rauschen zusammen. Die spektrale Dichte des äquivalenten Rauschens der magnetischen Induktion am Sensoreingang ist $S_B(f) = S_V(f)/S_A^2$ und hat die Einheit T^2/Hz.

Die kleinste detektierbare äquivalente Induktion B_N in einem gegebenen Frequenzband der Breite Δf ist definiert als die Quadratwurzel aus dem Integral von S_B über dieses Frequenzband; diese Definition entspricht einem Signal-Rauschverhältnis eins. B_N für die Bandbreite $\Delta f = 1$ wird als die kleinste detektierbare Induktion B_{min} bezeichnet. Für Silizium-Hall-Sensoren wurden Werte für S_B bei 100 Hz (1/f-Rauschen) und 100 kHz (thermisches Rauschen) von $3 \cdot 10^{-13}\,T^2/Hz$ bzw. $10^{-15}\,T^2/Hz$ gefunden [4.1, 4.9]. Daraus läßt sich B_{min} zu ungefähr 500 nT bzw. 30 nT bei den genannten Frequenzen abschätzen.

Offset. Die Offset-Spannung bei Hall-Sensoren ist eine statische oder langsam variierende Ausgangsspannung bei magnetischer Induktion null. Ursachen sind Unvollkommenheiten der Fabrikation wie geometrische Toleranzen z.B. bei der Position der Hall-Kontakte oder die durch den piezoresistiven Effekt verursachte Anisotropie des Widerstands [4.4]. Letztere macht sich besonders bemerkbar, wenn der Sensor-Chip bei der Verpackung mechanischer Belastung unterworfen wird. In Silizium kann der piezoresistive Effekt durch geschickte Wahl der Kristallrichtung parallel zur Stromrichtung in der Hall-Schicht reduziert werden. Trotzdem treten äquivalente Offset-Induktionen in der Größenordnung 10 bis 100 mT auf. In der Praxis ist das Justieren des Offset durch Laser-Trimmen eines integrierten oder Kalibrieren eines externen Potentiometers oft unumgänglich. Gegenwärtig werden auch verschiedene integrierte Schaltungskonzepte zur Offsetkompensation erprobt [4.3, 4.9].

Nichtlinearität. Neben der geometrischen Nichtlinearität (Abhängigkeit des Faktors G von der magnetischen Induktion) gibt es materielle Nichtlinearitäten: Durch den Übergangs-Feldeffekt wird die effektive Hall-Plattendicke d durch die magnetische Induktion moduliert. Das kann bei hochempfindlichen integrierten Hall-Sensoren zu mehreren Prozent Abweichung von der Linearität führen. Ferner hängt der Hall-Streufaktor r_n quadratisch vom Magnetfeld ab. Für ein in GaAs implantiertes Hall-Kreuz wurde für Flußdichten unter 1 T bei Zimmertemperatur 300 ppm Nichtlinearität erreicht [4.25].

Temperaturkoeffizient. Das Halbleitermaterial sollte im Temperatursättigungsgebiet sein, so daß die Elektronendichte n gleich der Dotierung N_D und von der Temperatur unabhängig ist. Andernfalls hat man eine exponentielle Temperaturabhängigkeit der Hall-Spannung zu erwarten. Bei Versorgung des Hall-Sensors mit konstantem Strom reduziert sich der Temperaturkoeffizient der Empfindlichkeit auf denjenigen des Streufaktors und beträgt ungefähr 0,1% pro Grad bei Zimmertemperatur. Beim Betrieb mit konstanter Spannung ist der Temperaturkoeffizient der Driftbeweglichkeit massgebend und führt zu ungefähr 0,8% pro Grad bei Zimmertemperatur.

4.4 Andere Halbleiter-Magnetfeldsensoren

Wegen der Wirkung der Lorentz-Kraft auf bewegte Ladungsträger ist zu erwarten, dass viele Halbleiterkomponenten durch magnetische Felder beeinflußt werden. In den letzten 10 Jahren wurde daher eine Fülle von integrierten oder als integrationsfähig bezeichneten Halbleiter-Sensoren für magnetische Größen vorgeschlagen. Hier ist eine (unvollständige) Liste solcher Sensoren mit den gebräuchlichen Abkürzungen; die hier nicht aufgeführten horizontalen und vertikalen Hall-Sensoren wurden in Abschn. 4.3 behandelt.

B *senkrecht zur Chip-Ebene*
- Laterale Magnetotransistoren (LMT) mit mehreren Kollektoren,
- Differentialverstärkungs-Magnetfeldsensor (DAMS, differential amplification magnetic sensor),
- Magnetfeldempfindliche MOS-Feldeffekttransistoren (MAGFET): MOSFET-Hallschicht oder MOSFET mit mehreren Senken (drains),
- Horizontale Trägerdomänen-Magnetometer (CDM, carrier domain magnetometer),
- Magnetowiderstände (MR, magnetoresistor).

B *parallel zur Chip-Ebene*
- Vertikale Magnetotransistoren (VMT) mit mehreren Kollektoren,
- Laterale Magnetotransistoren (LMT) mit mehreren Kollektoren,
- Magnetodioden (MD),
- Vertikale Trägerdomänen-Magnetometer (CDM).

Mit den Bezeichnungen "bipolar" und "MOS" können einerseits Transistor-Funktionsprinzipien, andererseits Fabrikationstechnologien angesprochen sein. Mit Magnetotransistoren sind hier immer Transistoren mit bipolarer Funktion gemeint, von denen aber manche mit einem Bipolarprozeß oder einem CMOS-Prozeß hergestellt werden können. Für VMT mit ihren vergrabenen Kollektoren ist ein Bipolarprozeß mit Epitaxie-Schicht nötig; hingegen können LMT sowohl in Bipolar- als auch in CMOS-Technologie hergestellt werden. MAGFET benutzen die Inversions-Schicht als aktive Zone und benötigen MOS-Technologie.

4.4.1 Magnetotransistoren (VMT, LMT)

VMT. Vertikaler Magnetotransistor mit zwei Kollektoren. Die Bezeichnung "vertikal" soll andeuten, daß der Strom hauptsächlich in einer Richtung senkrecht zur Substratebene fließt. Der zu detektierende magnetische Vektor **B** liegt senkrecht zur Stromrichtung und parallel zur Substratebene. Bild 4.9 zeigt den Querschnitt eines solchen Bauelements [4.1–4.4], das mit Bipolartechnologie hergestellt wird. Es besteht aus zwei n–p–n-Transistoren mit gemeinsamem Emitter (Breite b_E, Emitterstrom I_E) und gemeinsamer Basis (Basisstrom I_B). Durch zwei vergrabene n^+-Schichten erstrecken sich die Kollektoren (Kollektorströme I_{C1} und I_{C2}) bis unterhalb der Emitter-Basis-Struktur. Eine Lücke zwischen den vergrabenen Kontakten verhindert Kurzschluß zwischen den Kollektoren.

Wegen der relativ dünnen Basis und der großen Oberfläche des Basis-Emitter-Übergangs werden Elektronen hauptsächlich in die Abwärtsrichtung injiziert. Sie bewegen sich durch die schwachdotierte Epitaxie-Schicht und erreichen schließlich die Kollektor-Schichten. Ohne Magnetfeld (und bei idealer, symmetrischer Geometrie) erhalten die Kollektoren je die Hälfte der Elektronen, so daß die beiden Kollektorströme gleich sind: $I_{C1} = I_{C2}$. Mit dem Vektor **B** senkrecht zur Stromrichtung (senkrecht zur Papierebene in Bild 4.9) bewirkt die Lorentz-Kraft eine Asymmetrie des Elektronentransports, wodurch das Gleichgewicht der Kollektorströme gestört wird. Als Sensorsignal erhalten wir

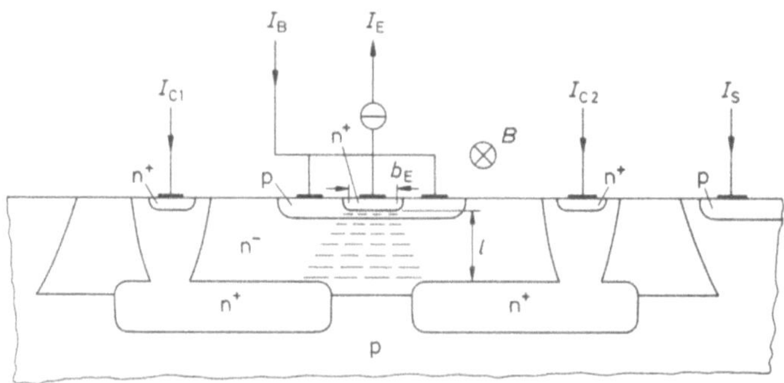

Bild 4.9. Querschnitt eines *vertikalen* Magnetotransistors mit zwei vergrabenen Kollektoren für Bipolartechnologie

die magnetfeldabhängige Kollektorstromdifferenz $\Delta I_C = I_{C1} - I_{C2}$. Die entsprechende relative Empfindlichkeit läßt sich als relative Stromdifferenz pro Einheit der magnetischen Induktion definieren:

$$S_{RI} = |\Delta I_C / B I_{C0}|, \quad I_{C0} = I_{C1} + I_{C2} \quad \text{für} \quad B = 0. \tag{4.25}$$

Ihre Einheit ist $A/AT = 1/T$ oder $\%/T$. Es ist zu bemerken, daß diese Definition vom Basis-Strom absieht. Im Falle großer Basisströme ist es sinnvoll, diese Definition zu modifizieren und den gesamten Stromverbrauch zu berücksichtigen.

Als einfachstes Modell dieses Sensors nehmen wir an, dass die Elektronen im Sinne der Lorentz-Ablenkung (4.9) um den Hall-Winkel abgelenkt werden, so daß der eine Kollektor auf Kosten des anderen mehr Strom als im Falle des Null-Magnetfelds erhält. Daraus ergibt sich mit dem Abstand l zwischen Emitter und Kollektor eine Abschätzung der Empfindlichkeit zu

$$S_{RI} = K \, \mu_n^* l / b_E, \tag{4.26}$$

wobei K ein geometrischer Korrekturfaktor ist. Gemäß der in Abschn. 4.2.2 dargelegten Theorie ist das Modell eher bei kurzen Abständen $l < b_E$ plausibel. Mit solchen VMT wurden Empfindlichkeiten von 3% bis 5% pro Tesla realisiert. Offset ist hier ein noch größeres Problem als beim integrierten Hall-Sensor: Geometriefehler von 1 µm können eine äquivalente Offsetinduktion von 1 T produzieren [4.4].

LMT. Lateraler Magnetotransistor mit zwei Kollektoren in Bipolartechnologie. Mit "lateral" wird ausgedrückt, dass sich die Kollektorkontakte seitlich von der Emitter-Basis-Struktur befinden. Dementsprechend fließt der Strom teils parallel, teils senkrecht zur Substratrichtung. Bild 4.10 zeigt den Querschnitt eines solchen mit einem Bipolarprozeß hergestellten Sensors; Bild 4.11 zeigt ein Mikrophoto derselben Struktur von oben gesehen. Mit dem Vektor B parallel zur Substratebene (senkrecht zur Papierebene von Bild 4.10) kann die Lorentz-Kraft auf die vom Emitter zu den beiden Kollektoren strömenden Elektronen einwirken und wegen der entgegengesetzten Lateralkomponenten ihrer Geschwindigkeit eine Asymmetrie der Kollektorströme hervorrufen. Trotz der

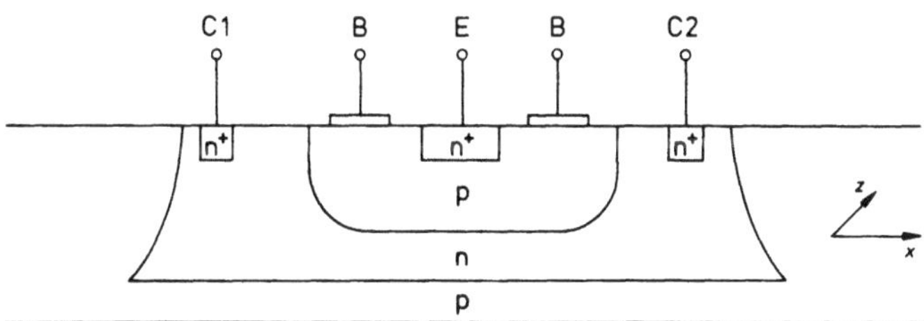

Bild 4.10. Querschnitt eines *lateralen* Magnetotransistors mit zwei Kollektoren in Bipolartechnologie

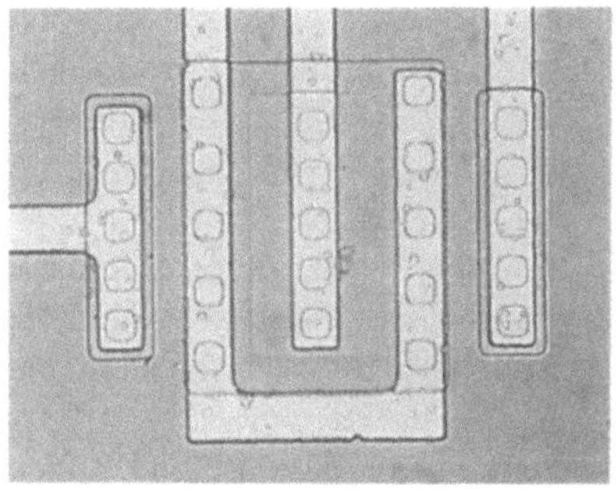

Bild 4.11. Mikrophoto des Magnetotransistors von Bild 4.10 mit zentralem Emitterkontakt umgeben von U-förmigem Basiskontakt und zwei Kollektorkontakten

"verbogenen" Geometrie ist eine Abschätzung der relativen Empfindlichkeit (4.25) mit dem Modell der Lorentz-Ablenkung möglich, die durch numerische Modellierung und Experimente bestätigt wird [4.6, 4.26].

Mehrere Varianten dieser Sensorstruktur unterscheiden sich durch das Verhältnis von Kollektorstrom zu Basisstrom, $\beta = I_C/I_B$, und die Empfindlichkeit S_{RI}. Bei Strukturen mit $\beta \gg 1$ und kleiner Empfindlichkeit (wenige %/T) wird eine starke Reduktion des $1/f$-Rauschens im Differenzsignal ΔI_C beobachtet: Die spektrale Dichte des differentiellen Rauschens ist um vier bis fünf Größenordnungen kleiner als die des einzelnen Kollektorausgangs [4.5, 4.21]. Dieses Phänomen wird auf Korrelationen zwischen den beiden Kollektoren zurückgeführt, die von dem gemeinsamen Emitter-Übergang herrühren. Der Gewinn beim Signal-Rauschverhältnis überwiegt bei weitem die geringere Empfindlichkeit. Damit scheint die Detektion von Feldern im Nanotesla-Bereich möglich, sofern der Transistor mit einer entsprechend rauscharmen Schaltung kombiniert werden kann.

LMT. Laterale Magnetotransistoren in CMOS-Technologie. Eine Vielzahl verschiedener bipolarer Transistortypen mit lateral angeordneten Emitter-, Basis-, und Kollektorkontakten wurde mit CMOS-Prozessen realisiert [4.1, 4.5, 4.9]. Je nach Anordnung der Kollektoren können diese auf magnetische Induktionsvektoren parallel oder senkrecht zur Substratebene empfindlich sein. Durch weitere Kontakte kann der Elektronentransport durch elektrische Hilfsfelder günstig beeinflußt werden, etwa durch die Verhinderung von zu kurzen Transportwegen oder eine Fokussierung der Emitterinjektion. Damit wurden Empfindlichkeiten im Sinne der Definition (4.25) von bis zu $30/T = 3\%/mT$ erzielt. Diese hochempfindlichen Sensoren benötigen jedoch einen großen Basisstrom, $\beta \ll 1$, so daß die unkritische Anwendung der Definition (4.25) fragwürdig erscheint. Ferner scheinen große Basisströme die Korrelation im Rauschen zwischen den Kollektoren zu zerstören.

Magnetotransistor-Modelle. Das bisher hier benutzte einfache Modell der Lorentz-Ablenkung des injizierten Minoritätsträgerstromdichte-Vektors vernachlässigt die ebenfalls vorhandene Hall-Ablenkung, insbesondere das von dem Majoritätsträgerstrom erzeugte elektrische Hall-Feld, das sich dem angelegten elektrischen Feldvektor überlagert und zu einer entsprechenden weiteren Ablenkung des Minoritätsträgerstroms führt. Diese doppelte Ablenkung ("double deflection") oder Ablenkung mit Driftunterstützung ("drift aid") führt zu einer Kollektorstromdifferenz, die zum gesamten so erzielten Hall-Winkel proportional ist. Bei kleinen Winkeln ergibt sich [4.4, 4.9]

$$\Delta I_C = KBI_E(\mu_n^* + \mu_p^*). \tag{4.27}$$

Dieses Funktionsprinzip soll bei verschiedenen LMT eine Rolle spielen. Ein anderes anschauliches LMT-Modell ist die "Injektionsmodulation": Eine bei schwacher Injektion vom Emitterstrom entlang des Emitter-Übergangs erzeugte Hall-Spannung soll zu einer asymmetrischen Verteilung der effektiven Basis-Emitter-Spannung führen, was dann Asymmetrie der Injektion und schließlich der Kollektorströme zur Folge hat. Die Injektionsmodulation wurde mit numerischer Modellierung nachgewiesen [4.31].

4.4.2 Vektorsensoren

Die bisher betrachteten horizontalen und vertikalen integrierten Hall-Sensoren sowie die lateralen und vertikalen Magnetotransistoren erlauben den Entwuf von integrierten Vektorsensoren, die auf zwei oder gar drei Komponenten B_x, B_y (in der Chip-Ebene) und B_z (senkrecht dazu) des Vektors B ansprechen. Für die simultane Detektion der x- und y-Komponenten genügen im Prinzip zwei im rechten Winkel zueinander angeordnete vertikale Hall-Sensoren (VHS) oder VMT. Eleganter ist ein VMT mit vier Kollektoren, die kreuzförmig um eine gemeinsame Emitter-Basis-Struktur angeordnet sind und nur in geringem Maße auf die z-Komponente ansprechen [4.4]. Zur simultanen Erfassung aller drei Komponenten lassen sich zwei im rechten Winkel angeordnete VHS mit einer horizontalen Hall-Platte kombinieren.

4.4.3 Hall-Sensor-Varianten (DAMS, MAGFET)

DAMS. Differentialverstärkungs-Magnetfeldsensor. Hier ist eine horizontale Hall-Platte identisch mit der gemeinsamen Basiszone zweier bipolarer vertikaler p–n–p-Transistoren einer Differentialverstärkerstufe. Bild 4.12 zeigt diese Anordnung im Querschnitt. Ein Magnetfeld senkrecht zur Chipebene und ein Strom durch die Basis/Hall-Platte senkrecht zur Papierebene produzieren eine Hall-Spannung, die automatisch zwischen den Emittern der beiden Transistoren anliegt. Die verschiedenen Emitterspannungen führen zu unterschiedlichen Injektions- und damit Kollektorströmen. Die Kollektorstromdifferenz ist ein Maß für das Magnetfeld.

Hall-MAGFET. Magnetfeldempfindlicher MOSFET. Die Inversionsschicht oder Kanalzone eines MOSFETs (MOS-Feldeffekt-Transistors) läßt sich als

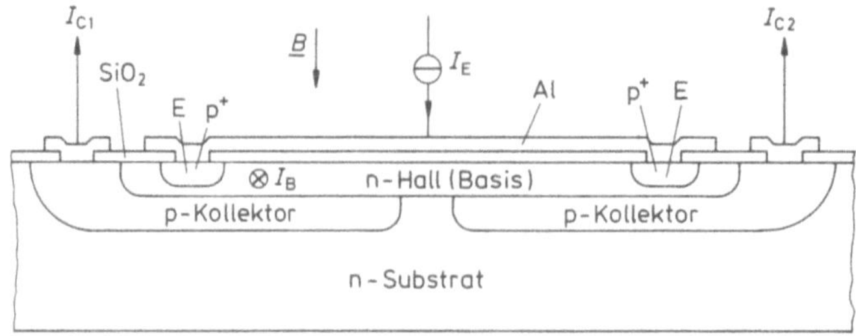

Bild 4.12. Schema eines Differentialverstärkungs-Magnetfeldsensors mit zwei vertikalen Transistoren mit Hall-Platte als gemeinsamer Basiszone

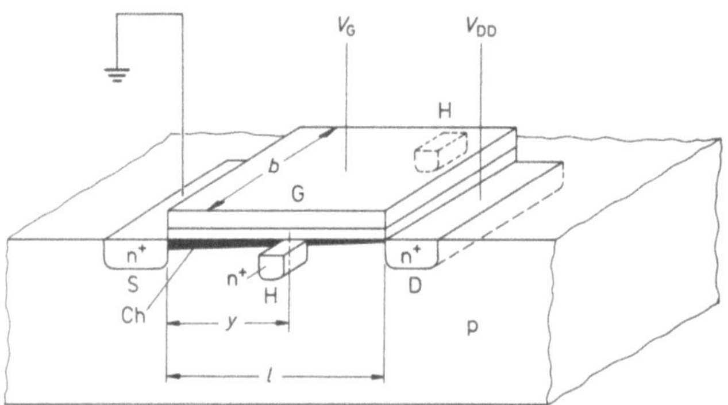

Bild 4.13. Schema eines MAGFETs mit Hall-Kontakten H [4.32]

extrem dünne Hall-Schicht verwenden. Bild 4.13 zeigt einen entsprechenden n-Kanal-MOSFET mit Quelle (source) S, Senke (drain) D, und Gate G der Länge l und der Breite b. Zusätzlich sind die Sensorkontakte H im Abstand y von der Source diffundiert worden. Im linearen Bereich der MOSFET-Funktion ist die strombezogene relative Empfindlichkeit theoretisch groß, wobei die Ladungsdichte im Kanal die Stelle von qnd in Formel (4.23) einnimmt. Der lineare Betrieb führt aber zu unpraktisch kleinen Hall-Spannungen. Deshalb ist es besser, in der Nähe der Sättigung zu arbeiten. Dann ist der Kanal in der Nähe der Senke dünner und hat höheren Widerstand, was die Hall-Spannung erhöht und den Kurzschluß erschwert. Daher ist es vorteilhaft, die Sensorkontakte in der Nähe der Senke zu positionieren; das praktische Optimum ist y/l ≈ 0.8.

Als Alternative zum Hall-MAGFET kann man auch die Lorentz-Ablenkung im Kanal ausnutzen. Das geschieht im *Zwei-Senken-MAGFET*, wobei die zwischen den beiden Senken resultierende Stromdifferenz ein Maß für das Magnetfeld ist. Wegen des relativ starken Niederfrequenzrauschens sind die MAGFETs anderen Halbleiter-MFS unterlegen. Es wurde eine Auflösung im

Mikrotesla-Bereich ermittelt. Beim Zwei-Senken-MAGFET scheint das 1/f-Rauschen antikorreliert und daher im Differenzsignal noch stärker als bei der einzelnen Senke zu sein.

4.4.4 Magnetodioden (MD) und Trägerdomänen-Magnetometer (CDM)

Bild 4.14 zeigt die prinzipielle Struktur der Magnetodiode, deren Funktion auf der Kombination von Magnetokonzentration und doppelter Injektion (von Elektronen und Löchern) beruht. Ladungsträger werden aus dem n^+- und p^+-Gebiet in die schwachdotierte Halbleiterschicht der Länge l, Breite b und Dicke d injiziert, wo sie sich unter dem Einfluß des elektrischen Feldes E bewegen. Die Halbleiterschicht hat eine Oberfläche S_1 mit hoher und eine Oberfläche S_2 mit niedriger Oberflächen-Rekombinationsrate, s_1 und s_2. Je nach Richtung der senkrecht zur Oberfläche und zum Strom stehenden magnetischen Induktion, B oder $-B$, werden Elektronen und Löcher gleichermaßen durch die Lorentz-Kraft gegen die Oberfläche S_1 oder S_2 abgelenkt. Das führt zu einem Ladungsträger-Konzentrationsgradienten senkrecht zu B und E und schließlich zu einer magnetischen Modulation der Stromspannungs-Charakteristik der Diode. Wichtig ist, daß die Rekombinationsraten s_1 und s_2 stark verschieden sind, daß die Dicke d von der Größenordnung der ambipolaren Diffusionslänge ist und daß durch starke Injektion ein quasi-intrinsischer Zustand aufrechterhalten wird.

Bei diskreten Magnetodioden aus Ge, Si und GaAs werden die unterschiedlichen Rekombinationszeiten durch verschiedene Oberflächenbehandlung erreicht. Bei integrierten Magnetodioden in SOS-Technologie (Silizium-auf-Saphir) spielt die Si/Al_2O_3-Grenzfläche die Rolle der stark rekombinierenden Oberfläche. Eine CMOS-integrierte Version benutzt einen p–n–Übergang in Sperrpolung als stark rekombinierende Oberfläche. Dabei wird eine Empfindlichkeit von 20 V/T erreicht, aber das Ausgangssignal ist nicht linear, und der Stromverbrauch ist relativ hoch (10 mA).

Trägerdomänen-Magnetometer haben bisher keine praktische Bedeutung, aber ihr originelles Funktionsprinzip soll kurz erwähnt werden. In einer ringförmigen

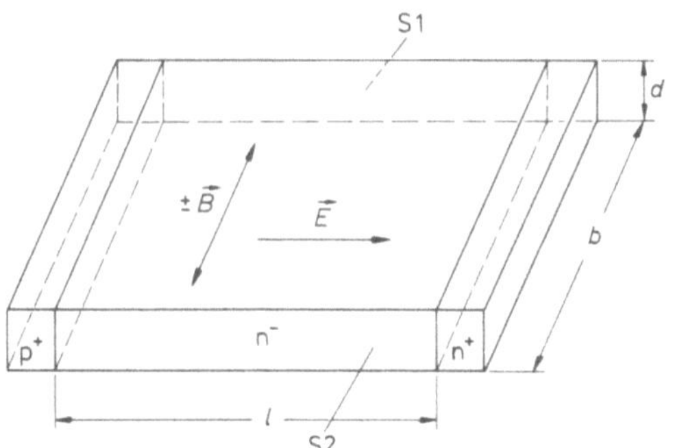

Bild 4.14. Struktur einer Magnetodiode mit Oberflächen S1 und S2 mit verschiedenen Oberflächen-Rekombinationsraten

bipolaren Transistorstruktur ist der Strom nicht gleichmäßig verteilt, sondern auf eine Stromdomäne (Elektron-Loch-Plasma) höchster Ladungsträgerdichte konzentriert. Die Lorentz-Kraft läßt diese Domäne rotieren, wobei die Rotationsfrequenz ein Maß für das magnetische Feld ist. Hohe Temperaturempfindlichkeit, hoher Stromverbrauch und eine hohe Schwellenindukion sind gravierende Nachteile dieser Sensoren.

4.4.5 Magnetowiderstände (MR) oder Feldplatten

Diese Sensoren beruhen auf dem in Abschn. 4.2.2 erwähnten Magnetowiderstandseffekt. Die quadratische Beziehung (4.10) ist jedoch nur für kleine magnetische Flußdichte und für den Grenzfall idealer Geometrie gültig. Andere Geometrien zeigen kleinere Magnetowiderstände R_B, und für hohe Flußdichte geht die quadratische Beziehung in eine lineare über, wie in Bild 4.15 für InSb dargestellt ist.

Die kleine Energielücke von InSb bringt einen großen Temperaturkoeffizienten α des Widerstands mit sich; bei Zimmertemperatur beträgt dieser $\alpha = -2\%$ pro °C. Bild 4.16 zeigt die Temperaturabhängigkeit des Widerstands von InSb im Vergleich mit anderen Halbleitermaterialien. Dabei fällt die geringe Temperaturabhängigkeit im Falle von GaAs auf. Bei InSb läßt sich α durch hohe Dotierung verringern, allerdings auf Kosten der Magnetfeldempfindlichkeit $(\partial R/\partial B)/R$ des Widerstands, wie Bild 4.17 illustriert. Zur Kompensation der Temperatur verwendet man Differentialfeldplatten, d.h. zwei Magnetowiderstände in einer Brückenschaltung. Für Ausführung und Anwendung wird auf die Literatur [4.9, 4.27–4.29] verwiesen.

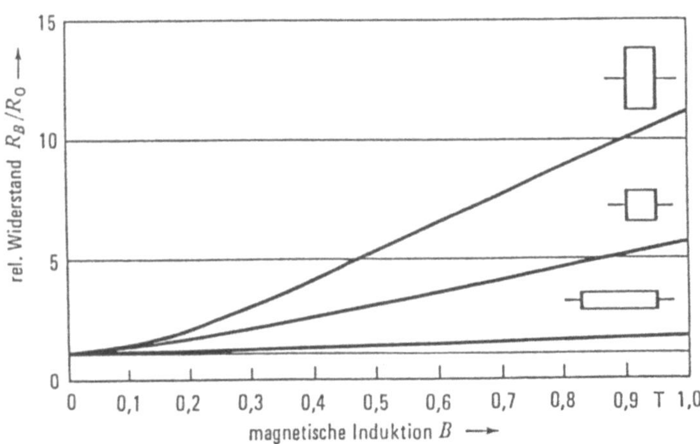

Bild 4.15. Relativer Widerstand R_s/R_0 von InSb in Abhängigkeit von der magnetischen Induktion für drei verschiedene Probenformen gleicher Dotierung bei Raumtemperatur

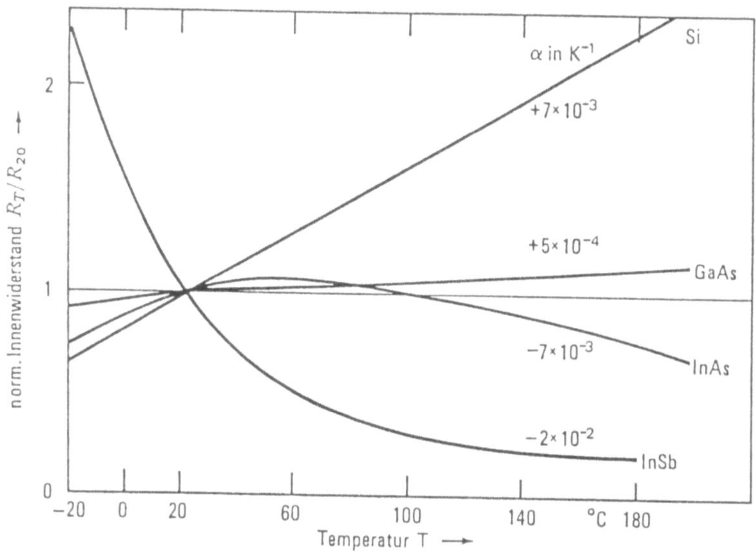

Bild 4.16. Temperaturabhängigkeit des normierten Innenwiderstands von Hall-Generatoren aus InSb, InAs, GaAs, und Silizium

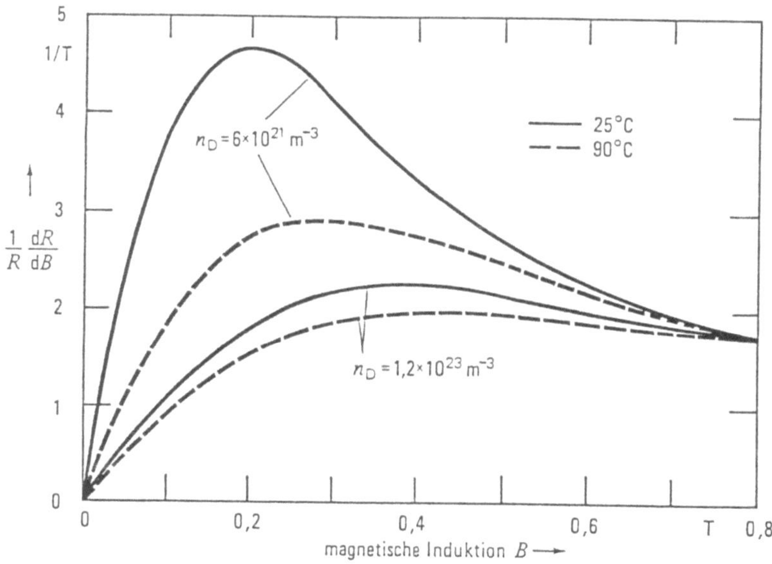

Bild 4.17. Magnetfeldabhängigkeit der relativen magnetischen Widerstandsänderung für zwei Dotierungen und zwei Temperaturen

4.5 Ferromagnetische Dünnfilmsensoren

Die schon in Abschn. 4.1.4 angesprochenen ferromagnetischen Materialien und
Effekte bilden die Grundlage einer Fülle verschiedener MFS. Hier gehen wir
nur auf einige miniaturisierte ferromagnetische Sensoren näher ein, die der
Mikroelektronik technologisch nahestehen. Für die "makroskopischen" ferromagnetischen Sensoren wird auf die umfangreichen Darstellungen in der Mono-
graphie [4.8] verwiesen.

4.5.1 Magnetoelastische Sensoren

Magnetoelastische Sensoren [4.10] beruhen auf der Wechselwirkung zwischen
magnetischen und mechanischen Eigenschaften, z.B. der Änderung der magnetischen Permeabilität durch die vom Magnetfeld hervorgerufene Kraft oder der
Änderung des Elastizitätsmoduls durch die Magnetisierung.

Praktisch wichtige Sensorsysteme sind die *Drehmoment-Sensoren* ("torque
sensors"). Das vom Magnetfeld an einer zylindrischen Achse hervorgerufene
Drehmoment erzeugt mechanische Spannungen an der Oberfläche der Achse,
die auf Grund des Villari-Effekts die magnetische Permeabilität verändern. Die
entsprechende Modulation der magnetischen Induktion wird mit Hilfe geeigneter Spulenanordnungen aufgenommen.

Die Änderung des Elastizitätsmoduls durch die Magnetisierung (ΔE-Effekt)
läßt sich wirkungsvoll durch die entsprechende Modulation der Schallge-
schwindigkeit detektieren. Eine praktische Anordnung ist eine *magnetisch
verstimmbare Verzögerungsleitung* für akustische Oberflächenwellen in Form
eines piezoelektrischen Substrats mit Ultraschall-Eingangs- und -Ausgangs-
wandlern, zwischen denen ein magnetostriktiver Dünnfilm deponiert ist.

4.5.2 Fluxgate-Magnetometer

Fluxgate-Sensoren (auch als Förster-Sonden bekannt) [4.11] messen schwache
Felder im Bereich 100 pT bis 1 mT. Hinsichtlich der Auflösung füllen sie die
Lücke zwischen den kostengünstigen Siliziumsensoren und den aufwendigen
SQUID-Magnetometern. Fluxgate-Magnetometer benötigen ein magnetisches
Wechselfeld als Referenz.

Die grundlegende Anordnung besteht aus einem ferromagnetischen Kern
(Querschnitt A, Permeabilität μ, Demagnetisierungsfaktor D), der von einer
Sondenspule (Windungszahl n) umgeben ist. Der Kern wird periodisch durch
das Referenzfeld (Frequenz f) gesättigt. Dieser Vorgang wird durch das zu
messende Feld H gestört, was zu einer Asymmetrie im zeitlichen Ausgangssignal
der Sondenspule führt.

Diese Asymmetrie manifestiert sich in der Fouriertransformierten des Ausgangssignals: Die Amplitude u der zweiten Harmonischen ist dem zu messenden
Feld, der Windungszahl, der Erregerfrequenz, dem Querschnitt des Kerns und

seiner effektiven Permeabiltät proportional:

$$u \sim HnfA/(1/\mu + D). \tag{4.28}$$

Die Empfindlichkeit ist durch die Dimensionen des Sensors begrenzt.

Kürzlich wurde ein *miniaturisiertes Fluxgate-Magnetometer* entwickelt, das mit planarer Mikrotechnologie hergestellt werden kann [4.30]. Der Kern besteht aus einem lithographisch hergestellten Permalloy-Film (Dicke 0,5 µm, Fläche 2 mm × 4 mm) auf einer Siliziumoxidschicht auf einem Siliziumsubstrat. Darüber befindet sich, durch eine Polyimidschicht vom Kern isoliert, eine Flachspule aus Aluminium als Sonde. Mit einer Erregerfrequenz von 100 kHz und einer Bandbreite von 1 kHz wird eine Auflösung von 2,5 nT erreicht. Das ist hinreichend zur Detektion von z.B. ferromagnetischen Druckfarben auf Banknoten oder Wertpapieren zur Echtheitsprüfung.

4.5.3 Magnetoresistive Sensoren

Es sind zunächst die folgenden magnetischen Widerstandseffekte zu unterscheiden [4.15]:

- Der quadratische Magnetowiderstandseffekt bei Halbleitern wurde im Abschn. 4.2.2 besprochen (siehe 4.10).
- Der (ebenfalls quadratische) Magnetowiderstandseffekt in nichtferromagnetischen Metallen wird durch eine spezielle Bandkrümmung an der Fermi-Oberfläche verursacht und ist besonders ausgeprägt bei Wismuth.
- Die anisotrope magnetische Widerstandsänderung bei ferromagnetischen Übergangsmetallen ist die Grundlage der hier zu besprechenden magnetoresistiven Sensoren, die aus stromführenden dünnen ferromagnetischen Filmen bestehen und im Bereich 10 µT bis 10 mT angewendet werden.

Monokristalline ferromagnetische Dünnfilme zeigen eine "eingebaute" magnetische Anisotropie (Anisotropiefeld), die von Kristallstruktur und Entmagnetisierungsfeld herrührt. Mechanische Spannungen können vernachläßigt werden, da man Legierungen mit Magnetostriktion Null herstellen kann. Die Filme haben eine "weiche" und eine "harte" Achse der Magnetisierung. Bei der Magnetisierung mit dem äußeren Feld parallel zur weichen Achse beobachtet man eine nahezu rechteckige Hysterese mit abruptem Schalten, d.h. Umkehr der Magnetisierungsrichtung beim Erreichen der Koerzitivfeldstärke; entlang der harten Achse hingegen wächst die Magnetisierung linear mit der Feldstärke bis zur Sättigung an, die beim äußeren Feld H_0 erreicht wird. Beide Effekte können für die Sensorik herangezogen werden.

Der spezifische Widerstand ρ eines solchen Films hängt vom Winkel θ zwischen dem Stromdichtevektor und dem inneren Magnetisierungsvektor (beide in der Filmebene) ab:

$$\rho(\theta) = \rho(90°) + (\rho(90°) - \rho(0°))\cos^2\theta = \rho(90°) + \Delta\rho\cos^2\theta. \tag{4.29}$$

Der Quotient $\Delta\rho/\rho(90°)$ wird als der magnetoresistive Effekt bezeichnet. Je nach Material beträgt dieser (in den meisten Fällen positive) Quotient etwa 1 bis 3%.

Ein langer, schmaler, dünner Film mit Kontakten an den schmalen Seiten, Stromrichtung parallel zur weichen Achse und Magnetfeld H parallel zur *harten* Achse zeigt eine parabolische Abhängigkeit des spezifischen Widerstands

$$\Delta\rho = \rho(90°) - \Delta\rho(H/H_0)^2 \tag{4.30}$$

für $|H| \leq H_0$ und $\Delta\rho = \rho(90°)$ für $|H| > H_0$. Ein Bereich mit angenähert linearer Empfindlichkeit kann durch Zusammenschalten von zwei Filmen oder durch einen Film mit Streifenstruktur ("barber pole") realisiert werden.

Für ein äußeres Magnetfeld parallel zur *weichen* Achse erhält man eine scharf definierte Spitze des spezifischen Widerstands beim Überschreiten des Koerzitivfeldes. Diese geometrische Anordnung kann als Komparator mit Abtastung des zu messenden Feldes durch ein Referenzwechselfeld benutzt werden.

Magnetoresistive Filme lassen sich aus binären oder ternären Legierungen von Ni, Fe und Co herstellen. Dabei werden Magnetostriktion Null, möglichst großer magnetoresistiver Effekt, hoher spezifischer Widerstand, kleine Anisotropie- und Koerzitivfelder, niedriger Temperaturkoeffizient und lange Lebensdauer all dieser Eigenschaften angestrebt. Die bevorzugte Legierung ist Permalloy, d.h. 81% Ni und 19% Fe (s. auch Abschn. 4.2.4).

4.6 Wertung und Ausblick

Es scheint fast so viele Typen von MFS wie Forscher auf diesem Gebiet zu geben. Daher empfiehlt sich der Versuch einer kurzen Rückschau aus der Sicht des Anwenders. Der Bereich der interessierenden Flußdichten erstreckt sich über mindestens 15 Größenordnungen von einigen 10 fT bis zu einigen 10 T.

Integrierte Silizium-Sensoren haben dank der Möglichkeit der Signalaufbereitung auf dem Sensor-Chip und der Verträglichkeit mit der mikroelektronischen Schaltungstechnik ein großes Anwendungspotential, nicht zuletzt in Hinblick auf MFS-Arrays. Unter den integrierten Silizium-Sensoren hat der *integrierte Hall-Sensor* (normalerweise horizontal und in Bipolartechnologie hergestellt) die größte praktische Bedeutung. Offset-, Temperatur-, Linearitäts- und Rauscheigenschaften werden weitgehend beherrscht; die Auflösung erreicht μT [4.33].

Unter den in Abschn. 4.4 dargestellten anderen integrierten Silizium-Sensoren scheinen die *Multikollektor-Magnetotransistoren* das relativ größte Entwicklungspotential zu haben. Allein oder in Kombination mit Hall-Sensoren eignen sie sich als Vektorsensoren. Magnetotransistoren mit Signalverarbeitung auf dem Sensor-Chip wurden erprobt. Varianten mit mäßiger Magnetfeld-Empfindlichkeit zeigen ein günstigeres Signal-Rausch-verhältnis und benötigen weniger Betriebsstrom; Temperatur- und Offset-Eigenschaften sind allerdings noch zu verbessern.

Im Vergleich zu den Magnetotransistoren sind MAGFETs wegen des starken Niederfrequenzrauschens wenig aussichtsreich. Integrierte Magnetodioden haben die Nachteile des hohen Betriebsstroms und der Nichtlinearität. Trägerdomänen-Magnetometer sind wegen großen Stromverbrauchs, ausgeprägter Temperaturabhängigkeit und hoher Schwelleninduktion ebenfalls im Nachteil.

Magnetoresistive Sensoren mit Permalloyfilmen erreichen eine ähnliche Auflösung wie die Silizium-Hall-Sensoren, sind aber wegen der begrenzten Linearität eher für die digitale Detektion (Leseköpfe für magnetische Speichermedien) geeignet. Die spezielle Filmtechnologie bedingt entsprechende Aufwendungen für die Fabrikation.

Für schwächere Felder bis zu 100 pT eignet sich das *Fluxgate-Magnetometer*, das zudem hohe Linearität aufweist. Die Puls-Positions-Variante [4.11] dieses Sensors hat den weiteren Vorteil der direkten digitalen Auslesung. Das aufwendige *SQUID-Magnetometer* (Kühlung, Abschirmung) kann nur in Betracht gezogen werden, wenn die Notwendigkeit der Messung äußerst schwacher Felder die Kosten rechtfertigt. SQUID-Magnetometer auf der Grundlage der neuen Hochtemperatur-Supraleiter-Materialien benötigen eine weniger aufwendige Kühlung und sind ein Gegenstand der aktuellen Forschung. Vielversprechende miniaturisierte Prototypen von Fluxgate und SQUID-Magnetometern wurden mit Mitteln der Photolithographie und Dünnfilmtechnik realisiert.

4.7 Literatur zu Kapitel 4

4.1 Baltes, H.; Popovic, R. S.; Integrated semiconductor magnetic field sensors. Proc. IEEE **74** (1986) 1107–1132.
4.2 Popovic, R. S.: Hall-effect devices. Sensors and Actuators **17** (1989) 39–53.
4.3 Kordic, S.: Integrated silicon magnetic-field sensors. Sensors and Actuators **10** (1986) 347–378.
4.4 Middelhoek, S.; Audet, S. A.: Silicon Sensors. London: Academic Press 1989. Chapter 5: Silicon sensors for magnetic signals, pp. 201–247.
4.5 Baltes, H.; Nathan, A.: Integrated magnetic sensors. In: Sensors 1: Fundamentals, Eds. Grandke, T.; Ko, W. Weinheim: VCH Verlagsgesellschaft 1989, Chapter 7, pp. 195–215.
4.6 Baltes, H.; Nathan, A.: Sensor modeling. In: Sensors 1: Fundamentals, Eds. Grandke, T.; Ko, W. Weinheim: VCH Verlagsgesellschaft 1989, Chapter 3, pp. 45–77.
4.7 Nakamura, T.; Maenaka, K.: Integrated magnetic sensors. Sensors and Actuators **A 21–A 23** (1990) 762–769.
4.8 Boll, K.; Overshott, K. J. (Eds.): Sensors 5: Magnetic Sensors. Weinheim: VCH Verlagsgesellschaft 1989.
4.9 Popovic, R. S.; Heidenreich, W.: Magnetogalvanic sensors. Ref. [4.8], Chapter 3, pp. 43–96.
4.10 Hinz, G.; Voigt, H.: Magnetoelastic sensors. Ref. [4.8], Chapter 4, pp. 97–152.
4.11 Bornhöft, W.; Trenkler, G.: Magnetic field sensors: flux gate sensors. Ref. [4.8], Chapter 5, pp. 153–203.
4.12 Dehmel, G.: Magnetic field sensors: induction coil (search coil) sensors. Ref. [4.8], Chapter 6, pp. 205–235.
4.13 Decker, W.; Kostka, P.: Inductive and eddy current sensors. Ref. [4.8], Chapter 7, pp. 255–313.
4.14 Rauscher, G.; Radeloff, Ch.: Wiegand and pulse-wire sensors. Ref. [4.8], Chapter 8, pp. 315–339.
4.15 Dibbern, U.: Magneto-resistive sensors. Ref. [4.8], Chapter 9, pp. 341–380.
4.16 Koch, H.: SQUID sensors. Ref. [4.8], Chapter 10, pp. 381–445.
4.17 Bosch, G.: A Hall device in an integrated circuit. Solid-State Electronics **11** (1968) 712–714.

4.18 Heywang, W.; Pötzl, H. W.: Bänderstruktur und Stromtransport, 2. Auflage. Berlin: Springer 1991 (Halbleiter-Elektronik, Band 3), Abschn. 4.

4.19 Madelung, O.: Halbleiter. In: Handbuch der Physik XX: Elektrische Leitungsphänomene II, Herausg. Flügge, S. Berlin: Springer 1957, pp. 1–245.

4.20 Sugiyama, Y.; Taguchi, T.; Tacano, M.: Highly-sensitive magnetic sensor made of AlGaAs/GaAs heterojunction semiconductors. Proc. 6th Sensor Symposium. Tokyo: IEE Japan 1986, pp. 55–60.

4.21 Nathan, A.; Baltes, H.: How to achieve nanotesla resolution with integrated silicon magneto-transistors. IEDM, Washington DC, 3–6 Dec. 1989, Technical Digest. New York: IEEE 1989, pp. 511–514.

4.22 Maupin, J. T.; Geske, M. L.: The Hall effect in silicon circuits. In: The Hall Effect and its Applications, ed. by Chien, C. L., Westgate, C. R. New York: Plenum Press 1980, pp. 421–445.

4.23 Sugiyama, Y.: Fundamental research on Hall effects in inhomogeneous magnetic fields. Res. Electrotechn. Lab. (Jpn) **838** (1983) 1–146.

4.24 Kanayama, T.; Hiroshima, H.; Komura, M.: A quarter-micron Hall sensor fabricated with maskless ion implantation. J. Vacuum Sci. Technol. **136** (1988) 1010–1013.

4.25 Hara, T. T.; Mihara, M.; Toyoda, N.; Zama, M.: Highly linear GaAs Hall devices fabricated by ion implantation. IEEE Trans. Electron Devices ED-29 (1982) 78–82.

4.26 Nathan, A.; Maenaka, K.; Allegretto, W.; Baltes, H.; Nakamura, T.: The Hall effect in integrated magnetotransistors. IEEE Trans. Electron Devices ED-36 (1989) 108–117.

4.27 Weiss, H.: Physik und Anwendung galvanomagnetischer Bauelemente. Braunschweig: Vieweg 1969.

4.28 Lipmann, H.; Kuhrt, F.: Hallgeneratoren. Berlin: Springer 1968.

4.29 Kataoka, S.: Recent development of magnetoresistive devices and applications. Circulars Electrotechn. Lab. **182** (1974) 1–52.

4.30 Seitz, T.: Flux gate sensor in planar microtechnology. Sensors and Actuators **A21–A23** (1990) 799–802.

4.31 Riccobene, C.; Wachutka, G.; Bürgler, J.; Baltes, H.: Two-dimensional numerical modeling of dual-collector magnetotransistors: evidence for emitter efficiency modulation. Sensors and Actuators **A31** (1992) 210–214.

4.32 Hirata, M.; Suzuki, S.: Integrated magnetic sensor. Proc. 1st Sensor Symposium. Tokyo: IEE Japan 1982, pp. 37–40.

4.33 Popovic, R. S.: Hall Effect Devices. Bristol: Adam Hilger 1991.

5 Piezowiderstandseffekte

5.1 Einleitung

Die Eigenschaften eines Festkörpers hängen im allgemeinen vom Zustand der Dehnungen ab, in dem er sich befindet. Wirkt eine mechanische Spannung auf einen Kristall, so verschieben sich die Atome gegeneinander. Die Änderung der Gitterkonstanten bewirkt eine Änderung der Struktur der Leitungs- und Valenzbänder. Haben die Kristalle polare Achsen, so tritt Piezoelektrizität auf, d.h. unter Druck entstehen Ladungen auf Elektroden, die mit den Kristallen verbunden sind. Der piezoelektrische Effekt wirkt nur dynamisch, weil äußere Ladungen immer rasch gegenkompensiert werden. Er wird beschrieben in Kap. 6 dieses Buches. Sensoren, die ihn verwenden, sind rezeptive Sensoren.

Anders verhält es sich beim Piezowiderstandseffekt. Dieser wirkt auch statisch und kann bei bearbeitenden Sensoren ausgenützt werden. Beim Piezowiderstandseffekt verändert sich der spezifische Widerstand der Materialien, solange sie einer Zug- oder Druckbelastung ausgesetzt werden. Er tritt auch auf an Kristallen ohne polare Achsen und ist besonders gut ausgeprägt bei Halbleitern, wie z.B. beim Silizium [5.3, 5.5, 5.24–5.26].

Dieses Phänomen ist seit vielen Jahren bekannt [5.1] und findet eine breite technische Anwendung bei sog. Dehnungsmeßstreifen (DMS) [5.2]. Dies sind Widerstandsstreifen, häufig aus Metall, die auf die Maschinen- oder Bauteile geklebt werden, deren Verformungen untersucht werden sollen. Aber auch andere physikalische Größen, wie Druck, Kraft, Beschleunigung, können auf diese Weise gemessen werden. Man verwendet dazu geeignete mechanische Bauteile, wie dünne Platten oder Biegebalken, die die zu messende physikalische Größe in Dehnungen umsetzt.

Der Piezowiderstandseffekt von Metallen ist klein. Deshalb ist die Widerstandsänderung von DMS aus diesen Materialien im wesentlichen durch die Änderung der Abmessungen bei Dehnungen bedingt.

Das ist bei Halbleiten anders [5.3]. Hier führt der Piezowiderstandseffekt zu Widerstandsänderungen, die um ein Vielfaches größer als bei Metallen sind. Deshalb wurde schon bald versucht, die Metalle bei der Messung von Dehnungen oder mechanischen Spannungen durch die empfindlicheren Halbleiter zu ersetzen [5.4]. Ein großes Problem bestand jedoch in der Herstellung der für die Messungen notwendigen dünnen Folien.

Der Durchbruch bei der technischen Nutzung des Effekts gelang erst durch den Einsatz der modernen Methoden der Herstellung von integrierten Schaltungen in Silizium und der Strukturierung dieses Materials. Dabei werden die Halbleiter-DMS in einem Substrat integriert, das mit in die Meßaufgabe einbezogen wird. Vorangetrieben wurde die Entwicklung zweifellos durch den Drucksensor aus Silizium, der vor etwa 20 Jahren Marktreife erlangte. Relativ junge Produkte sind Beschleunigungssensoren. Das liegt an ihrem komplexeren mechanischen Aufbau.

Wir wollen uns im folgenden wegen der überragenden technischen Bedeutung im wesentlichen auf Silizium beschränken. Bei anderen Halbleitern, wie Germanium und den III–V-Verbindungen, ist der Effekt jedoch auch gut untersucht worden [5.5, 5.7].

5.2 Beschreibung des Effekts

Das ohmsche Gesetz verknüpft zwei Vektoren miteinander, den Vektor der Stromdichte mit dem Vektor der Feldstärke. Der spezifische Widerstand ρ ist demnach ein Tensor 2. Stufe. Er ist symmetrisch und hat im allgemeinen sechs Komponenten. Die mechanische Spannung ist ebenfalls ein symmetrischer Tensor 2. Stufe. Sie hat die Dimension Kraft pro Flächeneinheit. Spannungskomponenten mit zwei gleichen Indizes, z.B. σ_{xx}, sind Spannungen senkrecht zur betrachteten Fläche (parallel zum Normalenvektor der Ebene) und heißen Normalspannungen. Ihre Größe ist positiv, wenn es sich um einen Zug handelt, negativ bei einem Druck. Komponenten mit gemischten Indizes, z.B. σ_{xy}, greifen parallel zur Fläche an und heißen Schub- oder Scherspannungen. Allerdings läßt sich in jedem Punkt des belasteten Materials ein Koordinatensystem, das sogenannte Hauptachsensystem, finden, in dem die Scherspannungen verschwinden [5.8].

Der Piezowiderstandseffekt beschreibt die relative Änderung des elektrischen Widerstands $\delta\rho/\rho$ als Folge der mechanischen Spannungen σ. Die allgemeine Verknüpfung bei einer linearen Abhängigkeit lautet:

$$\delta\rho/\rho = \Pi : \sigma. \tag{5.1}$$

Es ergibt sich ein Tensor 4. Stufe, der Tensor der Piezowiderstandskoeffizienten Π. Der Doppelpunkt symbolisiert, daß in der Tensorschreibweise über zwei Indizes zu summieren ist.

Die Tensorschreibweise in (5.1) ist für die Anwendung etwas unbequem. Deshalb geht man häufig zu einer Matrixschreibweise über, indem $\delta\rho/\rho$ und σ als Vektoren mit 6 Komponenten geschrieben werden. Der Vektorindex geht dabei nach folgendem Schema aus der Tensorschreibweise hervor: xx $\rightarrow$ 1, yy $\rightarrow$ 2, zz $\rightarrow$ 3, yz $\rightarrow$ 4, xz $\rightarrow$ 5, xy $\rightarrow$ 6 [5.9]. Der Piezowiderstandstensor Π wird als Matrix geschrieben, indem das erste und das zweite Paar von Indizes nach diesem Schema zu jeweils einem Index zusammengezogen werden. Bei der Betrachtung

Tabelle 5.1. Piezowiderstandskoeffizienten in verschiedenen Halbleitern in $10^{-12}\,\mathrm{m^2\,N^{-1}}$ (nach [5.5, 5.6])

	ρ Ωm	Dotierung $\mathrm{m^{-3}}$	π_{11}	π_{12}	π_{44}
Si n	0,12		-1022	534	-136
Ge n	0,16		-52	-55	-1387
GaAs n		10^{25}	-32	-54	-25
Si p	0,08		66	-11	1380
Ge p	0,01		-37	-32	967
GaAs p		10^{25}	120	-6	460

der Auswirkungen, die die Kristallsymmetrie z.B. auf die Anzahl der unabhängigen Komponenten hat, darf bei dieser Schreibweise jedoch nicht vergessen werden, daß sie eine Tensorgleichung symbolisiert.

Im allgemeinen hat Π 36 Komponenten. Die Symmetrien der verschiedenen Kristallklassen erniedrigen diese Anzahl auf eine geringere Zahl voneinander unabhängiger Koeffizienten, im Falle des kubischen Siliziums z.B. auf 3. Auf die Symmetrieachsen bezogen und in der Matrixschreibweise hat Π für Silizium die Form:

$$
\begin{pmatrix}
\pi_{11} & \pi_{12} & \pi_{12} & 0 & 0 & 0 \\
\pi_{12} & \pi_{11} & \pi_{12} & 0 & 0 & 0 \\
\pi_{12} & \pi_{12} & \pi_{11} & 0 & 0 & 0 \\
0 & 0 & 0 & \pi_{44} & 0 & 0 \\
0 & 0 & 0 & 0 & \pi_{44} & 0 \\
0 & 0 & 0 & 0 & 0 & \pi_{44}
\end{pmatrix}
\tag{5.2}
$$

Die Piezokoeffizienten hängen vom Leitungstyp, von der Höhe der Dotierung und der Temperatur ab. In Tabelle 5.1 sind einige Werte angegeben.

In Bild 5.1 ist das Verhalten von π_{11} für n-leitendes und von π_{44} für p-leitendes Silizium in Abhängigkeit von Dotierung und Temperatur nach [5.10] dargestellt. Beide Koeffizienten sind um so größer, je höher der spezifische Widerstand ist. Allerdings ist dann die Änderung der Koeffizienten mit der Temperatur ebenfalls groß.

Wird der Tensor Π auf ein beliebiges Koordinatensystem des Kristalls bezogen, so ändern sich die Koeffizienten an den besetzten Stellen, und auch dort, wo in (5.2) Nullen stehen, können von Null verschiedene Werte auftreten. Die Koeffizienten in diesem transformierten Piezotensor sind jedoch Funktionen der π_{11}, π_{12} und π_{44} aus (5.2) [5.11].

5.2.1 Longitudinal-, Transversal- und Schereffekt

Beim Piezowiderstandseffekt können verschiedene Meßanordnungen unterschieden werden. In Bild 5.2 ist dies skizziert. Bei der Longitudinal-Anordnung sind elektrisches Feld und Stromdichte parallel zueinander und parallel zur

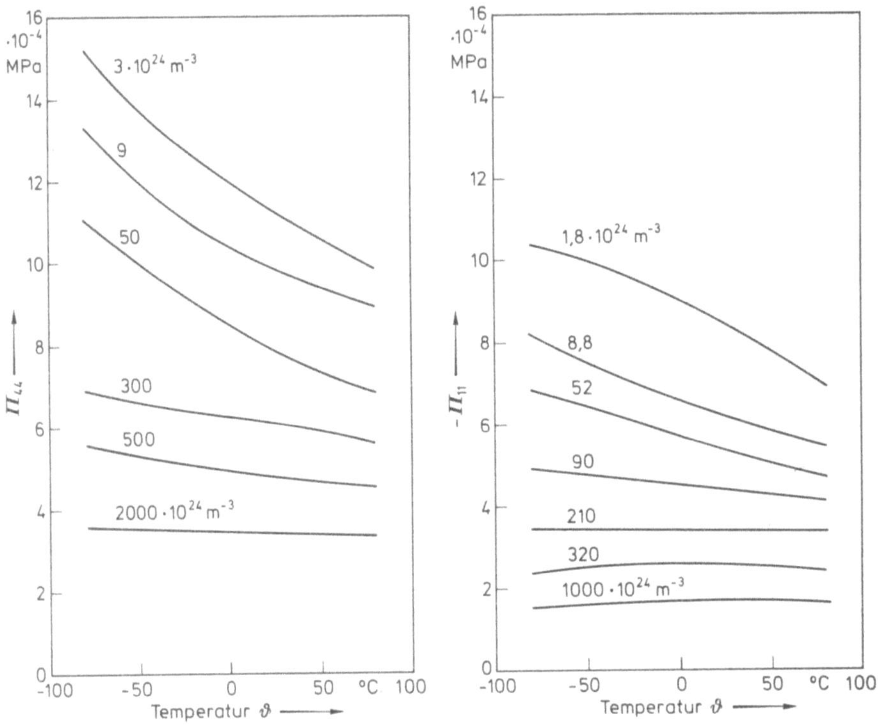

Bild 5.1. Abhängigkeit der Piezowiderstandskoeffizienten π_{44} für p-dotierte und π_{11} für n-dotierte Schichten von der Temperatur und der Oberflächenkonzentration (nach [5.10])

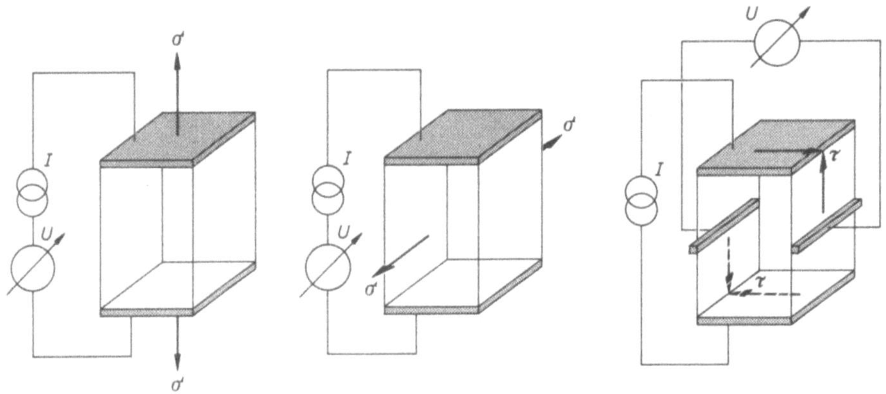

Bild 5.2. Anordnungen zur Messung eines longitudinalen, eines transversalen und eines Scher-Piezowiderstandseffekts mit der Normalspannung σ und der Scherspannung τ

98

Normalspannung gerichtet, bei der Transversal-Anordnung senkrecht dazu. Die beiden Koeffizienten werden mit π_l und π_t bezeichnet.

In neuerer Zeit ist eine weitere Meßanordnung wichtig geworden, die Ähnlichkeit mit einer Hall-Struktur hat [5.12, 5.13]. Die elektrische Spannung wird nicht mehr in Richtung des Stroms, sondern senkrecht dazu gemessen. Außerdem wird die Probe nicht einer Normal-, sondern einer Scherspannung unterworfen, die in der durch Strom und elektrische Spannung definierten Ebene wirkt. Durch die Anordnung wird ein Schereffekt gemessen. Legt man das Koordinatensystem mit seiner x- bzw. y-Achse parallel zu Strom bzw. elektrischer Spannung, sieht man, daß der Koeffizient π_{66} (in diesem Koordinatensystem) für diesen Effekt verantwortlich ist.

Alle drei Effekte werden z.B. bei Drucksensoren genützt. Wir werden deshalb in Abschn. 5.8 auf sie zurückkommen.

5.2.2 Nichtlinearität des Piezowiderstandseffekts

Bei genauerer Untersuchung von Drucksensoren, die den Piezowiderstandseffekt ausnützen [5.14–5.18], wurde ein nichtlinearer Zusammenhang zwischen Widerstandsänderung und mechanischer Spannung gefunden. Die Gleichung (5.1) stellt nur das erste Glied in einer Reihenentwicklung nach den Spannungen dar. Wie der Effekt 1. Ordnung ist auch der 2. Ordnung abhängig von der Orientierung des Widerstands zu den Kristallachsen und von der Dotierung. Da zudem zwei Spannungskomponenten wirken, gibt es eine Vielzahl von möglichen Meßanordnungen. Tatsächlich wurde der Effekt 2. Ordnung aber bisher wenig untersucht. Nur für einige spezielle Anordnungen, nämlich optimal orientierte p-dotierte Dehnungsmeßstreifen für Drucksensoren, gibt es Daten [5.17, 5.19, 5.20]. Als Effekt 2. Ordnung macht er sich erst bei relativ hohen Spannungswerten, ca. 100 MPa, bemerkbar.

In Tabelle 5.2 sind einige Werte zusammengestellt. Die Koeffizienten 2. Ordnung bewirken stets eine Zunahme des Widerstands, unabhängig von den

Tabelle 5.2. Piezowiderstandskoeffizienten 1. und 2. Ordnung

Ebene/Richtung[a]	p-Dotierung oder spez. Widerstand	1. Ordnung π_{11} $\cdot 10^4\,\mathrm{MPa}^{-1}$	π_{t1}	2. Ordnung π_{12} $\cdot 10^7\,\mathrm{MPa}^{-2}$	π_{t2}	Lit.
(100)/[110]	$3\cdot10^{18}\,\mathrm{cm}^{-3}$	5,8	$-5,6$	1,4	3,2	[5.20]
(100)/[110]	$5\,\mathrm{m\Omega cm}$	4,1	$-3,4$	0,6	2,0	[5.19]
"	$25\,\mathrm{m\Omega cm}$	4,7	$-4,5$	0,4	3,2	"
"	$55\,\mathrm{m\Omega cm}$	5,35	$-4,7$	0,3	3,6	"
(110)/[111]	$1,5\cdot10^{18}\,\mathrm{cm}^{-3}$	7,4	$-3,8$	0,65	2,7	[5.17]

[a] Das Koordinatensystem ist jeweils auf die Widerstandsstruktur bezogen

Vorzeichen des jeweiligen Koeffizienten 1. Ordnung und der Spannung. Transversal orientierte Widerstände sind, unabhängig von der betrachteten Waferorientierung, um einen Faktor 3 bis 10 nichtlinearer als longitudinale Widerstände. Außerdem wird in [5.14] darauf hingewiesen, daß n-dotiertes Material weniger linear als p-dotiertes ist. Ein Versuch einer theoretischen Deutung des Effekts wurde in [5.21] unternommen.

5.3 Physikalische Deutung des Piezowiderstandseffekts

Eine mechanische Belastung ändert die Abstände der Gitteratome und damit das Energiebandschema des Kristalls. Wichtig sind die Auswirkungen auf die Ladungsträger, die am Ladungstransport teilnehmen. Es können sich ihre Anzahl verändern oder ihre Eigenschaften, die sich in der Beweglichkeit ausdrücken. In der Literatur werden eine ganze Reihe von Mechanismen und ihr Beitrag zum Piezowiderstandseffekt diskutiert [5.22–5.24]. Hier sollen nur einige einfache Prozesse zum Verständnis erwähnt werden.

Der einfachste Fall besteht darin, daß es sich bei der Belastung um einen hydrostatischen Druck handelt. Denn dabei wird die Symmetrie des Kristalls nicht gestört. Deshalb wird keine Entartung von Bändern aufgehoben. Aber es können nicht entartete Bänder gegeneinander verschoben werden. Es kann sich z.B. der Abstand zwischen Valenz- und Leitungsband vergrößern. Ist der Halbleiter im selbstleitenden Zustand, können weniger Elektronen das Gap überwinden und die Leitfähigkeit sinkt mit steigendem Druck stark ab. Ein Beispiel hierfür ist Indiumantimonid [5.23].

Ist die Belastung jedoch nicht allseitig gleich, wird die Symmetrie des Kristalls gestört, und die Entartung von Bändern kann aufgehoben werden. Die Folge ist eine Umverteilung der Ladungsträger und eine Änderung ihrer Eigenschaften. Anschaulich zu erläutern ist dies z.B. bei n-leitendem Silizium.

Dies ist ein Halbleiter mit indirektem Bandübergang [5.25]. Die sechs Minima des Leitungsbandes befinden sich im k-Raum (Raum der Wellenzahlvektoren) auf den [100]-Achsen zwischen $k = 0$ und dem Rand der Brillouin-Zone (Bild 5.3). Ohne mechanische Spannung sind sie entartet und mit der gleichen Anzahl von Elektronen besetzt. Die Flächen gleicher Energie in den Minima sind Rotationsellipsoide mit den Rotationsachsen parallel zu den [100]-Richtungen. Deshalb haben die Elektronen in jedem Minimum unterschiedliche effektive Massen in Richtung bzw. senkrecht zu der jeweiligen Rotationsachse und damit auch unterschiedliche Beweglichkeiten.

Für die gesamte Leitfähigkeit muß über alle Minima summiert werden. Da aber im unbelasteten Zustand alle Minima mit der gleichen Anzahl von Elektronen zur Leitfähigkeit beitragen, ist sie in diesem Fall isotrop.

Wird nun der Kristall in der [100]-Richtung gestaucht, so senken sich die entsprechenden Minima um ΔE ab. Senkrecht zu dieser [100]-Richtung tritt eine Verlängerung auf, so daß die Minima angehoben werden. Dies führt zu

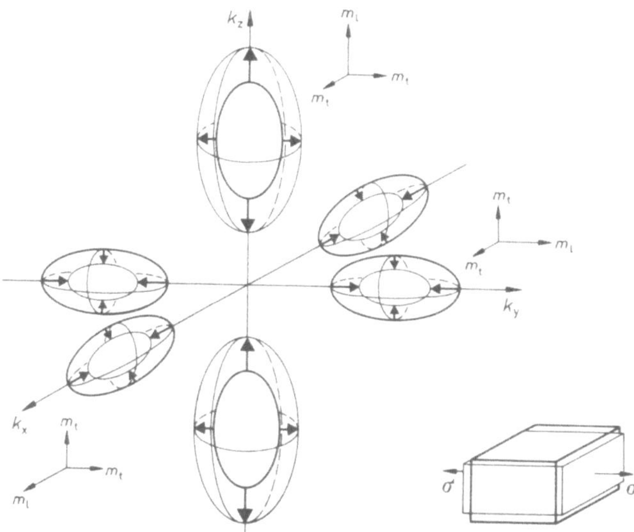

Bild 5.3. Flächen konstanter Energie des Leitungsbandes von Silizium im k-Raum der Wellenzahlvektoren

einer Umbesetzung der Bänder. Wirkt ein elektrisches Feld in Richtung des Drucks, so stehen nun mehr Elektronen mit schwerer effektiver Masse (geringe Beweglichkeit) und weniger mit leichter effektiver Masse (große Beweglichkeit) als im unbelasteten Zustand für den Ladungstransport zur Verfügung. Für ein Feld senkrecht zum Druck gilt das Umgekehrte. Es hat sich also die Leitfähigkeit gegenüber dem unbelasteten Zustand geändert, und sie ist zudem anisotrop. Das eben erläuterte Modell beruht auf der "Many-valley"-Bandstruktur [5.22].

Bei p-leitendem Silizium ist keine so anschauliche Deutung des Effekts möglich. Hier müssen wir das Maximum des Valenzbandes betrachten, das bei $k = 0$ liegt und eine komplexe Struktur hat, s. [5.26, Absch. 1.6]. Im Gegensatz zum Leitungsband lassen sich hier zwei Teilbänder mit unterschiedlichen Krümmungen unterscheiden, das Band der leichten und das Band der schweren Löcher. Die Bandkrümmung ändert ihren Wert mit der Richtung, so daß man von Bändern mit Verwerfungen spricht (warped surfaces). Beide Arten von Löchern tragen zur Leitfähigkeit bei. Das Verhältnis der Konzentrationen von leichten zu schweren Löchern ändert sich nun unter mechanischer Spannung und bewirkt so eine Leitfähigkeitsänderung. Auf Grund der Verwerfung ist der Piezowiderstandseffekt anisotrop.

5.4 Piezowiderstandseffekt in Inversionsschichten

Bisher haben wir den Piezowiderstandseffekt im Volumen betrachtet. Es wurde jedoch bei der Untersuchung von MOS-Feldeffekt-Transistoren gefunden, daß auch im Inversionskanal ein Piezowiderstandseffekt auftritt [5.27–5.30].

MOS-Transistoren können als schaltbare Widerstände betrachtet werden, die wegen interner und externer Kondensatoren kapazitiv belastet sind. Ihre Schaltzeit hängt vom Kanalwiderstand und den Kapazitäten ab. Da der Kanalwiderstand eine Funktion der mechanischen Spannungen ist, die im Kanal wirken, ändert sich auch die Schaltzeit und kann als Sensorsignal genützt werden.

Allerdings wurde bei der Untersuchung von MOS-Feldeffekt-Transistoren festgestellt, daß das elektrische Feld der Gateelektrode einen deutlichen Einfluß auf den Piezowiderstandseffekt hat. Dieses senkrecht zur Oberfläche gerichtete Feld führt zu einer Quantisierung der Energieniveaus parallel zur Oberfläche, s. [5.26 Abschn. 2.7].

Am einfachsten ist die Folge dieser Quantisierung wieder am n-leitenden Silizium zu verstehen. Im Gegensatz zu den quasi dicht liegenden Energeiniveaus im Volumen sind nun in den Leitungsbandminima nur bestimmte Niveaus senkrecht zur Oberfläche erlaubt. Ist das Feld z.B. bei n-leitendem Silizium senkrecht zur (001)-Ebene in Bild 5.3 gerichtet, wirkt es in zwei Minima parallel und in den anderen vier senkrecht zur Rotationsachse. Das führt zu unterschiedlichen Abständen der Energieniveaus in den Minima und zu einer Umverteilung der Elektronen gegenüber dem feldlosen Fall. Wirkt zusätzlich eine mechanische Spannung, so findet eine weitere Umverteilung statt, aber von einem anderen Ausgangspunkt aus, so daß sich die Leitfähigkeit anders ändert als im feldlosen Fall. Das bedeutet, daß der Piezowiderstandseffekt in MOS-Transistoren abhängig vom Gatepotential wird. Bei Sensoren, die den Piezowiderstandseffekt in MOS-Transistoren ausnützen [5.31], muß dies berücksichtigt werden.

5.5 Piezowiderstandseffekt in Polysilizium

Bereits in der Einleitung wurde auf die technische Nutzung des Piezowiderstandseffekts bei Dehnungsmeßstreifen hingewiesen. Diese werden häufig als diffundierte Widerstandsbahnen in einem Substrat erzeugt (s. Abschn. 5.6.1) und sind im Betrieb durch einen gesperrten pn-Übergang vom Substrat isoliert. Der starke Anstieg des Sperrstroms bei Temperaturerhöhung begrenzt den Einsatzbereich in diesem Fall auf Temperaturen unterhalb etwa 150 °C.

Eine Möglichkeit, den Piezowiderstandseffekt von Silizium noch bei höheren Temperaturen auszunützen, besteht in der Verwendung von polykristallinem Silizium auf einer isolierenden Unterlage. Dadurch entfallen die pn-Übergänge. Aus diesem Grund wurde der Piezowiderstandseffekt von Polysilizium intensiv untersucht [5.32–5.35], allerdings beschränkt auf den Longitudinal- und Transversaleffekt. Es stellte sich heraus, daß Schichtwiderstand, Piezowiderstandseffekt und die Temperaturkoeffizienten dieser Größen wesentlich von den Bedingungen der Herstellung der Schicht abhängen (Abscheidung, Dotierung, Ausheilung) und damit in Grenzen eingestellt werden können. Damit ergeben sich Möglichkeiten, z.B. temperaturkompensierte und abgeglichene Durcksensoren herzustellen [5.36].

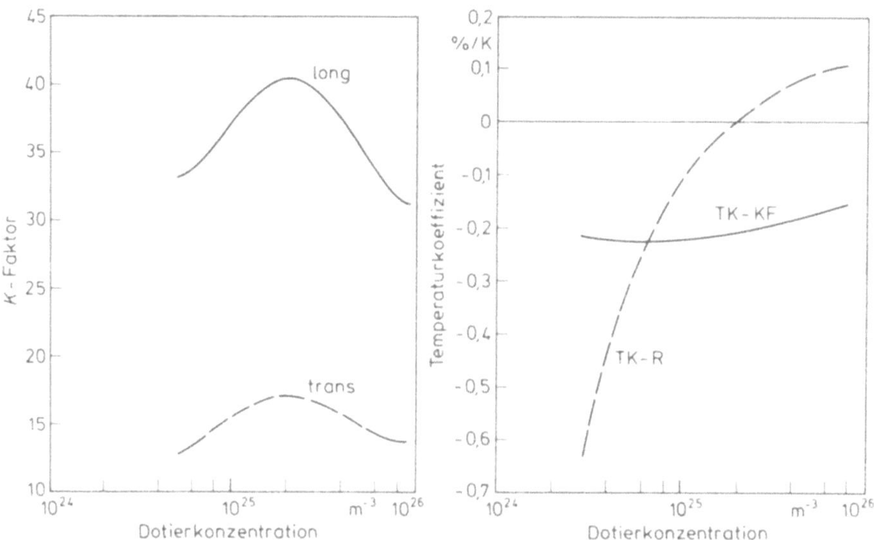

Bild 5.4. K-Faktor (links) und die Temperaturkoeffizienten des K-Faktors und des spezifischen Widerstands (rechts) von Bor-dotierten polykristallinen Schichten (nach [5.35])

Der Grund für die besonderen Eigenschaften von Polysilizium liegt im Zusammenwirken der Korngrenzen und dem kristallinen Inneren der Körner [5.35]. Typische Größen der Körner sind 100 nm. In Bild 5.4 sind der sog. K-Faktor, Definition s. (5.6), und die Temperaturkoeffizienten von K-Faktor und Schichtwiderstand für Bor-dotierte Schichten als Funktion der Dotierung dargestellt. Bei niedrigen Dotierungen bestimmen im wesentlichen die Korngrenzen, bei höheren das Volumen der Körner das Verhalten der Schicht. Der longitudinale K-Faktor ist größer, als man es nach einer Gleichverteilung aller Richtungen der Körner erwarten würde. Dies wird mit einer Textur (Vorzugsrichtung) der Schicht erklärt. Der K-Faktor ist aber nur 1/3 bis 1/2 so groß wie der longitudinale Effekt im Volumen.

5.6 Dehnungsmeßstreifen

Im folgenden soll nun auf die Wirkungsweise der bereits mehrfach angesprochenen DMS eingegangen werden.

Wird ein Leiter in Richtung des Stromflusses parallel zu seiner Länge 1 gedehnt und ist er senkrecht zur Dehnung mechanisch frei, so findet man für die relative Änderung des Widerstands:

$$\Delta R/R = \Delta\rho/\rho + \Delta l/l(1 + 2\nu) \tag{5.3}$$

mit der Querkontraktionszahl ν (Poisson-Zahl). Das zweite Glied ist ein reiner

Geometrieterm. Der spezifische Widerstand enthält jedoch ebenfalls einen Geometrieanteil, nämlich in der Ladungsträgerdichte n, da diese auf das Volumen bezogen ist [5.37]:

$$1/\rho = qn\mu, \tag{5.4}$$

q ist die Elementarladung und μ die Beweglichkeit. Solange sich die Gesamtzahl der Ladungsträger nicht ändert, hängt die Widerstandsänderung nur von der Beweglichkeit und der Länge ab:

$$\Delta R/R = -\Delta\mu/\mu + 2\Delta l/l. \tag{5.5}$$

Falls sich die Beweglichkeit nicht mit der Belastung ändert, findet man für das Verhältnis von relativer Widerstandsänderung und Dehnung $\Delta l/l$, das man K- oder Gage-Faktor nennt,

$$K = (\Delta R/R)/(\Delta l/l) = 2. \tag{5.6}$$

Viele Metalle verhalten sich nach dieser Gleichung, z.B. Konstantan. Es gibt jedoch auch Ausnahmen, wie z.B. Platin–Iridium mit dem Wert 6,6. Die Abweichung vom Geometriewert 2 umfaßt aber im allgemeinen keine Größenordnungen.

Beim Piezowiderstandseffekt wird die Widerstandsänderung nicht auf die Dehnungen, sondern auf die Spannungen bezogen. Die Umrechnung erfolgt mit dem Hookschen Gesetz, das die Dehnungen über den Elastizitätsmodul E mit den Spannungen verknüpft. Im eindimensionalen Fall lautet es:

$$\sigma = E\varepsilon, \tag{5.7}$$

wobei $\varepsilon = \Delta l/l$ die Dehnung bezeichnet. Wirkt nur eine Spannung parallel zum Stromfluß, ergibt sich folgender Zusammenhang zwischen dem logitudinalen Piezokoeffizienten und dem K-Faktor:

$$K = \pi_1 E. \tag{5.8}$$

Silizium hat unter bestimmten Bedingungen einen K-Faktor von ca. 150.

Die typischen Dehnungen liegen in der Größenordnung von 10^{-3}, so daß sich z.B. bei Silizium Widerstandsänderungen von wenigen Prozent ergeben. Um sie zu messen, bedient man sich im allgemeinen der Brückenschaltungen, z.B. der Wheatstone–Brücke.

Brückenschaltungen haben die Aufgabe, den hohen Widerstandsgrundwert zu eliminieren und gleichlaufende Störungen der Widerstände, wie z.B. den Temperaturgang des Grundwerts, zu kompensieren. Diese Kompensation gelingt um so besser, je genauer die Eigenschaften der unbelasteten DMS übereinstimmen. Verwirklichen läßt sich diese Forderung in idealer Weise mit Hilfe der Technik der integrierten Schaltungen.

5.6.1 Integrierte DMS

Geht man z.B. von einem n-leitenden Substrat aus und diffundiert durch Oxidfenster vier p-leitende Widerstände in das Silizium ein, so werden diese vier Dehnungsmeßstreifen im Hinblick auf ihre Widerstände und auf ihre Druckempfindlichkeit wenig voneinander abweichen.

Wie bei der Verwendung von metallischen DMS werden die integrierten Widerstände an den Stellen erzeugt, an denen die größten mechanischen Belastungen auftreten werden. Während bei jenen jedoch im wesentlichen nur darauf zu achten ist, daß sie in Richtung der zu untersuchenden Dehnungen angeordnet werden, ist bei den integrierten DMS auch die Kristallorientierung des Substrats wichtig.

Auf einer (111)-Ebene, eine Orientierung, die häufig für Siliziumscheiben (Wafer) für integrierte Schaltungen verwendet wird, ist der Piezowiderstandseffekt isotrop. Für den Longitudinal-, den Transversaleffekt in der Ebene bzw. den Schereffekt gilt in p- und n-leitenden Widerständen:

$$\pi_l = 1/2(\pi_{11} + \pi_{12} + \pi_{44})$$

$$\pi_t = \pi_{12} + 1/6(\pi_{11} - \pi_{12} - \pi_{44}) \tag{5.9}$$

$$\pi_{66} = \pi_{44} + 1/3(\pi_{11} - \pi_{12} - \pi_{44}).$$

Das Verhältnis von Longitudinal- zu Transversaleffekt beträgt bei p-leitenden Widerständen etwa -3 und bei n-leitenden etwa -1. Bei p-leitenden Widerständen übertrifft der Scher- den Longitudinaleffekt um etwa 30%, während dieses Verhältnis bei n-leitenden Widerständen nur etwa 1/2 ist.

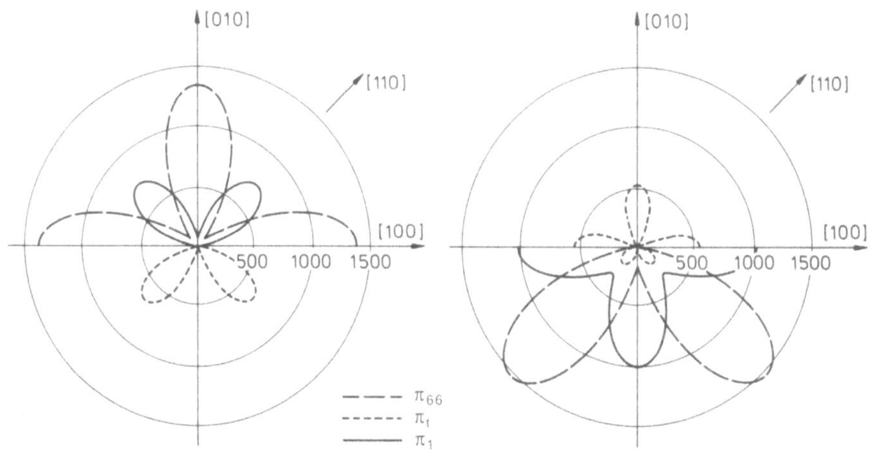

Bild 5.5. Richtungsabhängigkeit von π_l, π_t und π_{66} auf der (001)-Ebene für p- und n-dotierte Schichten ($10^{-6}\,\mathrm{MPa^{-1}}$)

Auf einer (100)-Ebene, einer weiteren für integrierte Schaltungen wichtigen Waferorientierung, ist der Effekt jedoch anisotrop, s. Bild 5.5. Dort ist die Winkelabhängigkeit der Koeffizienten π_1, π_t und π_{66} für Winkel zwischen 0° und 180° zur [100]-Richtung dargestellt. Positive Werte der Koeffizienten sind nach oben, negative nach unten aufgetragen. Bei p-leitendem Silizium liegen die Maxima für Longitudinal- und Transversaleffekt in den [110]-Richtungen und sind entgegengesetzt etwa gleich groß. Der Schereffekt erreicht die größten Werte in den [100]-Richtungen und übertrifft den longitudinalen Effekt um den Faktor 2. Bei n-leitendem Silizium ist das Verhältnis von Longitudinal- zu Transversaleffekt etwa -2, und die Maxima liegen in den [100]-Richtungen. Der Transversaleffekt hat in den [110]-Richtungen ein weiteres Maximum mit negativem Vorzeichen. Auch bei n-leitendem Silizium hat der Schereffekt den größten Wert, etwa das 1,5-fache des Longitudinaleffekts.

5.7 Anwendung bei Drucksensoren

Der Einsatz von integrierten DMS ist dann besonders vorteilhaft, wenn das Substrat in die Meßaufgabe einbezogen werden kann. Das ist bei Drucksensoren der Fall. Diese enthalten stets eine dünne Platte, die den Raum des zu messenden

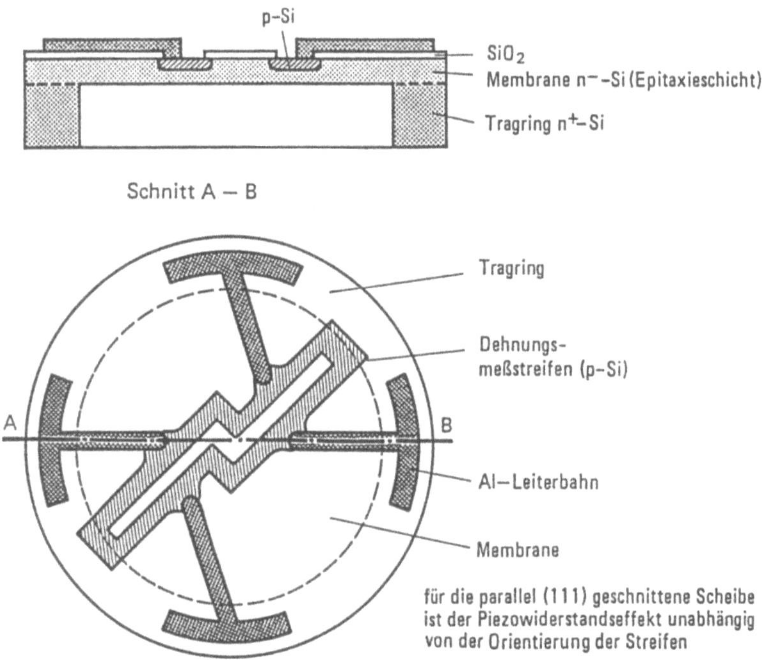

Bild 5.6. Membrane mit integrierten p-leitenden Dehnungsmeßstreifen

Drucks vom Referenzdruck absperrt und die von der Druckdifferenz durchgebogen wird. Wenn Silizium als Material für die Platte genommen wird, können die DMS in die Oberfläche integriert werden, s. Bild 5.6. Der Differenzdruck zwischen den beiden Seiten der Platte wölbt sie aus, und es entstehen Druck- und Zugspannungen in ihrer Oberfläche, die proportional zur Druckdifferenz sind. Sind die DMS an geeigneten Stellen zu einer Brücke integriert, kann man ein elektrisches Signal erhalten, das proportional zum Druck ist [5.38].

Um eine geeignete Brücke zu entwerfen, muß man die mechanischen Spannungsverhältnisse in der Platte genau kennen. Für isotrope kreissymmetrische, elastische Platten kleiner Durchbiegung ist die analytische Lösung bekannt [5.39]. Silizium verhält sich jedoch im allgemeinen mechanisch anisotrop [5.40]. Nur die (111)-Ebene ist isotrop und wird aus diesem Grund für Drucksensoren eingesetzt. Aber auch andere Ebenen, vor allem die (100)-Ebene, werden für Drucksensoren verwendet. Die Gründe liegen in der Herstellungstechnik der Platten, Abschn. 5.8. Mit engen Toleranzen der Plattenabmessungen lassen sich auf dieser Ebene dabei vorallem quadratisch oder rechteckig berandete Platten herstellen. In diesen Fällen sind aber nur Näherungslösungen für die Spannungen bekannt. Aus meßtechnischen Gründen sind weitere Plattenstrukturen für Drucksensoren eingesetzt worden, z.B. Kreisringplatten und entsprechende, quadratisch berandete Strukturen, s. Bild 5.7. Auch für diese Platten gibt es keine analytischen Lösungen. Beim Entwurf von Drucksensoren bedient man sich deshalb heute häufig rechnergestützter Simulationsverfahren, wie der Finite-Differenzen- [5.41] oder der Finite-Elemente-Methode [5.42]. Um dennoch eine Vorstellung von den mechanischen Verhältnissen und den erreichbaren Signalen

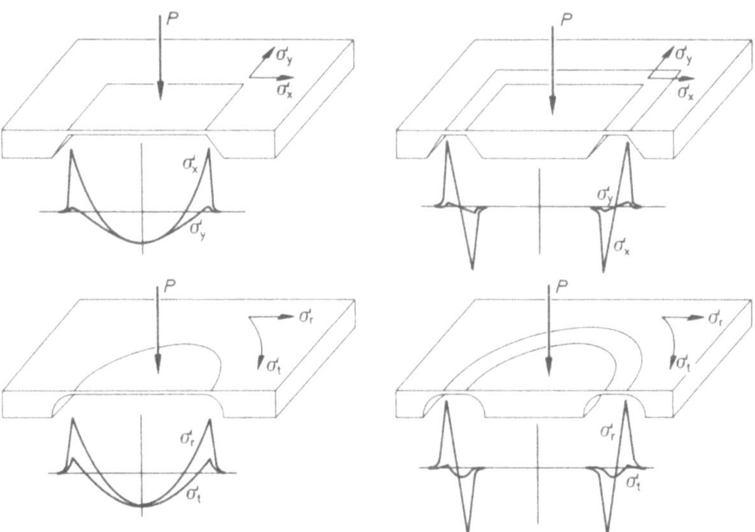

Bild 5.7. Verschiedene Plattenstrukturen, die für Drucksensoren eingesetzt werden, mit dem schematischen Verlauf der Spannungen

zu geben, soll im folgenden eine kreissymmetrische Platte mit fester Randeinspannung beschrieben werden.

5.7.1 Kreisplatte

Die angesprochene analytische Lösung beruht auf der Kirchhoffschen Plattentheorie und ist von einer Reihe von Voraussetzungen abhängig: Die mechanischen Eigenschaften des Materials seien isotrop. Die Dicke d der Platte soll klein gegen den Radius r_0 der Randeinspannung sein und die Durchbiegung w klein gegen die Dicke. Die Mittelebene der Platte wird dann als ungedehnt angenommen. Wegen der Kreissymmetrie wird der mechanische Spannungszustand der Platte sinnvollerweise im Hauptachsensystem mit radial und tangential gerichteten Normalspannungen beschrieben. Scherspannungen treten dann nicht auf. Für die Normalspannungen auf der dem Druck p_2 zugewandten Oberfläche findet man beim Radius r:

$$\sigma_r = -3/8(p_2 - p_1)(r_0/d)^2[(1 + v) - (3 + v)(r/r_0)^2]$$
$$\sigma_\phi = -3/8(p_2 - p_1)(r_0/d)^2[(1 + v) - (3v + 1)(r/r_0)^2]. \tag{5.10}$$

Man erkennt, daß von den Materialeigenschaften nur die Querkontraktionszahl v in die Spannungen eingeht. Für viele isotrope Materialien ist ein Wert von 0,3 eine gute Näherung. Für Silizium variiert v zwischen 0,062 und 0,36 [5.40]. Für die größte Durchbiegung in der Mitte der Platte ergibt sich:

$$w = 3/16\Delta p(r_0/d)^4 h(1 - v^2)/E. \tag{5.11}$$

Hier geht der Elastizitätsmodul E ein, der einer großen Variationsbreite für die

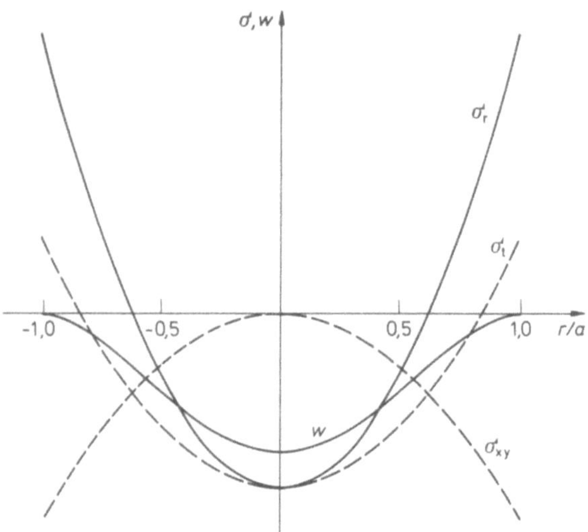

Bild 5.8. Verlauf von Durchbiegung w der Mittelebene und von radialer σ_r, tangentialer σ_t und Scherspannung σ_{xy} in der dem Druck zugewandten Oberfläche über dem Radius einer Kreisplatte

verschiedenen Materialien unterworfen ist. Bei Silizium liegt E je nach Orientierung zwischen 1,3 und $1,9 \cdot 10^5$ MPa [5.40].

Bezieht man die mechanischen Spannungen an einem beliebigen Ort auf der Platte nicht auf das Hauptachsensystem, sondern auf ein cartesisches Koordinatensystem, in dem der Radiusvektor um den Winkel ϕ gedreht erscheint, so ändern sich die Normalspannungen, und man braucht zur Beschreibung des Spannungszustands zusätzlich eine Scherspannung in der Ebene:

$$\sigma_x = \cos^2(\phi)\sigma_r + \sin^2(\phi)\sigma_\phi$$

$$\sigma_y = \sin^2(\phi)\sigma_r + \cos^2(\phi)\sigma_\phi$$

$$\sigma_{xy} = -3/8(p_2 - p_1)(r_0/d)^2 2(1 - \nu)(r/r_0)^2 1/2 \sin(2\phi). \tag{5.12}$$

Diese Scherspannung ist unter 45° zum Durchmesser und am Rand der Platte am größten. In Bild 5.8 sind der Verlauf von σ_r, σ_ϕ, w und der winkelunabhängige Anteil der Scherspannung dargestellt. Ein wesentliches Ergebnis ist das folgende: Die Spannungen sind proportional zu $\Delta p(r_0/d)^2$. Soll also z.B. die vierfache Druckdifferenz bei gleichen maximalen mechanischen Spannungen gemessen werden (der Abstand zur Bruchspannung soll erhalten bleiben), so ist das Verhältnis r_0/d zu halbieren. Es ist eine doppelt so dicke oder nur halb so große Platte erforderlich. Dieses Ergebnis gilt auch für die anderen genannten Plattenstrukturen. Nur die Vorfaktoren in (5.10) und (5.12) und die Abhängigkeit von den Koordinaten sind unterschiedlich.

Es wurde erwähnt, daß die analytische Lösung nur für sehr kleine Durchbiegungen anwendbar ist. Werden die Durchbiegungen größer, kann die Mittelebene der Platte immer weniger als ungedehnt betrachtet werden. Im Gegenteil, es wird ein Teil der Druckbelastung durch die Dehnung der Platte aufgenommen, so daß die Durchbiegung geringer zunimmt. Dabei ändert sich auch die Form der Durchbeigung immer mehr in Richtung derjenigen, die eine Ballonhaut unter der gleichen Belastung einnehmen würde. Deshalb heißt dieses Verhalten der Platte "Balloneffekt". Es führt zu einem nichtlinearen Zusammenhang zwischen Druck und mechanischen Spannungen. Der Balloneffekt kann deutlich reduziert werden, wenn man eine Platte mit verdicktem Mittelteil, z.B. eine Kreisringplatte, verwendet [5.43]. Deshalb sind diese Plattenstrukturen für niedrige Druckbereiche wichtig geworden.

5.7.2 Brückendesign

In dem Spannungsfeld auf der Platte können nun DMS angeordnet werden. Auf die Widerstände wirken dabei Spannungen sowohl parallel als auch senkrecht zur Länge. Die Widerstandsänderung berechnet sich dann mit dem Longitudinal- und Transversaleffekt in der Ebene zu:

$$\Delta R/R = \pi_l \sigma_l + \pi_t \sigma_t, \tag{5.13}$$

wobei Scherspannungen vernachlässigt seien. In (5.13) sind σ_l und σ_t die Spannungskomponenten parallel bzw. senkrecht zum Stromfluß im Widerstand. Ist der Widerstand auf einer Kreisplatte parallel zum Radius angeordnet, sind σ_l und σ_t gleich der radialen bzw. tangentialen Spannung σ_r und σ_ϕ. Ist der Widerstand senkrecht zum Radius gerichtet, entsprechen, σ_l und σ_t den Spannungskomponenten σ_ϕ und σ_r.

Um eine Wheatstone–Brücke zu realisieren, braucht man nun vier Widerstände, die paarweise unterschiedliches Vorzeichen der Widerstandsänderung haben. Dafür kann z.B. die Vorzeichenumkehr der radialen Spannung auf einer Kreisplatte ausgenützt werden (Bild 5.8). Die Orientierung der Widerstände ist dann zweckmäßig gleichgerichtet in der Mitte und am Rand der Platte. Wird das unterschiedliche Vorzeichen von longitudinalem und transversalem Piezowiderstandseffekt z.B. auf der (100)-Ebene ausgenützt, (s. Bild 5.2) können die Widerstände an Orten gleicher mechanischer Spannung angeordnet sein, z.B. am Rand der Platte. Beide Anordnungen haben Vor- und Nachteile, auf die hier aber nicht weiter eingegangen werden soll.

Die bisher beschriebenen Strukturen sind Anwendungen von Anordnungen auf den Piezowiderstandseffekt in Halbleitern, die von metallischen DMS her bekannt sind. Ein Drucksensor, der keine Entsprechung bei üblichen DMS-Anordnungen hat, ist der nach dem Scherprinzip, der für die (100)-Ebene in Bild 5.9 skizziert ist. Der Strom fließt parallel zur Länge des breiten Widerstandsstücks, und die elektrische Spannung wird senkrecht dazu abgegriffen. Die maximale Scherspannung tritt am Rand der Platte auf, wenn die Stromrichtung um 45° gegen die Kante geneigt ist [5.13]. Unter diesem Winkel ist auch der Piezowiderstandseffekt auf der (100)-Ebene am größten. Das erreichbare Signal ist:

$$\Delta U/U_0 = b/l\,\pi_{66}\sigma_6, \tag{5.14}$$

wobei l die Länge in Richtung des Stromflusses und b die Breite in Richtung der

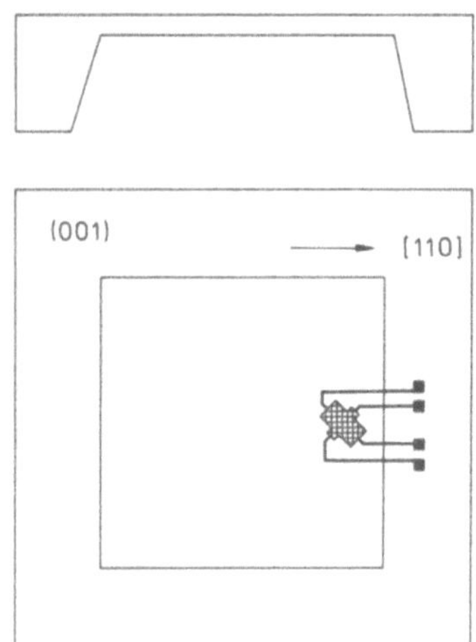

Bild 5.9. Anordnung für einen Drucksensor nach dem Scherprinzip auf einer (001)-Ebene

elektrischen Spannung bezeichnen. Es ist vergleichbar mit dem einer üblichen DMS-Brücke.

Der Vorteil dieser Anordnung besteht darin, daß sie klein gestaltet werden kann und man nur eine und nicht vier Strukturen braucht, um zu einem druckproportionalen Spannungssignal zu kommen. Damit ist der Einfluß der Herstelltoleranzen stark gemildert. Allerdings ist der Widerstandsgrundwert deutlich niedriger als bei den üblichen Brücken, so daß Probleme mit der Selbstaufheizung bestehen können. Außerdem ist diese Struktur, die derjenigen eines Hall-Sensors entspricht, empfindlich auf magnetische Felder senkrecht zur Oberfläche.

5.7.3 Meßtechnische Eigenschaften von DMS-Brücken

Bei den Brücken der integrierten Drucksensoren sind Fehler hinsichtlich von Ungleichmäßigkeiten der Widerstände weitgehend ausgeschaltet. Aber auch diese Brücken sind nicht ideal. Auch ohne Druckbelastung der Platte ist die Brücke nicht vollständig abgeglichen. Man erhält einen Nullpunktsfehler. Dieser Fehler muß kompensiert werden. Er wird verursacht durch geringe Ungenauigkeiten beim technologischen Prozeß und durch Verspannungen der Platte beim Einbau des Chips in ein Gehäuse.

Die Signalspannung ΔU ist im wesentlichen proportional zum Differenzdruck Δp. Abweichungen von der Linearität liegen in der Größenordnung von nur 0,5% und weniger vom maximalen Meßwert. Es gibt zwei Gründe für diese Abweichungen: den Balloneffekt, dessen Einfluß immer größer wird, je mehr das Verhältnis r_0/d der Platte zur Messung kleiner Druckdifferenzen erhöht wird, und die Nichtlinearität des Piezowiderstandseffekts selbst, die zunimmt, je größer die Spannungen in der Platte werden.

Die Nichtlinearität des Piezowiderstandseffekts ist im allgemeinen kein Problem. Sie tritt nur bei hohen Signalpegeln auf und läßt sich durch ein geeignetes Brückendesign unterdrücken. Anders der Balloneffekt. Er erschwert und begrenzt den Einsatz von dünnen Platten für Drucksensoren für sehr niedrige Drücke dadurch, daß das Verhältnis der zu messenden Biegespannungen zu den unerwünschten Dehnungsspannungen bei gleichem Meßsignal immer schlechter wird. Will man ein einigermaßen lineares Signal erhalten, muß bei Druckbereichen unterhalb von bereits etwa 2 bar eine jeweils steifere Platte (kleineres r_0/d) eingesetzt werden, als sich durch Extrapolation von hohen Druckbereichen her ergeben würden. Damit wird auch das erreichbare Signal kleiner. Allerdings ist die Abweichung des Signals von der Linearität wegen der heute schon häufig verwendeten digitalen Signalverarbeitung oftmals kein Problem mehr. Für erhöhte Anforderungen muß im allgemeinen ein individueller Abgleich der Temperaturabhängigkeit des Sensorsignals vorgenommen werden. Ohne großen zusätzlichen meßtechnischen Aufwand kann dabei die gesamte Kennlinie aufgenommen und anschließend z.B. mittels eines Polynoms angenähert werden. Mit Hilfe der Polynomkoeffizienten läßt sich dann aus dem nichtlinearen Signal der Druck zurückrechnen. Bei hohen Druckbereichen wird die Aussteuerung der Platte dadurch begrenzt, daß ein sicherer Abstand zum Bruch einzuhalten ist. Bei niedrigen Meßbereichen schränkt jedoch die Nichtlinearität des Balloneffekts die Aussteuerung ein.

Im Gegensatz zum erreichbaren Signal nimmt die Empfindlichkeit bei niedrigen Meßbereichen zu. Denn die Empfindlichkeit $S*$ ist auf die Druckdifferenz von 1 bar bezogen:

$$S* = \frac{\Delta U}{U_0 \Delta P}\left(\frac{mV}{V\,bar}\right). \tag{5.15}$$

Die Gleichungen (5.10) und (5.13) zeigen, daß $S*$ proportional zu $(r_0/d)^2$ ist.

5.8 Herstellverfahren von Drucksensoren

Bei der Herstellung von Drucksensoren kann unterschieden werden zwischen der Erzeugung der aktiven Piezowiderstandsstruktur und der der Platte. Die aktive Struktur wird mit Hilfe der üblichen Planartechnik auf einer Seite des Wafers, im folgenden die Vorderseite genannt, erzeugt. Dies erfolgt im allgemeinen, bevor die Platte gebildet wird. Denn so können die Drucksensor-Wafer ohne Spezialbehandlung, die wegen der tiefen Sacklöcher sonst nötig wäre, durch die bestehenden Fertigungslinien geschleust werden.

Im Anschluß daran wird die Rückseite behandelt, um die dünnen Platten zu erzeugen. Heute stehen dafür eine ganze Reihe von Verfahren zur Verfügung, die man unter dem Begriff "micro-machining" zusammenfaßt. Die Zielrichtung dieses eigenen Entwicklungsgebiets besteht darin, Werkzeuge für die Sensor- und Aktorentwicklung zur Verfügung zu stellen. Es gibt Spezialliteratur, auf die verwiesen wird [5.44, 5.45]. Im folgenden wird nur ein Überblick gegeben, soweit er für Drucksensoren wichtig ist.

5.8.1 Ätzverfahren

Zur Bildung der Platte wird die Vorderseite geschützt und die Rückseite mit einer Maskierschicht versehen. Eine Schwierigkeit besteht häufig darin, Schichten zu finden, die den folgenden Prozessen standhalten. Mit Hilfe eines fototechnischen Schritts werden dann in der Maskierschicht, justiert zu der Vorderseitenstruktur, Bereiche geöffnet, in denen die Platten entstehen sollen. Diese werden meistens mit naßchemischen Ätzverfahren erzeugt. Dabei gibt es zwei verschiedene Möglichkeiten: isotrope und anisotrope Verfahren.

Bei den isotropen Ätzverfahren ist der Ätzangriff im wesentlichen unabhängig von der Waferorientierung und von den Kristallrichtungen. Die Ätzung schreitet in die Tiefe und lateral etwa gleich schnell voran. Dadurch werden die Kanten der Ätzmaske um so weiter unterätzt, je tiefer geätzt werden soll. Charakteristisch für diese Ätzung ist ein gerundeter Übergang vom Boden der Ätzgrube zu den Seitenflächen. Wegen der Maskenunterätzung ist dieses

Verfahren nicht maßhaltig und mit recht großen Toleranzen behaftet. Da die Unterätzung den Radius der Platte vergrößert, gehen diese Toleranzen quadratisch in das Sensorsignal und mit höheren Potenzen in die Nichtlinearität ein [5.43]. Der Vorteil des isotropen Verfahrens liegt in der Möglichkeit, beliebig berandete Ätzmuster zu erzeugen, z.B. Kreis- und Kreisringplatten. Ein Beispiel für ein isotrop wirkendes Ätzmittel ist ein Gemisch aus Fluß-, Salpeter- und Essigsäure [5.45].

Manche Ätzmittel haben dagegen die Eigenschaft, verschiedene Kristallflächen des Siliziums unterschiedlich stark anzugreifen, sie wirken anisotrop. Ein Beispiel hierfür ist die Kalilauge (KOH). Das Ätzverhalten von Silizium in KOH wurde intensiv untersucht. Es hängt von der Temperatur, der Konzentration, von chemischen Zusätzen zur Lauge, wie z.B. Isopropanol, und von der Dotierung des Siliziums ab. Ein allgemein gültiges Verhalten ist jedoch, daß die (111)-Ebenen die geringste Ätzrate aufweisen. Vier dieser Ebenen schneiden die (100)-Ebene so, daß die Schnittlinien in den [110]-Richtungen liegen und ein Rechteck bilden. Der Winkel zwischen der (111)- und der (100)-Ebene beträgt etwa 54,7°. Orientiert man ein Rechteck auf einer (100)-Ebene mit seinen Kanten parallel zu den [110]-Richtungen und ätzt mit KOH, so entsteht ein Sackloch in der Form eines Pyramidenstumpfes, der von schrägen (111)-Ebenen und am Boden von einer (100)-Ebene begrenzt ist. Auf diese Weise sind z.B. quadratische Platten für Drucksensoren herzustellen.

Wegen der geringen Ätzrate der (111)-Ebenen, die um ca. zwei Größenordnungen niedriger als die der (100)-Ebene ist, wird die Maske, falls sie richtig orientiert ist, nur wenig unterätzt. Bei 300 µm Ätztiefe sind Unterätzungen von nur 5 µm möglich. Die vom Ätzverfahren verursachten Toleranzen sind somit wesentlich kleiner als beim isotropen Ätzen. Allerdings gehen Dickenunterschiede von Wafern wie dort direkt in die Plattenabmessungen ein.

Nachteilig an den anisotropen Ätzmitteln ist, daß nur geradlinig berandete Strukturen maßhaltig geätzt werden können. Bei anderen Figuren ist die laterale Ätzrate hoch, bis (111)-Ebenen erreicht werden, die dann die Ätzfront begrenzen. So entsteht z.B. bei genügend langer Ätzzeit auf einer (100)-Ebene letzlich das der Ätzfigur umschriebene, zu den [110]-Richtungen orientierte Rechteck.

5.8.2 Kontrolle der Plattendicke

Ein weitaus größeres Problem, als die lateralen Plattenabmessungen zu definieren, ist es, die Dicke der Platte einzustellen. Auch ihre Toleranzen gehen quadratisch in das Sensorsignal und mit höheren Potenzen in dessen Nichtlinearität ein. Eine Abweichung von nur $\pm 1\,\mu\mathrm{m}$ bei einer Dicke von $20\,\mu\mathrm{m}$, bedeutet schon eine Streuung von $\pm 10\%$ im Signal.

Eine Kontrolle über die Ätzzeit ist bei isotropen Ätzmitteln wegen der im allgemeinen großen Ätzrate, bis $60\,\mu\mathrm{m/min}$, nicht realistisch. Beim anisotropen Ätzen, mit einem Abtrag im Bereich von 1 bis $2\,\mu\mathrm{m/min}$, wird dieses Verfahren dagegen eingesetzt. Allerdings müssen Kontrollmessungen durchgeführt werden, weil die Ätzrate von Temperatur und Konzentration der Ätzlösung abhängt. Außerdem wird auf diese Weise die Dicke der abgetragenen Schicht kontrolliert und nicht die Dicke der Platte, die sich als Differenz zur Waferdicke ergibt. Deshalb ist nach Verfahren gesucht worden, bei der diese Dicke direkt eingestellt werden kann.

Im Zusammenhang mit dem isotropen Ätzen wird häufig das elektrolytische Verfahren verwendet. Dabei wird Silizium in einem Ätzbad mit 5%iger Flußsäure als Anode geschaltet. Die Ätzrate hängt dann von der Dotierungsart und -höhe ab. Sie ist z.B. bei n-leitendem Silizium hoher Dotierung ($\rho = 10^{-4}\,\Omega\mathrm{m}$) um 2 bis 3 Größenordungen höher als bei niedriger Dotierung ($\rho = 0,05\,\Omega\mathrm{m}$) und liegt bei 1 bis 2 µm/min. Die elektrolytische Ätzung ist isotrop.

Bei der Herstellung von Drucksensoren nach diesem Verfahren geht man deshalb von einem hochdotierten n-leitenden Substrat aus, auf dem eine niedrig dotierte Epitaxieschicht abgeschieden wird. Mit dem beschriebenen Verfahren wird dann das Substrat im Bereich der Platte bis zur Grenzfläche der Epitaxieschicht abgetragen. Diese Schicht wird in der Dicke der Platte erzeugt. Die Gleichmäßigkeit der Epitaxieschicht über den Wafer und die Reproduzierbarkeit über mehrere Wafer liegen im Prozentbereich.

Wegen der niedrigen Ätzrate der elektrolytischen Ätzung wird das Substrat häufig bis auf etwa 50 µm vor der Grenzfläche mit einem isotropen Ätzmittel grob vorgeätzt. Anschließend wird elektrolytisch weitergeätzt. Auf diese Weise werden alle Platten auf einem Wafer gleich dick.

Das eben beschriebene Verfahren kann auch mit dem anisotropen Vorätzen kombiniert werden. Allerdings geht dann die Maßhaltigkeit teilweise wieder verloren.

Eine andere Möglichkeit zur Kontrolle der Dicke beim anisotropen Ätzen besteht in der Verwendung einer sehr hoch mit Bor dotierten Schicht (ca. $10^{26}\,\mathrm{m}^{-3}$). Diese Schicht hat in KOH eine wesentlich geringere Ätzrate als niedriger dotierte Schichten. Allerdings eignet sie sich wegen der hohen Dotierung nicht für die Integration von DMS. Außerdem steht die Schicht unter hohen mechanischen Spannungen, die sich nachteilig auf die Eigenschaften der Drucksensoren auswirken.

Ein weitaus besseres Verfahren ist die Verwendung des elektrochemischen Ätzstopps an der Grenzfläche zwischen Gebieten unterschiedlicher Leitfähigkeit. Dazu wird die n-leitende Schicht positiv gegenüber der Lauge elektrisch vorgespannt. Sie bleibt damit ätzresistent, während die p-leitende Schicht geätzt wird. Bei Verwendung dieses Verfahrens kann wieder eine Epitaxieschicht (n-dotiert) auf einem Substrat (p-dotiert) verwendet werden, in die sich die DMS integrieren lassen.

5.9 Weitere Anwendungen

Die Anwendung von Dehnungsmeßstreifen in diskreter oder in integrierter Form ist immer dann sinnvoll, wenn mechanische Größen elektrisch gemessen werden sollen.

Die wichtigsten Größen sind:

- Dehnung oder Spannung,
- Kraft,
- Weg,
- Torsion,
- Beschleunigung,
- Druck.

Auf die Dehnungs- oder Spannungsmessung wurde bereits in Abschn. 5.6 eingegangen. Sie bildet die Grundlage zur Bestimmung der anderen Größen, die durch geeignete mechanische Apparaturen in Dehnungen (Spannungen) umgesetzt werden. Für die Kraftmessung kann z.B. ein Biegebalken verwendet werden und für die Wegmessung eine Feder, deren Verspannung gemessen wird.

Bei der Torsionsmessung werden Dehnungsmeßstreifen auf einen Drehstab gekittet. Es lassen sich aber auch ganze Torsionsstäbe aus Silizium mit integrierten Dehnungsmeßstreifen herstellen [5.46, 5.47]. An dem Torsionsstab werden die Schubspannungen mit Dehnungsmeßstreifen gemessen, die axial gegenüberliegen.

Die Beschleunigungsmessung kann auf eine Kraftmessung zurückgeführt werden. Man muß zu diesem Zweck eine Beschleunigungsmasse (seismische Masse) mit einem Kraftmesser verbinden. Die Beschleunigung ist proportional zur Kraft bei konstanter Masse. In Bild 5.10 ist der Aufbau eines solchen Sensors gezeigt. Die seismische Masse ist an einem oder mehreren Biegebalken aufgehängt, auf denen zu Wheatstonebrücken verschaltete DMS angebracht sind. Durch

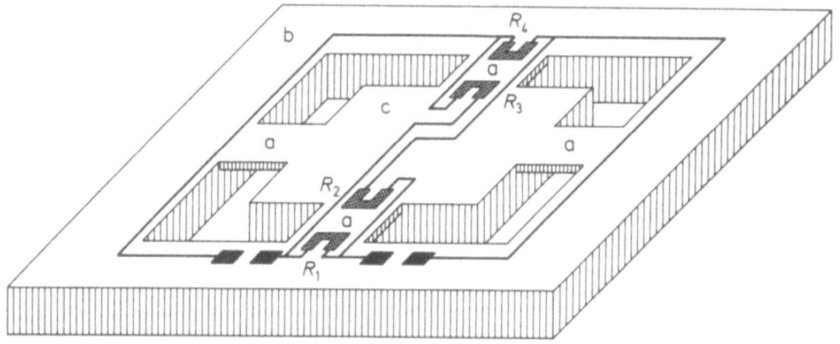

Bild 5.10. Beschleunigungssensor mit an vier Biegebalken (*a*) in einem festen Rahmen (*b*) aufgehängter seismischer Masse (*c*) und einer Wheatstone-Brücke aus integrierten Dehnungsmeßstreifen ($R_1 - R_4$) (schematische Darstellung)

Wahl von Länge, Breite und Dicke der Balken und der Größe der seismischen Masse kann der Meßbereich des Sensors eingestellt werden. Die Anordnung der Biegebalken ist wichtig, um die Empfindlichkeit des Sensors auf Beschleunigungen, die nicht in der Meßrichtung liegen, zu unterdrücken. Werden mehrere Biegebalken verwendet, kann diese Querempfindlichkeit entweder durch geschicktes Verschalten der verschiedenen DMS [5.48] oder auch rechnerisch korrigiert werden.

Die wichtigste Anwendung ist jedoch die Druckmessung. Nicht nur der Druck einer Flüssigkeit oder eines Gases kann mit einem integrierten Druckmesser gemessen werden, sondern auch alle vorher genannten Arten von mechanischen Größen sind durch geeignete Vorrichtungen in einen Druck transformierbar. Ihre am meisten verbreiteten Anwendungen finden Druckmesser bei Durchfluß- und Mengenmessungen. Beide treten in den verschiedensten Formen in der Industrie auf, z.B. in der Chemie und in Kraftwerken.

Das Gas oder die Flüssigkeit fließen in einem Rohr, welches mit einer Normblende verengt ist. Vor der Blende herrscht ein höherer Druck als hinter der Blende. Der Differenzdruck ist ein Maß für die durchfließende Menge. Er kann auf einfache Weise mit integrierten Drucksensoren gemessen werden.

Integrierte Drucksensoren sind sehr klein. Das hat zur Folge, daß auch der gesamte Sensoraufbau sehr klein gehalten werden kann. In extremer Weise ist dies bei biomedizinischen Anwendungen erforderlich. Neben der Druckmessung bei der Spirometrie ist z.B. die Blutdruckmessung von großem Interesse. Sensoren mit integrierten Druckmessern können so klein hergestellt werden, daß ihr äußerer Durchmesser unter 1 mm liegt. Mit einem Katheder lassen sich deshalb Miniaturdruckmesser sogar in die Adern von lebenden Wesen einführen.

5.10 Literatur zu Kapitel 5

5.1 Bridgman, P. W.: The effect of homogeneous mechanical stress on the electrical resistance of crystals. Phys. Rev. **43** (1932) 858–863.
5.2 Potma, T.: Dehnungsmeßstreifen-Meßtechnik. Hamburg: Philips Fachbücher, 1968.
5.3 Smith, C.: Piezoresistance effect in germanium and silicon. Phys. Rev. **94** (1954) 42–49.
5.4 Mason, W. P.; Thurston, R. N.: Use of piezoresistive materials in the measurement of displacement, force, and torque. J. Acoust. Soc. Am. **29** (1957) 1096.
5.5 Zerbst, M.: Piezowiderstandseffekt in Galliumarsenid. Z. Naturforsch. **17** (1962) 649.
5.6 Geyling, F. T.; Forst, J. J.: Semiconductor strain transducers. Bell Syst. Tech. J. (1960) 705–731.
5.7 Morin, F. J.; Geballe, T. H.; Herring, C.: Temperature dependence of the piezoresistance of high-purity silicon and germanium. Phys. Rev. **105** (1957) 525.
5.8 Szabo, I.: Höhere Technische Mechanik. Berlin: Springer 1956.
5.9 Kerr, D. R.; Milnes, A. G.: Piezoresistance of diffused layers in cubic semiconductors. J. Appl. Phys. **34** (1963)
5.10 Tufte, O. N.; Stelzer, E. L.: Piezoresistive properties of silicon diffused layers. J. Appl. Phys. **34** (1963) 313–318.
5.11 Hock, F.: Die Berechnung des Piezowiderstandseffektes von Silizium für meßtechnische Anwendungen. Z. angew. Physik **XVII** (1964) 511.
5.12 Frank, R. K.; McCulley, W. E.: An update on the integration of silicon pressure sensors. Wescon '85, Conf. Repord, San Francisco Nov 19–22, (1985), 27.4.1–27.4.5.

5.13 Kanda, Y.; Yamamura, K.: Four-terminal-gauge quasi-circular and square diaphragm silicon pressure sensors. Sensors Actuators **18** (1989) 247–257.

5.14 Bretschi, J.: Linearisierung von Meßumformern, demonstriert am Beispiel von Halbleiter-Dehnungsmeßstreifen, Arch Tech Mess atm, **7/8** (1976) 223–228.

5.15 Bretschi, J.: Silicon integrated strain-gauge transducer with high linearity. IEEE Trans. Electron Devices ED-23 (1976) 59–61.

5.16 Wilner, B. L.: A diffused silicon pressure transducer with stress concentrated at transverse gauges. ISA Trans. **17** (1978) 83–87.

5.17 Yamada, K.; Nishihara, M.; Shimada, S.; Tanabe, M.; Shimazoe, M.; Matsuoka, Y.: Nonlinearity of the piezoresistance effect of p-type silicon diffused layers. IEEE Trans. Electron Devices ED-29 (1982) 71–77.

5.18 Yamada, K.; Nishihara, M.; Shimada, S.; Tanabe, M.; Shimazoe, M.: Temperature dependence of the piezoresisitve effects of p-type diffused layers. Electr Eng in Jpn **103** (1983) 8–16.

5.19 Jenschke, W.: Der nichtlineare piezoresistive Effekt in p-leitenden Siliziumplanarwiderständen. Feingerätetechnik, **34** (1985) 7–10.

5.20 Suzuki, K.; Ishihara, T.; Hirata, M.; Tanigawa, H.: Nonlinear analysis of a CMOS integrated silicon pressure sensor. IEEE Trans. Electron Devices ED-34 (1987) 1360–1367.

5.21 Suzuki, K.; Hasegawa, H.; Kanda, Y.: Origin of the linear and nonlinear piezoresistance effects in p-type silicon. Jpn J. Appl. Phys. **23** (1984) L871–L874.

5.22 Herring, C.: Transport properties of a many-valley semiconductor. Bell Syst. Tech. J. **34** (1955) 237–290.

5.23 Keyes, R. W.: Phys. Rev. **99** (1955) 490 ff.

5.24 Keyes, R. W.: The effect of elastic deformation on the electrical conductivity of semiconductors. Solid-State Phys. **11** (1960) 140–221.

5.25 Zerbst, M.: Piezoeffekte in Halbleitern. Festkörperprobleme II, Braunschweig: Vieweg 1963, 188 ff

5.26 Heywang, W.; Pötzl, H. W.: Bänderstruktur und Stromtransport. Berlin: Springer 1976 (Halbleiter-Elektronil, Band 3).

5.27 Colman, D.; Bate, R. R.; Mize, J. P.: Mobility anisotropy and piezoresistance in p-type inversion layers. J. Appl. Phys. **39** (1968) 1923–1931.

5.28 Dorda, G.: Piezoresistance in quantized conduction bands in silicon inversion layers. J. Appl. Phys. **42** (1971) 2053–2060.

5.29 Canali, C.; Ferala, G.; Morten, B.; Taroni, A.: Piezoresistivity effects in MOS-FET useful for pressure transducers. J. Phys. D: Appl. Phys. **12** (1979) 1973–1983.

5.30 Borchert, B.; Dorda, G. E.: Hot-electron effects on short-channel MOSFET's determined by the piezoresistance effect. IEEE Trans. Electron Devices, ED-35 (1988) 483–488.

5.31 Schörner, R.: First and second-order longitudinal piezoresistive coefficients of n-type metal-oxide-semiconductor field-effect transistors. J. Appl. Phys. **67** (1990) 4354–4357.

5.32 Onuma, Y.; Sekiya, K.: Piezoresistive properties of polycrystalline silicon thin films. Jpn J. Appl. Phys. **11** (1972) 20–23.

5.33 Seto, J. Y. W.: Piezoresistive properties of polycrystalline silicon. J. Appl. Phys. **47** (1976) 4780–4783.

5.34 Erskine, J. C.: Polycrystalline silicon-on-metall strain gauge transducers. IEEE Trans. Electron Devices ED-30 (1983) 796–801.

5.35 French, P. J.; Evans, A. G. R.: Piezoresistance in polysilicon and its applications to strain gauges. Solid-State Electron **32** (1989) 1–10.

5.36 Binder, J.; Poppinger, M.: Material- und Verfahrensentwicklung für µC-kompatible Druck-, Temperatur- und Positionssensoren. BMFT-Ber. BMFT-FB- T 85-024 (1985).

5.37 Arlt, G.: The sensitivity of strain gauges. J. Appl. Phys. **49** (1978) 4273–4274.

5.38 Binder, J.; Ehrler, G.; Heimer, K.; Krisch, B.; Poppinger, M.: Silicon pressure sensors for the 2 kPa to 40 MPa range. Siemens Forsch. Entwicklungs ber. **13** (1984) 293–301.

5.39 Timoshenko, S.; Woinowsky-Krieger, S.: Theory of plates and shells. New York: McGraw-Hill 1959.

5.40 Wortman, J. J.; Evans, R. A.: Young's modulus, shear modulus, and Poisson's ratio in silicon and germanium. J. Appl. Phys. **36** (1965) 153–156.

5.41 Lee, K.; Wise, K. D.: SENSIM: A simulation program for solid-state pressure sensors. IEEE Trans. Electron Devices ED-29 (1982) 34–41.

5.42 Zienkiewic, O. C.; Taylor, R. L.: The finite element method. New York: McGraw-Hill (1989).

5.43 Poppinger, M.: Silicon diaphragm pressure sensors. Solid State Devices 1985, 53–69.

5.44 Heuberger, A.: Mikromechanik. Berlin: Springer 1988.

5.45 Petersen, K. E.: Silicon as a mechanical material. Proc. IEEE **70** (1982) 420–457.

5.46 Hock, F.: Der Piezowiderstandseffekt in Halbleitern und seine Anwendung für Kraft- und Dehnungsmessungen. Z. Instr. **73** (1965) 336.

5.47 Pfann, W. G.; Thurston, R. N.: Semiconducting stress transducers utilizing the transverse and shear piezoresistance effects. J. Appl. Phys. **32** (1961) 2008.

5.48 Sandmaier, H.; Kühl, K.; Obermeier, E.: A silicon based micromechanical accelerometer with cross acceleration sensitivity compensation. Dig. Tech. Papers, Transducer '87 (1987) 399.

6 Piezo- und Pyroelektrische Effekte

6.1 Einleitung

Piezoelektrische Materialien zeichnen sich dadurch aus, daß unter mechanischer Druck- oder Zugbelastung an ihren Oberflächen elektrische Ladungen auftreten, die über Elektroden abgegriffen werden können. Bei pyroelektrischen Materialien geschieht dies auch bei einer Temperaturänderung der Probe. Es gibt Einkristalle (α-Quarz, $LiNbO_3$), Keramik ($BaTiO_3$, $PbZr_xTi_{x-1}O_3$) und Polymere (Polyvinylidendifluorid) mit derartigen Eigenschaften. Die Halbleiter Silizium und Germanium gehören nicht dazu, III-V-Halbleiter wie GaAs zeigen eine gewisse Piezoelektrizität, ohne daß Anwendungen bekannt sind.

Bei Verwendung der geeigneten Materialien sind durch Nutzung des piezo- und des pyroelektrischen Effekts rezeptive Sensoren mit einem weiten Linearitätsbereich herstellbar, deren Empfindlichkeit nur durch das mechanische und thermische Hintergrundrauschen begrenzt ist.

Demgegenüber weisen piezoresistive Siliziumsensoren für ähnliche Aufgaben wie piezoelektrische Sensoren ein Rekombinationsrauschen auf, das um ein Mehrfaches über dem thermischen Rauschen liegt. Zudem haben sie als stromsteuernde Sensoren zwar den Vorteil, statische Kräfte messen zu können, jedoch den Nachteil eines kontinuierlichen Ruhestrombedarfs.

Während bei der Wärmestrahlungsdetektion im tiefen Infrarot ($\lambda \approx 10\,\mu m$) durch Halbleitersensoren mit geringem Bandabstand (HgCdTe, PbSnTe) eine Detektorkühlung unabdingbar ist [3.41], kann diese bei entsprechenden pyroelektrischen Sensoren vollständig entfallen, allerdings auf Kosten der Ansprechzeit.

Besonders die Piezokeramiken und -polymere bieten eine große Gestaltungsfreiheit hinsichtlich Größe und Form des aktiven Sensorvolumens. Mechanische Anpassungstransformationen sind möglich. Eine im Vergleich zu den Halbleitertechnologien oftmals einfachere und flexiblere Fertigungsweise eignet sich zur kostengünstigen Herstellung auch kleinerer Stückzahlen. Sie erschließt zudem Einsatzgebiete mit ungewöhnlichen Erfordernissen, etwa in der Kraftfahrzeugelektronik.

Da, wie später besprochen, Piezo- und Pyroeffekt vielfach gemeinsam auftreten, muß man bei Piezosensoren im Bedarfsfall Kompensationsmaßnahmen gegen störenden Pyroeffekt vorsehen und umgekehrt.

Ein Nachteil piezo- und pyroelektrischer Wandler ist, daß eine von ihnen einmal erzeugte Ladung nicht beliebig lange erhalten bleibt, sondern über den Isolationswiderstand der Sensor- und Verstärkerschaltung abfließt, bzw. kompensiert wird, auch wenn man diesen sorgfältig so hoch als möglich auslegt. Statische Messungen großer Genauigkeit über mehrere Minuten hinweg sind nur durch Piezomaterialien mit extrem hohem spezifischem Widerstand ρ zu realisieren (synthetischer α-Quarz bei 20 °C mit $\rho \geq 10^{15}\,\Omega\text{m}$). Bei Keramiken und Polymeren liegen die Zeitkonstanten deutlich darunter ($\rho \geq 10^{12}\,\Omega\text{m}$).

Aus diesem Grund bewähren sich piezo- und pyroelektrische Sensoren am besten bei schnellen dynamischen oder transienten Vorgängen mit Frequenzen vom Hz- bis in den MHz-Bereich (Ultraschall). Mittelbar lassen sich allerdings auch wirkungsvolle piezoelektrische Sensoren zu statischen Meßzwecken herstellen, und zwar durch Kombination eines piezoelektrischen Ultraschallsenders und -empfängers. Die sensorischen Eigenschaften einer solchen Anordnung ergeben sich hierbei durch die Abhängigkeit des Ausbreitungsverhaltens der Ultraschallwelle zwischen Sender und Empfänger von der jeweiligen Meßgröße, nicht durch den Piezoeffekt an sich.

Bild 6.1 vermittelt einen Überblick über die hauptsächlichen Anwendungsgebiete piezoelektrischer Sensoren.

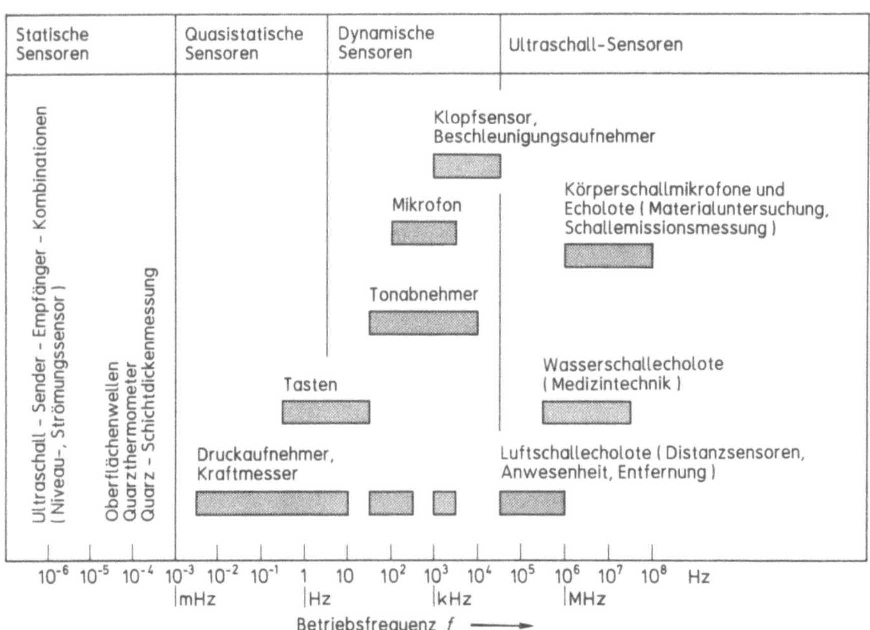

Bild 6.1. Übersicht über piezoelektrische Sensoren

6.2 Materialien und Technologien

Die Voraussetzung für piezo- oder pyroelektrische Eigenschaften ist das Vorhandensein permanenter elektrischer Dipolmomente im mikroskopischen Aufbau eines Materials. Unter mechanischer Spannung σ oder infolge einer Temperaturänderung können sich diese Momente durch Verschiebung der atomaren Bausteine so verändern, daß makroskopisch eine Änderung der Polarisation $\mathbf{P}$ einer Probe und damit eine Änderung der Ladung auf der Probenoberfläche erfolgt [6.1].

In verschiedenen Materialien kompensieren sich die Dipolmomente der Untergitter im unbelasteten Zustand ($\sigma = 0$) zu Null. Dies bleibt auch bei isotroper mechanischer Belastung oder bei Temperaturänderungen der Fall, solange keine Gitteränderung eintritt. Nur anisotrope mechanische Spannungen heben dann die Kompensation auf und führen zur Polarisationsänderung. Entsprechende Materialien, darunter Quarz, sind piezo-, nicht aber pyroelektrisch. Erst wenn die mikroskopischen Dipole bereits ohne mechanische Spannung eine Richtung als polare Achse auszeichnen, bewirkt wegen der dadurch verringerten Symmetrie auch eine hydrostatische Belastung oder eine Temperaturänderung eine Polarisationsänderung. Solche Stoffe, wie Turmalin, sind pyro- und piezoelektrisch [6.2].

Läßt sich darüber hinaus die Richtung dieser polaren Achse durch ein äußeres elektrisches Feld festlegen, spricht man von Ferroelektrizität ($BaTiO_3$, $LiNbO_3$, $LiTaO_3$, $PbZr_xTi_{1-x}O_3$: PZT). Der atomare Aufbau vieler Ferro-elektrika leitet sich aus einer Perowskit-Struktur [6.3] ab. Deren kubische Symmetrie ist in einer ferro- und damit pyro- und piezoelektrischen Phase durch eine geringfügige gegenseitige Verschiebung der positiven und negativen Ladungsschwerpunkte gebrochen, was zum erforderlichen Dipolmoment führt. Für diese Verschiebung existieren aufgrund der kubischen Symmetrie der nicht-piezoelektrischen Phase mehrere energetisch gleichwertige Varianten. Diese Entartung wird durch ein äußeres elektrisches Feld aufgehoben, das damit die Richtung der polaren Achse bestimmt.

Ferroelektrische Eigenschaften erlauben die Herstellung polykristalliner Piezo- und Pyroelektrika (Piezokeramik). Die Richtungen der polaren Achsen in den einzelnen Kristalliten und Domänen eines derartigen Gefüges sind zwar zunächst gleichverteilt, so daß sich insgesamt die Polarisation Null ergibt. Bei Anlegen eines elektrischen Polungsfeldes $\mathbf{E}$ richten sich jedoch alle Dipole möglichst in Feldrichtung aus. Dadurch entsteht eine einheitliche polare Achse der Probe. Diese bleibt auch nach Abschalten des Feldes bestehen (remanente Polarisation), sofern die Probentemperatur die Curietemperatur nicht über-schreitet [6.4].

Bei piezo- und pyroelektrischen Kunststoffen (PVDF) besitzen bereits die aufbauenden Monomere ein Dipolmoment, das bei der Polymerisation erhalten bleibt [6.5] (Bild 6.2). Wie bei Piezokeramiken müssen die einzelnen molekularen Dipole einheitlich ausgerichtet werden. Diese kollektive Ausrichtung der

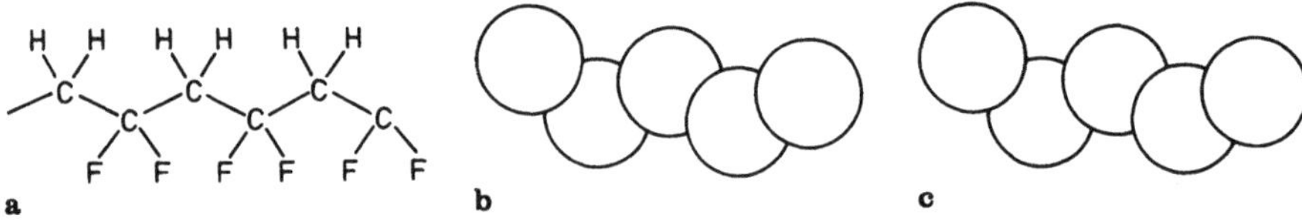

Bild 6.2 a–c. PVDF-Moleküle: **a** Strukturformel; **b** nicht polare Phase; **c** polare Phase

Materialklasse	Herstellung	spezifische Weiter- verarbeitungsschritte	Beispiele
Einkristalle	Kristallisation aus wässriger Lösung Ziehen aus der Schmelze	Sägen, Läppen, Gehäuseeinbau (mechanische Befestigung)	Seignettesalz, TGS Quarz, LiTaO$_3$
Keramik	Formpressen, Strangziehen, Folienziehen der Keramikrohmasse und Sintern	Sägen, Brechen, (Dickschichtpasten), (Lötverbindung), Polarisieren, Gehäuseeinbau (mechanische Befestigung) oder Hybridaufbau	PZT – Scheiben, – Blöcke, – Plättchen, – Röhre, PZT – Folien
Polymere	(Folien-) Extrudieren, Gießen, Strecken	Polarisieren, Gehäuseeinbau	PVDF – Folien, Kopolymere
Schichten	Aufdampfen, Dickschichtpasten, Sputtern		CdS – Schichten ZnO – Schichten

Bild 6.3. Piezo- und pyroelektrische Materialien, Herstellung und Verarbeitung

Struktur geschiecht durch makroskopisches Ordnen, d.h. durch mechanisches Recken und elektrisches Polarisieren.

In Bild 6.3 sind die beschriebenen Materialklassen sowie ihre Herstellungs- und Verarbeitungstechnologien zusammengefaßt.

6.3 Berechnungsgrundlagen

6.3.1 Materialgleichungen

Da die piezo- und pyroelektrischen Effekte permanente elektrische Dipole, also ein anisotropes Strukturmerkmal, voraussetzen, ist zu ihrer vollständigen und allgemeinen Beschreibung eine tensorielle Formulierung nötig. Folgende Darstellung ist dabei gebräuchlich [6.2, 6.6, 6.7]:

Die sechs unterschiedlichen Komponenten σ_i des (symmetrischen) mechanischen Spannungstensors werden zu einem Vektor $\sigma = (\sigma_1, \ldots, \sigma_6)$ zusammengefaßt und entsprechend die Komponenten des Verzerrungstensors zum

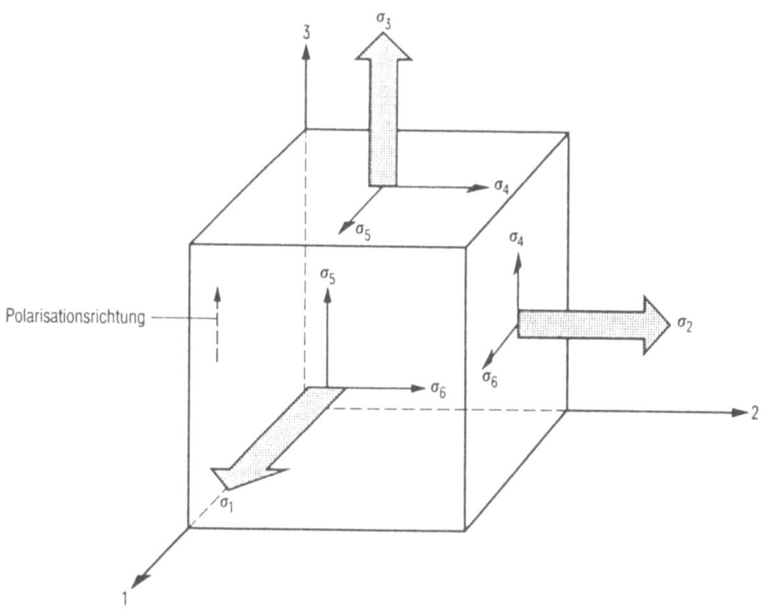

Bild 6.4. Definition der Komponenten des mechanischen Spannungstensors σ. Die Pfeile beschreiben Kräfte auf die Oberfläche des Elementarwürfels. σ_1 bis σ_3 stellen Zugspannungen, σ_4 bis σ_6 Scherspannungen dar. Der Polarisationsvektor der Piezokeramik zeigt in Richtung der Achse 3

Vektor $\mathbf{u} = (u_1, \ldots, u_6)$ (Bild 6.4). Die Elastizitätskoeffizienten s_{ij} aus dem Hookesches Gesetz sind dann in einer 6×6-Matrix $\mathbf{s}$ anzuordnen, die Dielektrizitätskonstanten ε_{ij} in einer 3×3-Matrix ε. Zur Erfassung des Piezoeffekts benötigt man Materialkonstanten d_{ij} (piezoelektrische Ladungskonstanten), die eine 6×3-Matrix $\mathbf{d}$ ausfüllen. Für den Pyroeffekt kommen die Konstanten p_i hinzu, die den Vektor $\mathbf{p} = (p_1, p_2, p_3)$ bilden.

Bei piezo- und pyroelektrischen Materialien hängt die dielektrische Verschiebung $\mathbf{D}$ nicht nur von einem elektrischen Feld $\mathbf{E}$ ab, sondern zusätzlich von der mechanischen Spannung σ und der Temperatur $\mathbf{D} = \mathbf{D}(\mathbf{E}, \sigma, T)$. Analog wird eine mechanische Verzerrung $\mathbf{u}$ außer von σ auch von einem elektrischen Feld $\mathbf{E}$ erzeugt: $\mathbf{u} = \mathbf{u}(\sigma, \mathbf{E})$ (isothermer Fall ohne thermische Wärmeausdehnung).

Durch Entwicklung bis zu Termen 1. Ordnung von $\mathbf{D}$ und $\mathbf{u}$ um $\mathbf{E} = 0, \sigma = 0$ und $T = T_0$ (T_0 ist die Ausgangstemperatur, bei der die Pyroladungen kompensiert sind) ergeben sich als lineare Näherung die folgenden Materialgleichungen:

$$\mathbf{D} = \varepsilon^{\sigma,T}\mathbf{E} + \mathbf{d}^{E,T}\sigma + \mathbf{p}^{E,\sigma}(T - T_0) \tag{6.1}$$

und

$$\mathbf{u} = \mathbf{s}^{E,T}\sigma + \mathbf{d}^{\sigma,T}\mathbf{E}. \tag{6.2}$$

Die hochgestellten Indizes geben an, von welchen der Variablen $\sigma, \mathbf{E}$ und T die Größen $\varepsilon, \mathbf{d}, \mathbf{p}$ und $\mathbf{s}$ jeweils noch abhängen.

Zusammen mit den allgemeingültigen elektrodynamischen Relationen [6.1]

$$\mathbf{D} = \varepsilon_0 \cdot \mathbf{E} + \mathbf{P} \quad \text{und} \quad \mathbf{P} \cdot \mathbf{n} = Q_{\text{oberfläche}}, \tag{6.3}$$

ε_0 elektr. Feldkonstante $(8{,}85 \cdot 10^{-12}\,\text{F/m})$,

$Q_{\text{oberfläche}}$ Oberflächenladungsdichte,

$\mathbf{P}$ elektr. Polarisation,

$\mathbf{n}$ Oberflächennormale.

sowie den elektrischen Randbedingungen (z.B. $\mathbf{E} = 0$ bei kurzgeschlossenen Elektroden) läßt sich aus (6.1) die piezo- oder pyroelektrisch erzeugte Ladung bei Druckeinwirkung oder Temperaturänderung berechnen.

Anstelle der Beschreibung des Piezo- und Pyroeffekts durch (6.1) können die elektrischen, elastischen und thermischen Materialeigenschaften auf äquvalente Weisen verknüpft werden. Einen Überblick liefert das Diagramm von Heckmann in Bild 6.5 [6.4, 6.8]. Jede der sechs durch einen Kreis dargestellten Zustandsgrößen läßt sich durch Linearkombination von drei anderen Zustandsgrößen darstellen, von denen je eine elektrisch, mechanisch und thermisch ist. Die allgemein eingeführten Bezeichnungen für die entsprechenden Koeffizienten sind an den Verbindungslinien angegeben, die Pfeile sind von der unabhängigen zur abhängigen Größe gerichtet.

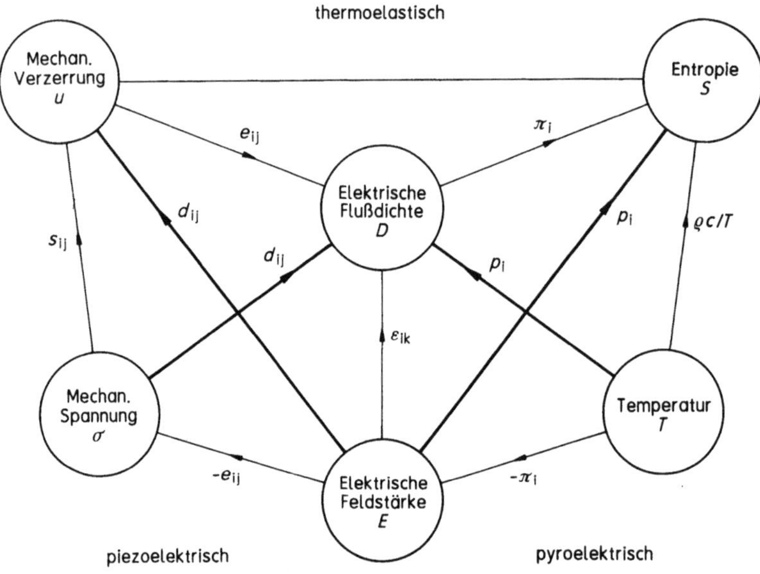

Bild 6.5. Verknüpfung elektrischer, elastischer und thermischer Materialeigenschaften im Diagramm von Heckmann [6.8]

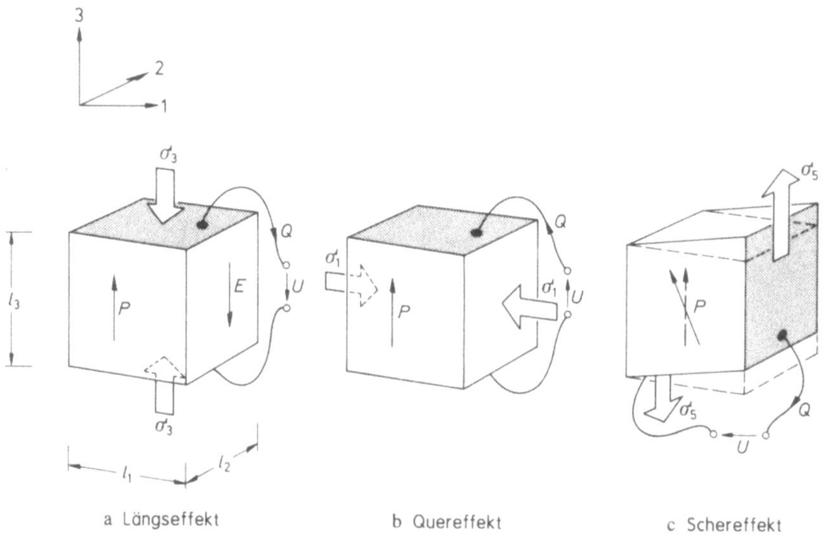

Bild 6.6 a–c. Technisch gebräuchliche Anordnungen bei der Nutzung des piezoelektrischen Effekts

In der Mehrzahl der praktischen Anwendungen ist man bestrebt, die Richtungen der elektrischen Felder und der äußeren mechanischen Kräfte parallel oder senkrecht zur polaren Achse des piezoelektrischen Materials zu wählen. Dann entkoppeln die Komponentengleichungen (6.1) und (6.2), und man erhält einfache skalare Beziehungen.

Die drei wichtigsten Anordnungen gehen aus Bild 6.6 hervor. Genutzt wird dabei der piezoelektrische Längs-, Quer- und Schereffekt. Die relevante Ladungskonstante, die in der skalaren Beschreibung übrigbleibt, ist entsprechend d_{33}, d_{31} und d_{15}. Selbstverständlich bevorzugt man bei einem bestimmten Piezomaterial nach Möglichkeit diejenige Anordnung, bei der der jeweils größte dieser Koeffizienten zum Tragen kommt, um maximale Sensorsignale zu erzielen.

6.3.2 Piezo- und pyroelektrische Kopplungsfaktoren

Die Konstanten d_{ij} und p_i aus (6.1) und (6.2) beschreiben vollständig die piezo- und pyroelektrischen Eigenschaften eines Materials. Daneben ergibt sich aber aus einer energetischen Betrachtung ein häufig handlicheres, anschaulicheres und dimensionsloses Maß für die Stärke des Piezo- und Pyroeffekts, nämlich die sogenannten Kopplungsfaktoren.

Wird dazu die Probe in der Längseffekt-Anordnung (Bild 6.6a) bei offenen Elektroden (Leerlauf) mit einer Kraft $F_3 = -\sigma_3(l_1 l_2)$ beaufschlagt, entsteht nach (6.1) unter Beachtung der Leerlaufbedingung[1] $D_3 = D_{3,L} = 0$ das Leerlauffeld

$$E_{3,L} = \frac{d_{33}\sigma_3}{\varepsilon_{33}}. \tag{6.4}$$

Entlädt man die Elektroden bei konstanter mechanischer Spannung ($\sigma_3 = $ const) über eine ideale Last (Kurzschlußfall), so wird $E_3 = E_{3,K} = 0$ und $D_3 = D_{3,K}$. Pro Volumeneinheit des Sensormaterials wird die elektrische Energie w_{el} frei [6.1]:

$$w_{el} = \int_K^L EdD = \varepsilon_{33}\int_K^L EdE = \frac{1}{2}E_{3,L}D_{3,K} = \frac{1}{2}\frac{d_{33}^2\sigma_3^2}{\varepsilon_{33}}. \tag{6.5}$$

Andererseits beträgt im Kurzschlußfall die Gesamtenergie w_{ges} in der Probe pro Volumeneinheit [6.9]:

$$w_{ges} = \tfrac{1}{2}\sigma_3 u_{3,K} = \tfrac{1}{2}s_{33}\sigma_3^2. \tag{6.6}$$

Den Quotienten w_{el}/w_{ges} definiert man als Quadrat des piezoelektrischen Kopplungsfaktors k_{33} (für den Längseffekt):

$$k_{33}^2 = w_{el}/w_{ges} = \frac{d_{33}^2}{s_{33}\varepsilon_{33}}. \tag{6.7}$$

Der Kopplungsfaktor gibt also an, welcher Teil der insgesamt mit einer Kraft F_3 in die Probe einbringbaren statisch elastischen Energie w_{ges} mittels des Piezoeffekts in Form elektrischer Energie w_{el} gewonnen werden kann. Analog gibt es piezoelektrische Kopplungsfaktoren für den Quer- und den Schereffekt (man tausche in (6.7) die Indizes 33 gegen 31 bzw. 15), effektive Kopplungsfaktoren für verschiedene inhomogene Spannungsverteilungen und Kopplungsfaktoren für resonante Anwendungen [6.7].

In ähnlicher Weise läßt sich schließlich der pyroelektrische Kopplungsfaktor definieren:

Wird eine pyroelektrische Probe im Leerlauf ($D_3 = D_{3,L} = 0$) von einer Temperatur T_0 aus um ΔT erwärmt, ohne daß mechanische Kräfte wirken, erhält man nach (6.1) das Leerlauffeld $E_{3,L} = p_3\Delta T/\varepsilon_{33}$. Nach Kurzschließen der Elektroden hat man ebenfalls gemäß (6.1) $D_3 = D_{3,K} = p_3\Delta T$ und eine freigewordene elektrische Energie w_{el} pro Volumeneinheit von

$$w_{el} = \tfrac{1}{2}E_{3,L}D_{3,K} = \tfrac{1}{2}p_3^2\Delta T^2/\varepsilon_{33}. \tag{6.8}$$

Unterbricht man den Elektrodenkontakt nun nochmals, kühlt auf die Ausgangstemperatur T_0 ab und schließt wieder kurz, so kann w_{el} ein zweites

---

[1] Da im Leerlauffall keine externen Ladungen vorhanden sind, gilt (Maxwell): div $D = 0$ bzw. im eindimensionalen Fall $dD_3/dz = 0$, also $D_3 = $ const. Im Innern der Metallelektroden ist $D_3 = 0$, und damit folgt $D_3 = 0$ überall.

	Elastizitäts-koeffizient	Dielektrizitäts-zahl	Piezoelektrische Größen			Curietemperatur
Symbol	s^E	ε_r^T	k	d	e	ϑ_c
Einheit	10^{-12} m^2/N	–	–	10^{-12} C/N	C/m^2	°C
Einkristalle:						
α–Quarz	$s_{11} = 12{,}8$	$\varepsilon_{11} = 4{,}5$	$k_{11} = 0{,}1$	$d_{11} = 2{,}3$	$e_{11} = 0{,}17$	–
Lithiumniobat	$s_{44} = 17$ $s_{11} = 5{,}8$ $s_{33} = 5{,}0$	$\varepsilon_{11} = 84$ $\varepsilon_{33} = 30$	$k_{15} = 0{,}64$ $k_{22} = 0{,}34$ $k_{33} = 0{,}17$	$d_{15} = 68$ $d_{22} = 21$ $d_{33} = 6$	$e_{15} = 3{,}7$ $e_{22} = 2{,}5$ $e_{33} = 1{,}3$	1150
Zinkoxid (Schicht)		$\varepsilon = 8$	$k_{31} = 0{,}34$ $k_{33} = 0{,}45$			
Keramiken:						
Bariumtitanat	$s_{11} = 8{,}5$ $s_{33} = 8{,}9$	$\varepsilon_{11} = 1620$ $\varepsilon_{33} = 1900$	$k_{15} = 0{,}47$ $k_{31} = 0{,}20$ $k_{33} = 0{,}49$	$d_{15} = 550$ $d_{31} = -150$ $d_{33} = 374$		120
PZT normal	$s_{44} = 48$ $s_{11} = 16$ $s_{33} = 19$	$\varepsilon_{11} = 1730$ $\varepsilon_{33} = 1700$	$k_{15} = 0{,}68$ $k_{31} = 0{,}33$ $k_3 = 0{,}69$	$d_{15} = 584$ $d_{31} = -171$ $d_{33} = 374$	$e_{15} = 12{,}3$ $e_{31} = -5{,}4$ $e_{33} = 15{,}8$	330
Hohes ε	$s_{44} = 40$ $s_{11} = 14{,}3$ $s_{33} = 17{,}5$	$\varepsilon_{11} = 3750$ $\varepsilon_{33} = 4000$	$k_{15} = 0{,}66$ $k_{31} = 0{,}34$ $k_3 = 0{,}69$	$d_{15} = 765$ $d_{31} = -235$ $d_{33} = 545$		185
Niedrige Verluste	$s_{44} = 31$ $s_{11} = 11{,}8$ $s_{33} = 13{,}8$	$\varepsilon_{11} = 960$ $\varepsilon_{33} = 1000$	$k_{15} = 0{,}57$ $k_{31} = 0{,}28$ $k_{33} = 0{,}60$	$d_{15} = 295$ $d_{31} = -90$ $d_{33} = 240$		330
Blei–Metaniobat		$\varepsilon_{33} = 300$	$k_{31} = 0{,}01$ $k_{33} = 0{,}42$	$d_{31} = -5$ $d_{33} = 85$		>400
Polymere:						
PVDF	$s_{11} = 400$ $s_{33} = 400$	$\varepsilon_{33} = 12$	$k_{31} = 0{,}1$ $k_{33} = 0{,}15$	$d_{31} = 20$ $d_{33} = 30$		
Nylon 11				$d_{31} = 3$		

	p C/(m$^2\cdot$K)	ε_r	$\rho \cdot c$ Ws/(m$^3\cdot$K)	ϑ_c °C	k_π^2 [1]	$\tan \delta$	$\sqrt{\dfrac{k_\pi^2}{\tan \delta}}$
Einkristalle:							
TGS	$3{,}5 \times 10^{-4}$	30	$2{,}5 \times 10^6$	49	7,5 %	5×10^{-3}	2,5
LiTaO$_3$	2×10^{-4}	45	$3{,}2 \times 10^6$	618	1 %	3×10^{-2} 10^{-4}	3
Keramiken:							
BaTiO$_3$	4×10^{-4}	1000	3×10^6	120	0,2 %	6×10^{-3}	0,6
PZT	$4{,}2 \times 10^{-4}$	1600	$2{,}7 \times 10^6$	340	0,14 %	$1{,}8 \times 10^{-2}$	0,3
Polymere:							
PVDF	$0{,}4 \times 10^{-4}$	12	$2{,}3 \times 10^6$	170–200 [2]	0,2 %	10^{-2}	0,4

[1] $\quad k_\pi^2 = \dfrac{p^2 \cdot T_0}{\rho \cdot c \cdot \varepsilon_0\, \varepsilon_r} =$ pyroelektrischer Kopplungsfaktor

[2] $\quad$ Schmelztemperatur 175 °C. Irreversibler Polarisationsverlust bei Dauertemperatur oberhalb 80 °C.

Bild 6.7 a, b. Materialdaten einiger piezo- und pyroelektrischen Stoffe

Mal gewonnen werden. Zur Definition des pyroelektrischen Kopplungsfaktors k_π wird diese insgesamt im Kreisprozeß freisetzbare elektrische Energie $2\,w_{el}$ in Beziehung zum thermodynamisch maximal möglichen Nutzenergiegewinn eines solchen Prozesses nach Carnot gesetzt:

$$k_\pi^2 = \frac{2w_{el}}{\eta_c(\zeta c\Delta T)} = \frac{p_3^2 T_0}{\varepsilon_{33}\zeta c}, \tag{6.9}$$

$\eta_c = \Delta T/T_0$ Wirkungrad einer Carnot-Maschine,

T_0 Ausgangstemperatur,

ζ Dichte des pyroelektrischen Materials,

c spezifische Wärmekapazität des Materials.

Einen Überblick über die Eigenschaften piezo- und pyroelektrischer Materialien gibt Bild 6.7.

6.3.3 Sensorleistung

Die elektrische Signalleistungsdichte im Piezomaterial eines Sensors erhält man mit (6.7) durch Differenzieren von (6.5) nach der Zeit[2]:

$$p_{piezo} = \frac{d}{dt}w_{el} = \frac{1}{2}k^2 s\frac{d}{dt}(\sigma^2). \tag{6.10}$$

Betrachtet man eine periodische Zeitabhängigkeit der Form $\sigma = \sigma_0 \sin \omega t$, erhält man mit (6.2) für $E = 0$ und $u_0 = s\sigma_0$:

$$p_{piezo} = \frac{1}{2}k^2 s\,\sigma_0^2\frac{d}{dt}(\sin^2 \omega t) = \frac{1}{2}k^2\frac{u_0^2}{s}\frac{d}{dt}(\sin^2 \omega t). \tag{6.11}$$

Integriert man über ein Wandlervolumen V, so erhält man für den Spitzenwert der Wandlerleistung:

$$P_{0,piezo} = \frac{1}{2}k^2 V\frac{\omega u_0^2}{s}. \tag{6.12}$$

Für den Spitzenwert der Sensorleistung beim Pyroeffekt gilt nach (6.9) mit $T = T_0 + \Delta T$ und $\Delta T = 1/2\Delta T_{max}(1 + \sin \omega t)$ sowie $(dT/dt)_{max}$ als Spitzenwert von (dT/dt) entsprechend:

$$P_{0,pyro} = V\frac{d}{dt}w_{el} = k_\pi^2 V\frac{2\zeta c}{\omega T_0}\left(\frac{dT}{dt}\right)^2_{max}, \tag{6.13}$$

weil der Spitzenwert von $\Delta T = \Delta T_{max} = 2/\omega\ (dT/dt)_{max}$ und $(d\Delta T/dt) = (dT/dt)$

---

[2] Je nach Richtung der Belastung ist k^2 und s mit den entsprechenden Indizes zu versehen, z.B. k_{33}^2, s_{33}.

128

ist. Dabei bezeichnet T_0 die Ausgangstemperatur und ΔT_{max} den Temperaturbetrag, um die die Sensortemperatur schwankt.

Die Gleichungen (6.12) und (6.13) zeigen, daß die Sensorleistung dem Sensorvolumen V proportional ist. Die maximale Piezoleistung steigt mit dem Quadrat der mechanischen Verzerrung u, die maximale Pyroleistung mit dem Quadrat der zeitlichen Temperaturänderungsgeschwindigkeit $(dT/dt)_{max}$ im Material.

Man kann annehmen, daß die Temperaturschwankung ΔT_{max} mit steigender Frequenz abnimmt ($\Delta T_{max} \approx 1/\omega$), da das Sensorvolumen bei gegebener Wärmekapazität und Wärmeleitfähigkeit äußeren Temperaturschwankungen bei höher Frequenz zunehmend nicht mehr folgen kann. Dadurch ergibt sich ein frequenzunabhängiges $(dT/dt)_{max}$. Unter dieser Annahme folgt aus (6.13), daß die Pyroleistung mit zunehmender Frequenz abnimmt, während die Piezoleistung nach (6.12) bei konstanter Maximalverzerrung u_0 proportional zur Frequenz anwächst. Die Piezoleistung ist nach oben durch die Bruchdehnung des Materials und bei hohen Frequenzen zusätzlich durch die thermische Verlustleistung begrenzt.

In Bild 6.8 ist am Beispiel einer piezoelektrischen Keramik für ein Wandlervolumen von $V = 1\,cm^3$ die pyro- und piezoelektrische Wandlerleistung gemäß (6.12) und (6.13) über der Frequenz aufgetragen. Für die mechanische Verzerrung des Sensormaterials wurde mit $u_0 = 10^{-3}$ ein Wert knapp unter der Bruchgrenze und für die Temperaturänderungen ein Wert von $1\,Ks^{-1}$ angenom-

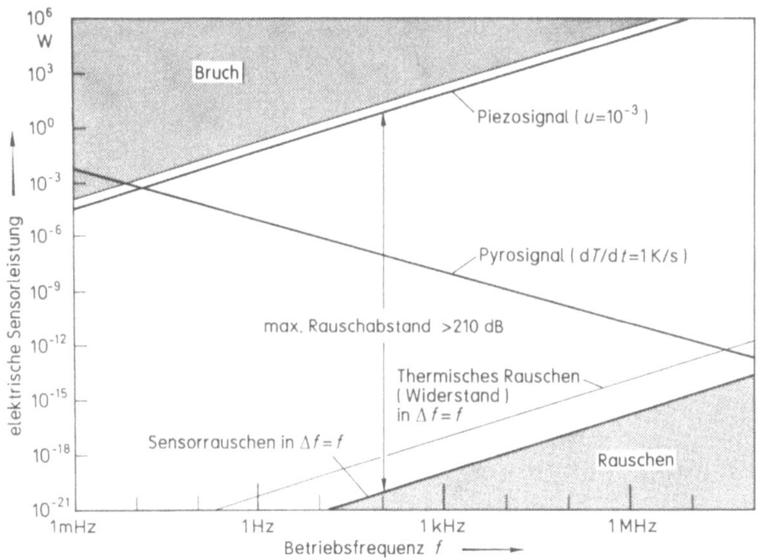

Bild 6.8. Piezo- und Pyroleistung in Piezokeramik im Vergleich zur Rauschleistung in einem Sensorvolumen von $1\,cm^3$

men. Man erkennt, daß bei Frequenzen um 100 kHz Leistungen von $10\,kW\,cm^{-3}$ piezoelektrisch umsetzbar sind.

Bei pyroelektrischen Infrarotstrahlungsdetektoren interessiert anstelle der Pyroleistung als Funktion der Temperaturänderung im Material oft mehr die Sensorleistung in Abhängigkeit von der eingestrahlten Leistung P_{in}. Der einfachen Darstellbarkeit wegen sei diese Leistung wieder sinusförmig moduliert: $P_{in} = 1/2\,P_1\,(1 + \sin \omega t)$, wobei P_1 die Amplitude der eingestrahlten Leistung bezeichnet. Die damit ebenfalls oszillierende Temperatur des Sensormaterials sei $T(t)$, die Umgebungstemperatur T_0, der Wärmeleitwiderstand zwischen Sensormaterial und Umgebung R_{th}. Der Wärmefluß ins Sensormaterial beträgt $\zeta c V dT/dt$, der Wärmeabfluß an die Umgebung $(T - T_0)/R_{th}$. Stationär ergibt sich die Bilanz:

$$P_{in} = \zeta c V (dT/dt) + (T - T_0)/R_{th}, \tag{6.14}$$

Mit $\tau = \zeta c V R_{th}$ als thermischer Zeitkonstanten (Produkt von Wärmeleitwiderstand und Wärmekapazität) folgt die Lösung:

$$T = T_0 + \tfrac{1}{2}P_1 R_{th}\left(1 + \frac{\sin(\omega t + \varphi)}{\sqrt{1 + (\tau\omega)^2}}\right), \tag{6.15}$$

wobei $\tan \varphi = \tau \omega$. Nach (6.13) beträgt der Spitzenwert:

$$P_{0,pyro} = \frac{1}{2}k_\pi^2 \frac{P_1^2 R_{th}}{T_0} \frac{\tau\omega}{1 + (\tau\omega)^2}. \tag{6.16}$$

Der Wärmeabfluß $(T - T_0)/R_{th}$ an die Umgebung ist bestenfalls nur durch die abgestrahlte Leistung $A\sigma_{SB}(T^4 - T_0^4)$ nach Stefan-Boltzmann gegeben. Daraus folgt für R_{th} und τ:

$$R_{th,max} = \frac{(T - T_0)}{A \cdot \sigma_{SB} \cdot (T^4 - T_0^4)} \approx \frac{1}{4 \cdot \sigma_{SB} \cdot T_0^3 \cdot A}, \tag{6.17}$$

A Detektoroberfläche,

σ_{SB} Stefan-Boltzmann-Konstante $5{,}67 \cdot 10^{-8}\,W/(m^2K^4)$,

$$\tau = \frac{\zeta c}{4\sigma_{SB}T_0^3}d, \tag{6.18}$$

$d = V/A$ (Dicke des Pyrosensors).

Für schnelle Pyrosensoren (z.B. für Personendetektoren mit Zeitkonstanten um 100 ms) ist es also wesentlich, möglichst dünne pyroelektrische Körper zu verwenden (Folien).

6.3.4 Rauschen

Ein besonderer Vorteil von piezo- und pyroelektrischen Sensoren ist ihr geringes Eigenrauschen. In günstigen Fällen ist das Rauschen von Sensor und nachge-

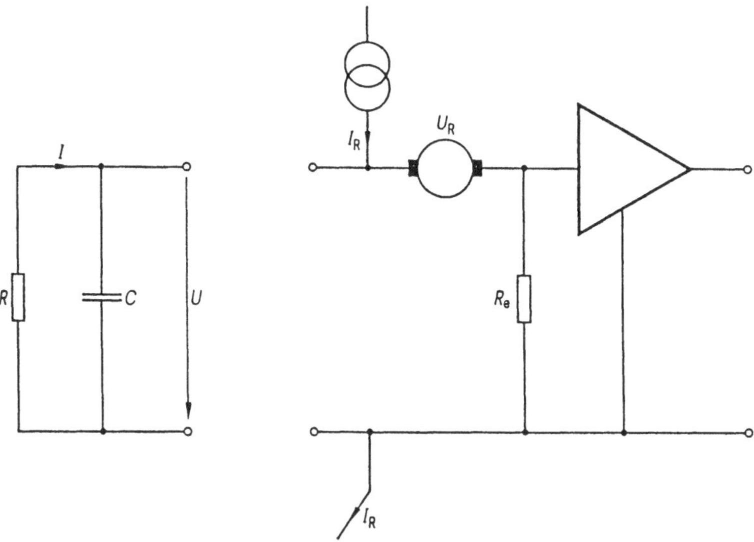

Bild 6.9. Rauschquellen-Ersatzschaltbild für einen Piezo- oder Pyrosensor und Verstärker

schaltetem Verstärker kaum größer als die statistischen Wärmefluktuationen im Meßobjekt.

Das Rauschquellen-Ersatzschaltbild eines Piezo- oder Pyrosensors läßt sich gemäß Bild 6.9 als Parallelschaltung aus einem thermisch rauschenden Verlustwiderstand und einer rauschfreien Kapazität darstellen.

Da der Verlustfaktor $\tan\delta$ in weiten Bereichen frequenzunabhängig ist, kann man für R ansetzen:

$$R = (\omega C \tan\delta)^{-1}. \tag{6.19}$$

Der Verstärker wird durch einen rauschfreien Verstärker mit dem Eingangswiderstand R_e und einer Rauschspannungsquelle sowie einer Rauschstromquelle dargestellt. Der Eingangswiderstand R_e wird so gewählt, daß sein Einfluß für alle auszuwertenden Frequenzen gegenüber R vernachlässigt werden kann $(R_e \gg R)$.

Der Rauschstrom I_R des Widerstands R erzeugt an der Kapazität C die Rauschspannung U_R:

$$U_R = I_R/(\omega C). \tag{6.20}$$

Gemäß der Nyquist-Beziehung für den Rauschstrom eines Widerstands [6.10, 6.11] und (6.19) gilt:

$$I_R = \sqrt{(4k_B T_0 \Delta f)/R} = \sqrt{4k_B T_0 \omega C \tan\delta \Delta f}, \tag{6.21}$$

k_B Boltzmann-Konstante,

T_0 Umgebungstemperatur,

Δf Frequenzbandbreite des Rauschens.

Mit (6.19) und (6.20) ergibt sich für die Rauschspannung:

$$U_R = \sqrt{(4k_B T_0 \tan\delta \Delta f)/(\omega C)}. \qquad (6.22)$$

Für die Rauschleistung $P_R = U_R I_R$ folgt schließlich mit den (6.21) und (6.22):

$$P_R = 4k_B T_0 \tan\delta \Delta f. \qquad (6.23)$$

Die Rauschleistung eines Piezo- oder Pyrosensors ist demnach um den Faktor $\tan\delta$ kleiner als die thermische Rauschleistung eines Widerstands. In Bild 6.8 ist die Sensorrauschleistung eines Sensors mit 1 cm^3 Volumen und einem $\tan\delta = 10^{-2}$ im Vergleich zur maximalen Sensornutzleistung und im Vergleich zur thermischen Rauschleistung eines Widerstands eingetragen. Man entnimmt der Abbildung, daß ein maximaler Rauschabstand von 210 dB erzielt werden kann.

Die folgende Überlegung zeigt weiter, daß in bestimmten Frequenzbereichen durch adäquate Verstärker auch keine wesentlichen zusätzlichen Rauschbeiträge entstehen.

Dazu sind in Bild 6.10 die Rauschspannungen für Sensoren aus einem Material mit $\tan\delta = 10^{-2}$ und einer Kapazität von $C = 100\,\mathrm{pF}$ nach (6.20) über

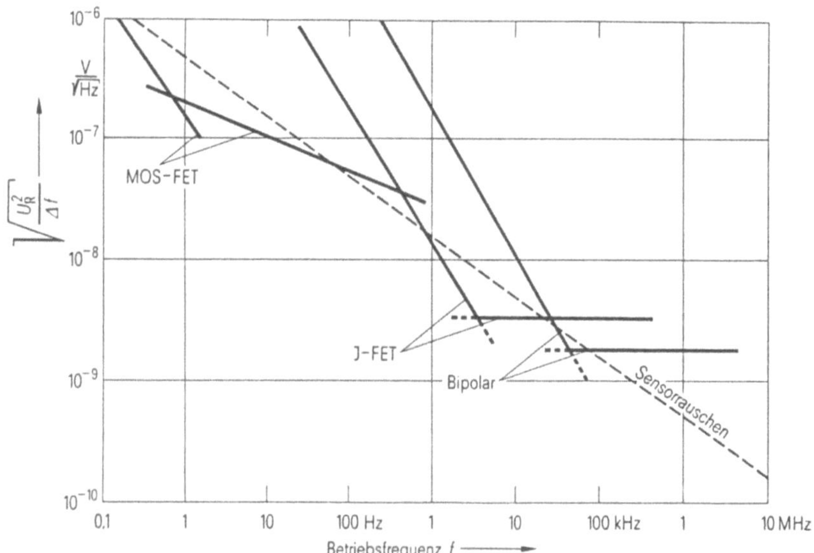

Bild 6.10. Spektrale Dichte der Rauschspannung U_R von Piezo- und Pyrosensoren mit einer Kapazität von $C = 100\,\mathrm{pF}$ und einem Verlustfaktor von $\tan\delta = 0{,}01$ im Vergleich zur Rauschspannung von Halbleitern unterschiedlicher Technologie (MOSFET = VX 11013, JFET = LF 156, Bipolar = IMF 6485) bei Abschluß mit $C = 100\,\mathrm{pF}$

der Frequenz aufgetragen und im Vergleich hierzu die Ersatz-Rauschspannungen für verschiedene Transistortypen sowie die Rauschspannungen, die durch deren Ersatz-Rauschströme an C abfallen.

Man erkennt, daß im Bereich bis 1 kHz MOS-Transistoren, im Bereich 1 bis 10 kHz Sperrschicht-FETs und im Bereich ab 10 kHz Bipolartransistoren als rauscharme Verstärkerelemente geeignet sind, da ihr Rauschanteil den Rauschanteil der Sensoren teilweise deutlich unterschreitet.

6.4 Konzepte und Beispiele

6.4.1 Elektrische und mechanische Impedanzen

Die Aufgabe eines jeden guten Sensorentwurfs ist es, mit gegebener Eingangsleistung eine möglichst hohe und störungsfreie elektrische Signalausbeute bei großem Rauschabstand zu erreichen. Nach (6.12) und (6.13) kann dies bei piezo- und pyroelektrischen Sensoren neben der Wahl eines Wandlermaterials mit hohem Kopplungsfaktor zunächst einfach durch großvolumige Wandler verwirklicht werden.

Ebenso wichtig ist jedoch die elektrische Anpassung von Sensor und nachfolgender Verstärker- und Auswerteelektronik, die Vermeidung kapazitver elektromagnetischer Einstreuung und bei Piezowandlern die gute mechanische Anpassung des Sensors an das Meßobjekt, um ausreichend mechanische Leistung ins Wandlervolumen einzukoppeln. Die Gefahr kapazitiver Einstreuung ist hier hauptsächlich deshalb zu erwähnen, weil die Verbindungsleitungen, über die das primäre Sensorsignal zur Verstärkungs- und Auswerteelektronik übertragen wird, vielfach länger sind als bei Halbleitersensoren mit integrierter Elektronik. Magnetfelder führen hingegen zu keinen Problemen.

Ein Kriterium zur Beurteilung der mechanischen und elektrischen Anpassung sowie der elektromagnetischen Störempfindlichkeit stellt die elektrische und mechanische Impedanz Z_{el} und Z_{mech} eines Wandlers dar:

Wird ein Wandler als kapazitive Last an einer externen Strom- oder Spannungsquelle betrieben, beträgt seine elektrische Kapazität $C = Q/U$. Diese führt bei sinusförmiger Zeitabhängigkeit von Strom $I = dQ/dt$ und Spannung U mit einer Kreisfrequenz ω in komplexer Darstellung ($I = j\omega Q$) bekanntermaßen zur elektrischen Impedanz

$$Z_{el} = U/I = U/(dQ/dt) = 1/j\omega C. \tag{6.24}$$

Mechanisch kann man einen quaderförmigen Wandler mit den Kantenlängen l_1, l_2 und l_3 in der Längseffektanordnung (Bild 6.6a, dort ist auch die Achsenlage zu entnehmen), der mit einer Kraft $F_3 = -\sigma_3 A_m$ ($A_m = l_1 l_2$) beaufschlagt wird, durch seine elastische Nachgiebigkeit $C^* = x_3/F_3$ charakterisieren. Dabei ist A_m die Fläche, auf die die Kraft wirkt und x_3 die durch die Kraft F_3 hervorgerufene Längenänderung.

Aus der Analogie zwischen C und C* läßt sich die mechanische Impedanz definieren als

$$Z_{mech} = F_3/(dx_3/dt) = F_3/v_3 = 1/j\omega C* \tag{6.25}$$

mit $v_3 = j\omega x_3$ als Geschwindigkeit an der Wandleroberfläche, bei wiederum sinusförmiger Zeitabhängigkeit von F_3 und x_3. Die imaginäre Einheit j kennzeichnet Z_{mech} wie Z_{el} als Blindimpedanzen.

Die Nachgiebigkeit C_K^* eines Longitudinalwandlers mit kurzgeschlossenen Elektroden ergibt sich aus

$$C* = \frac{x_3}{F_3} = \frac{l_3 u_3}{A_m \sigma_3} \tag{6.26}$$

mit der Piezogleichung (6.2) unter Berücksichtigung der Kurzschlußbedingung $E_3 = 0$ zu:

$$C_K^* = \frac{l_3}{A_m} s_{33}. \tag{6.27}$$

Für einen Wandler mit offenen Elektroden (Leerlauf) folgt aus (6.26), (6.1) mit $T = T_0$ und (6.2) unter Einführung des Kopplungsfaktors (6.7) und unter Berücksichtung der Leerlaufbedingung $D_3 = 0$ für die Nachgiebigkeit C_L^*:

$$C_L^* = \frac{l_3}{A_m} s_{33}(1 - k_{33}^2). \tag{6.28}$$

Andererseits errechnet sich für die elektrische Kapazität C_f des mechanisch freien Wandlers aus

$$C = \frac{Q}{U} = \frac{D_3 A_e}{E_3 l_3} \tag{6.29}$$

(A_e = Elektrodenfläche)

mittels (6.1) mit $T = T_0$ und der Bedingung für den mechanisch freien Wandler $\sigma_3 = 0$

$$C_f = \frac{A_e}{l_3} \varepsilon_{33}. \tag{6.30}$$

C_f ergibt sich auch als Quotient von Kurzschlußladung zu Leerlaufspannung beim mechanisch belastetem Wandler.

Zuletzt findet man für die elektrische Kapazität C_c des mechanisch geklemmten Wandlers ($u_3 = 0$) mit (6.29), (6.1) mit $T = T_0$ und (6.2):

$$C_c = \frac{A_e}{l_3} \varepsilon_{33}(1 - k_{33}^2). \tag{6.31}$$

Für Abschätzungen kann der Wechselwirkungsterm mit k^2 oft vernachlässigt werden. Dann gilt näherungsweise generell:

$$C^* \approx C_K^* = (l_3/A_m)s_{33} \tag{6.32}$$

$$C \approx C_f = (A_e/l_3)\varepsilon_{33}. \tag{6.33}$$

Die Impedanzen beim Längseffekt lauten damit:

$$Z_{mech} \approx \frac{1}{j\omega s_{33}}\frac{A_m}{l_3} \tag{6.34}$$

$$Z_{el} \approx \frac{1}{j\omega\varepsilon_{33}}\frac{l_3}{A_e}. \tag{6.35}$$

Analog hat man beim Quereffekt (Bild 6.6b):

$$Z_{mech} \approx \frac{1}{j\omega s_{11}}\frac{A_m}{l_1} = \frac{1}{j\omega s_{11}}\frac{l_2 l_3}{l_1} \tag{6.36}$$

$$Z_{el} \approx \frac{1}{j\omega\varepsilon_{33}}\frac{l_3}{A_e} = \frac{1}{j\omega\varepsilon_{33}}\frac{l_3}{l_1 l_2}. \tag{6.37}$$

Der Unterschied zum Längseffekt besteht in der Bedeutung der Flächen A_e und A_m. Insbesondere sind beim Längseffekt beide Flächen identisch, beim Quereffekt dagegen verschieden.

6.4.2 Möglichkeiten der Impedanzanpassung

Die in einen Piezowandler eingekoppelte mechanische Leistungsdichte beträgt mit (6.25) $p_{mech} \sim Fv = F^2/Z_{mech}$. Dabei ist F die Kraft auf den Wandler, v die Geschwindigkeit der entsprechenden Wandleroberfläche, auf die F wirkt.

Mechanische Impedanzanpassung zwischen Sensor und Meßobjekt mit dem Ziel möglichst hoher mechanischer Leistungseinkopplung in den Wandler bedeutet daher vielfach, seine mechanische Impedanz zu verringern.

Das trifft insbesondere bei kristallinen Piezomaterialien und Piezokeramiken zu, da diese allgemein sehr hart sind, also wegen kleiner Elastizitätskoeffizienten s nach (6.34) und (6.36) eine große Impedanz aufweisen. Bei der Messung von Drücken und Kräften in oder an Festkörpern ist die Forderung nach mechanischer Impedanzanpassung allerdings oft schon dadurch erfüllt, daß das Meßobjekt vergleichbare Elastizitätswerte wie der Wandler aufweist. Dies gilt auch noch bei Flüssigkeiten, wobei man hier speziell durch den Einsatz von Piezopolymeren eine ausgezeichnete mechanische Ankopplung erreicht. Bei der Anpassung eines Piezosensors an gasförmige Medien (Schalldruckmessung) muß jedoch das Z_{mech} eines keramischen Wandlers, der mit dem Längseffekt arbeitet (6.34), um einen Faktor 10^4 verkleinert werden.

Auch für die elektrische Impedanz sind möglichst niedrige Werte wünschenswert. Dies reduziert die hohen Anforderungen an den Eingangwiderstand der nachgeschalteten Elektronik und erleichtert die Pegelanpassung der Piezosignale an übliche Halbleiterschaltungen.

Wie man (6.34) und (6.35) entnimmt, kann bei Sensoren, die den Längseffekt ausnutzen, durch geometrische Veränderungen (also von A_m oder l_3) die mechanische und die elektrische Impedanz nicht gleichzeitig herabgesetzt werden. Das läßt sich bei derartigen Wandlern nur durch den Betrieb bei hohen Frequenzen erreichen. Ein typisches Einsatzgebiet ist daher die Schallemissionsmessung in Festkörpern, beispielsweise bei der Laufruhekontrolle von Maschinen oder als Klopfsensor am Zylinderblock von Kraftfahrzeugmotoren [6.12]. Den prinzipiellen Aufbau eines derartigen Klopfsensors gibt Bild 6.11 wieder. Eine geeignet kontaktierte und isolierte Piezokeramik-Scheibe ist zusammen mit einer seismischen Masse m unter mechanischer Vorspannung am Motorblock verschraubt. Die Vibrationen des Motorblocks beschleunigen die Masse m mit der Beschleunigung $\dot{v}$. Auf die Piezokeramik wirkt demnach eine Kraft $F = m\dot{v}$. Die elektrische Impedanz (6.35) läßt sich durch Verwendung von Materialien mit hoher Dielektrizitätskonstante weiter senken, wogegen die Variationsmöglichkeiten beim Elastizitätskoeffizienten s in (6.34) sehr beschränkt sind.

Anders als beim Längseffekt können beim Quereffekt die Wandlerimpedanzen durch geeignete geometrische Abmessungen des Wandlervolumens erheblich gesenkt werden, besonders bei niedrigen Betriebsfrequenzen. Aus diesem Grunde arbeitet eine Vielzahl piezoelektrischer Sensoren mit dem

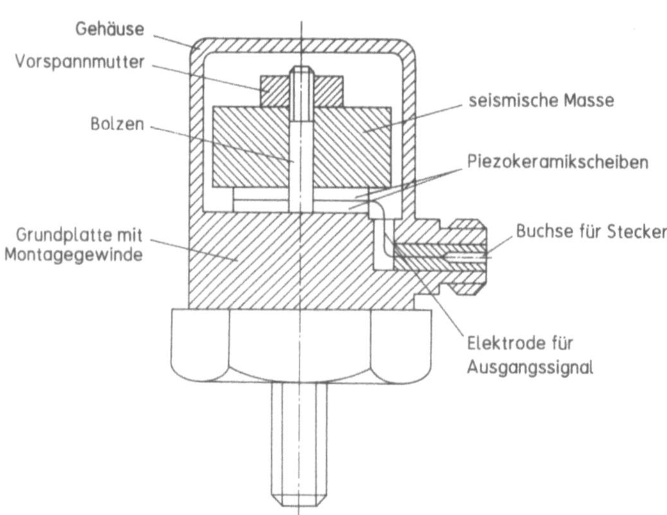

Bild 6.11. Piezoelektrischer Klopf- oder Beschleunigungsaufnehmer (Längseffekt)

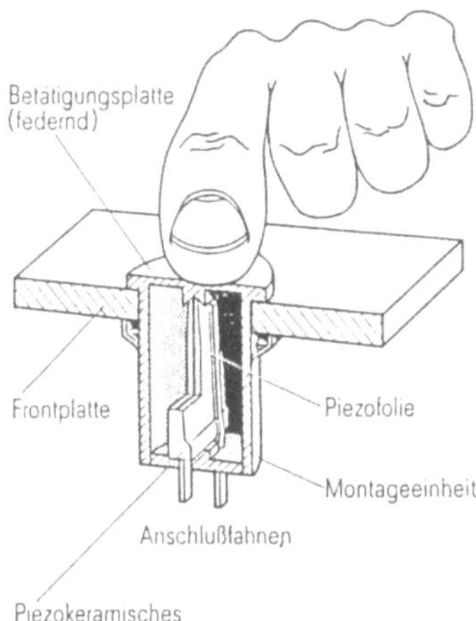

Bild 6.12. Piezoelektrische Drucktaste (Quereffekt)

Quereffekt, obzwar der Kopplungsfaktor k_{31} um etwa die Hälfte geringer ist als der longitudinale Kopplungsfaktor k_{33}.

Die Gln. (6.36) und (6.37) zeigen, daß mechanische und elektrische Impedanz gleichermaßem über das Verhältnis l_3/l_1 von Wandlerdicke zu Wandlerlänge transformierbar sind. Eine möglichst schlanke Wandlergeometrie erweist sich daher als impedanzmäßig besonders günstig.

Als Beispiel für einen Wandler mit derartiger Gestalttransformation ist in Bild 6.12 eine Piezodrucktaste dargestellt. Durch eine hochkant gestellt Piezofolie kann der Faktor l_1/l_3 den Wert 100 erreichen.

Eine nochmalige erhebliche Vergrößerung des Transformationsfaktors lassen piezoelektrische Biegewandler zu. Dazu sind zwei dünne piezokeramische Schichten zu einer Doppelschicht verbunden (Bild 6.13). Geringe Biegekräfte F führen zu hohen Zug- und Druckspannungen $\pm\sigma$ im Material, wobei eine antiparallele Polarisationsrichtung in beiden Schichten zusätzlich eine Addition der durch Zug $-\sigma$ und Druck $+\sigma$ erzeugten elektrischen Spannungen bewirkt.

Bei Biegewandlern liegt im Gegensatz zu den bisher betrachteten Wandlern keine homogene mechanische Spannungsverteilung vor. Neben Bereichen mit hoher elastischer Spannung existieren solche mit nur geringer. Die Beschreibung der piezoelektrischen Eigenschaften erfolgt mit einem effektiven Kopplungsfaktor k_{eff}, der um etwa den Faktor 3/4 kleiner ist als der Materialkopplungsfaktor.

Hinsichtlich der mechanischen und elektrischen Impedanz gilt für eine runde Doppelmembran bei weicher Randeinspannung näherungsweise [6.13]:

$$Z_{mech} \approx \frac{7,31}{j\omega s_{11}}\left(\frac{d}{l}\right)^3, \quad Z_{el} = \frac{1}{j\omega\varepsilon_{33}}\frac{1}{\pi l}\frac{d}{l}. \tag{6.38}$$

Im Vergleich zu einem würfelförmigen Längseffektwandler mit Kantenlänge l ($l_1 = l_2 = l_3 = l$, vgl. Bild 6.6a und (6.34)) verringert sich die mechanische

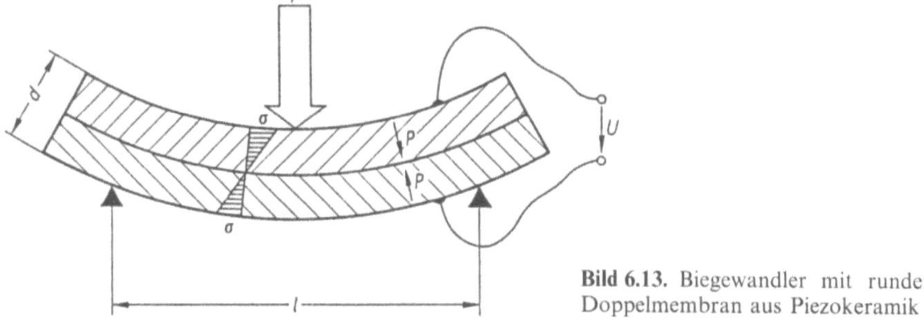

Bild 6.13. Biegewandler mit runder Doppelmembran aus Piezokeramik

Impedanz um den Faktor $(l/d)^3/7{,}3$. Bei Verwendung dünner piezokeramischer Scheiben oder Folien lassen sich damit Transformationsfaktoren von ca. 10^5 realisieren, so daß mit Biegewandlern sogar die Impedanzanpassung an gasförmige Medien gelingt. Ein Beispiel hierfür sind die piezoelektrischen Mikrofone in den Telefonen der Deutschen Bundespost, die eine Piezomembran als transformierenden Wandler sowie zusätzliche akustische und elektrische Resonanz-Transformationen zur Beeinflussung des Frequenzganges benutzen. Neuerdings werden auch für Rufton- und Hörkapsel piezokeramische Wandler eingesetzt.

6.4.3 Resonante Piezosensoren

Neben den elastischen Kräften tritt im dynamischen Betrieb auch die Trägheit der beschleunigten Massen auf. Diese wurde bisher als vernachlässigbar betrachtet. Einige piezoelektrische Wandler nutzen jedoch gerade das Zusammenspiel von elastischer Kraft und Massenträgheit, indem sie bei einer ihrer mechanischen Resonanzfrequenzen betrieben werden.

Für ein dynamisches Feder-Masse-System aus einer Punktmasse m an einer Feder mit der Federkonstanten $1/C^*$, das durch eine Kraft F angeregt wird, lautet die Bewegungsgleichung:

$$m(dv/dt) = x/C^* + F, \qquad (6.39)$$

x Auslenkung der Masse,
v Geschwindigkeit der Masse.

Bei sinusförmigen Zeitabhängigkeiten ($v = j\omega x$, $dv/dt = j\omega v$) folgt daraus die dynamische mechanische Impedanz:

$$Z_{mech} = F/v = j[\omega m - 1/(\omega C^*)] \qquad (6.40)$$

Diese Überlegung kann in einfachen Fällen auf einen ausgedehnten Wandlerkörper übertragen werden, indem man m durch eine effektive Masse m_{eff} ersetzt.

138

Aus (6.40) läßt sich ablesen, daß die mechanische Eingangsimpedanz eines Wandlers bei seiner Resonanzfrequenz

$$\omega_{res}^2 = 1/(m_{eff}C^*) \tag{6.41}$$

gegen Null geht. Resonanter Wandlerbetrieb ist somit ebenfalls eine Maßnahme zur Impedanzerniedrigung.

Treten zusätzlich Dämpfungen auf, wird die Impedanz nicht vollständig zu Null kompensiert, sondern in einem schmalen Frequenzintervall δf um die Resonanzfrequenz $f_{res} = \omega_{res}/2\pi$ um den Gütefaktor Q des Wandlers gesenkt. Für die 3-dB-Bandbreite der Resonanz gilt:

$$\delta f = f_{res}/Q. \tag{6.42}$$

Je größer die Impedanztransformation, desto geringer ist demnach der nutzbare Frequenzbereich.

Resonant betriebene Piezowandler, besonders zur Ultraschalldetektion in Luft und Flüssigkeiten, erlauben weitere Maßnahmen zur Impedanzanpassung, nämlich das Aufbringen von Anpaßschichten (Bild 6.14) aus einem Material geringerer mechanischer Impedanz (Polyethylen, Kunststoffschaum) [6.14].

Die Frequenz einer Ultraschallwelle betrage ω. Ihre Wellenlänge im Schichtmaterial (Elastizitätsmodul E_s, Dichte ζ_s, Impedanz Z_s) sei λ_s und im Piezomaterial (Elastizitätsmodul E_k Dichte ζ_k, Impedanz Z_k) λ_k. Ist die Dicke ($\ll$ Durchmesser) der Piezoscheibe zu $\lambda_k/2$, die der Anpaßschicht zu $\lambda_s/4$ gewählt, wird das Verbundsystem zu der in Bild 6.14 gezeigten Schwingung resonant angeregt. Die Maximalauslenkungen α in Scheibe und Schicht sind gleich (Stetigkeit an der Verbindungsstelle). Dagegen ergibt sich für die maximalen mechanischen Spannungen in der Scheibe $\sigma_{k,max}$ und der Schicht $\sigma_{s,max}$ mit dem

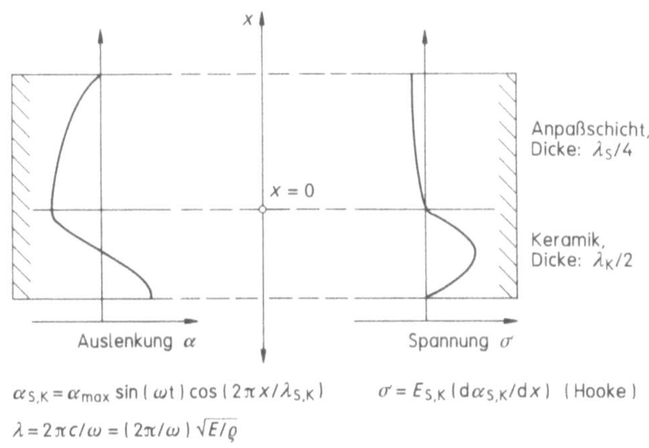

Bild 6.14. Impedanz-Anpaßschicht auf einer Piezoscheibe

Hookeschen Gesetz:

$$\frac{\sigma_{K,max}}{\sigma_{s,max}} = \sqrt{\frac{E_K \zeta_K}{E_s \zeta_s}} = \frac{Z_K}{Z_s}. \tag{6.43}$$

Durch einen niedrigen Schalldruck an der Vorderseite der Anpaßschicht kann also ein hohe mechanische Spannung in der Piezoscheibe erzeugt werden (Bild 6.14).

Resonant arbeitende Piezosensoren finden eine weite Anwendung in Ultraschall-Sender-Empfänger-Kombinationen, da hier die Frequenz, auf die der Sensor (Empfänger) abzustimmen ist, vom eigenen Sender vorgegeben wird. Dieser ist üblicherweise ebenfalls ein piezoelektrischer Wandler, der, umgekehrt wie bei Piezosensoren, durch eine externe elektrische Wechselspannung zu mechanischer Schwingung angeregt wird.

Es ist auch möglich, denselben Piezowandler nacheinander als Sender (Aussendung eines Ultraschall-Pulses) und als Empfänger für den reflektierten Schall zu verwenden wie im Fall eines Ultraschall-Füllstandssensors für Flüssigkeiten nach dem Echolotprinzip [6.15]. Der Sensor kann bei kleiner Bauform vorteilhaft in planarer Hybridtechnologie hergestellt werden.

Weitere Beispiele für derartige Meßgeber sind Ultraschall-Gabelschranken und Anordnungen zur Messung der Strömungsgeschwindigkeit in Flüssigkeiten und Gasen [6.16].

Das Ultraschall-Sender-Empfänger-Konzept findet sich in miniaturisierter Form wieder bei Oberflächenwellen-Bauelementen.

Dabei wird eine Ultraschall-Oberflächenwelle durch interdigitale Elektrodenstrukturen auf monokristallinien piezoelektrischen Substratoberflächen

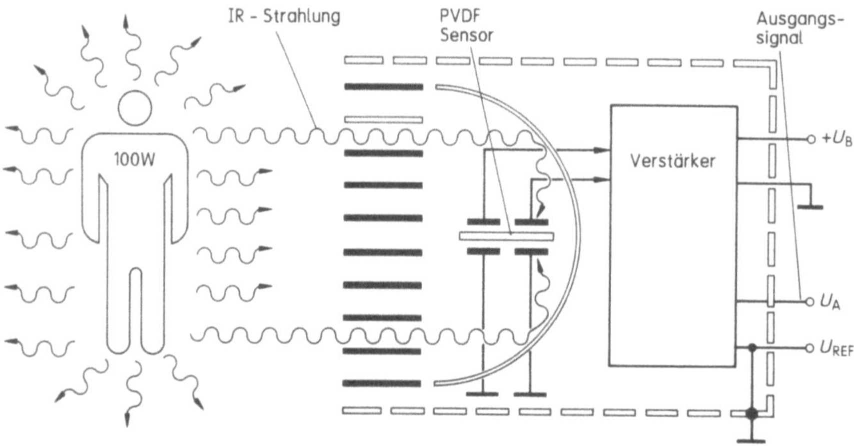

Bild 6.15. Passiv-Infrarot-Personen-Detektor mit einer pyroelektrischen Polymerfolie

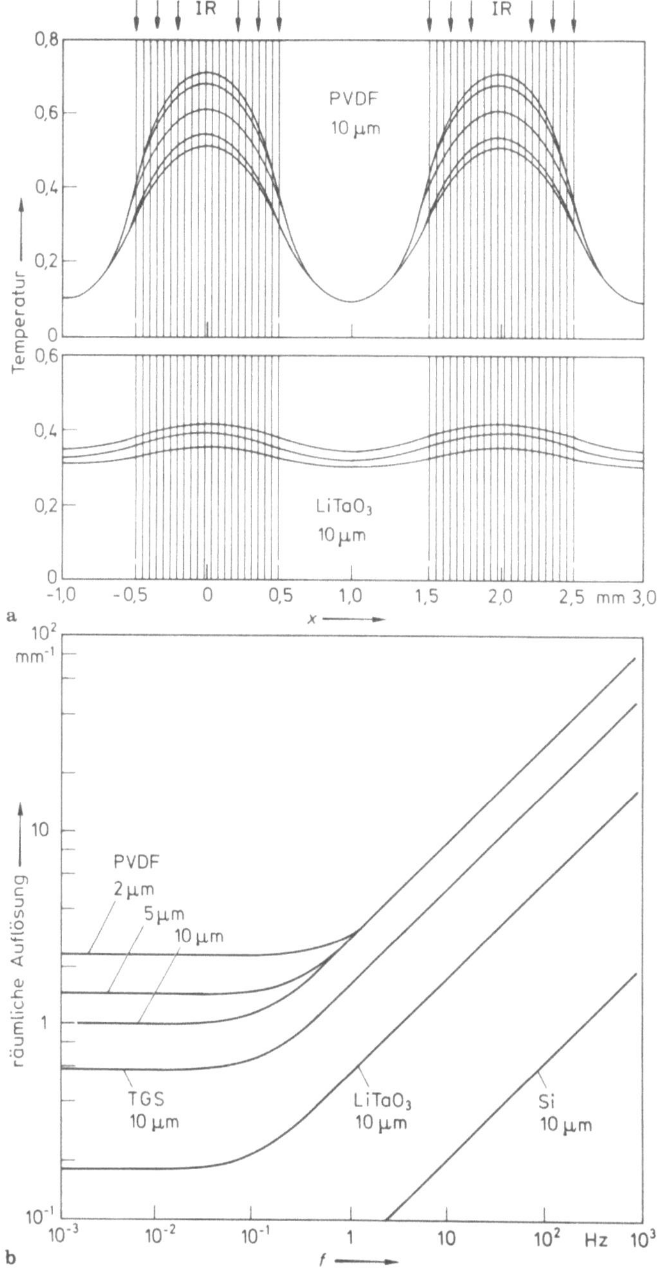

Bild 6.16 a, b. Berechnetes Übersprechen und räumliches Auflösungsvermögen von PVDF-Pyrosensoren im Vergleich zu anderen pyroelektrischen Materialien gleicher Dicke [6.21]

erzeugt und nach Durchlaufen der Laufstrecke mit entsprechenden Interdigital-Strukturen empfangen. Da das Ausbreitungsverhalten der Oberflächenwelle von der mechanischen Spannung im Substrat, von dessen Temperatur, von Adsorbatschichten auf der Substratoberflächen u.ä. abhängt, lassen sich entsprechend Druck-, Kraft-, Temperatur- oder Gassensoren aufbauen.

Bezüglich einer eingehenden behandlung der Oberflächenwellen-Technologie muß auf die Literatur verwiesen werden [6.17–6.19].

6.4.4 Pyrosensoren

Das Bild 6.15 zeigt schematisch den Aufbau eines Passiv-Infrarot-Detektors zur Personenerfassung mit einem Sensorelement aus dem pyroelektrischen Polymer Polyvinylidendifluorid (PVDF) [6.20].

Die Infrarotstrahlung, die von einer Person ausgeht, die in den Erfassungsbereich des Sensors eintritt, wird über einen Parabolspiegel auf ein Stück freitragender PVDF-Folie fokussiert. Eine Folienstärke von 10 bis 25 µm sorgt nach (6.18) für eine günstig kurze Zeitkonstante des Detektors. Ein PDVF-Kompensationselement, auf das keine IR-Strahlung fällt, verhindert, daß der Detektor auch bei einer Änderung der allgemeinen Umgebungstemperatur anspricht. Ein typischer Erfassungsbereich eines derartigen Sensors hat einen Radius von einigen Metern und einen Öffungswinkel von etwa 20°.

Die Empfindlichkeit eines Infrarotdetektors läßt sich anhand der kleinsten nachweisbaren Strahlungsleistung NEP (noise equivalent power) beurteilen. Es ist dies diejenige Strahlungsleistung, die am Detektorausgang ein gleich großes Signal erzeugt wie das Detektorrauschen. Je kleiner die NEP, desto empfindlicher ist der Detektor.

PVDF-Detektoren besitzen eine NEP von 2 bis $4 \cdot 10^{-9}$ W [6.21], was um etwa eine Zehnerpotenz höher liegt als etwa bei pyroelektrischen Sensoren mit Trigycinsulfat oder $LiTaO_3$. Dem stehen jedoch die Vorteile des Kunststoffmaterials in Verarbeitung und Preis gegenüber, verglichen mit keramischen und einkristallinen Materialien.

Auch für die Anfertigung pyroelektrischer Sensorarrays erweist sich eine entsprechend mit Elektroden versehene PVDF-Folie als günstig, weil ihre laterale Wärmeleitung um eine Größenordnung geringer ist als die von $LiTaO_3$. Damit wird ein thermisches Übersprechen zwischen benachbarten Sensoren im Array vermieden und das Nutzsignal gesteigert, da keine Wärme in die Umgebung abfließt (Bild 6.16) [6.22].

Generell finden pyroelektrische Array- oder Matrixstrukturen Verwendung in derzeit meist noch niedrigauflösenden Infrarot-Abbildungs- und Bildverarbeitungssystemen [6.23]. Dem gleichen Zweck dienen pyroelektrische CCD-Bildsensoren [6.24] und pyroelektrische Vidikons [6.25].

142

6.5 Literatur zu Kapitel 6

6.1   Jackson, J. D.: Klassische Elektrodynamik. Berlin: de Gruyter, 1981.

6.2   Tichy, I.; Gautschi, G.: Piezoelektische Meßtechnik. Berlin: Springer, 1980.

6.3   Herbert, J. M.: Ferroelectric transducers and sensors. London: Gordon and Breach Science Publishers, 1982.

6.4   Jaffe, B.; Cook, W. R.; Jaffe, H.: Piezoelectric ceramics. London: Academic Press, 1971.

6.5   Wang, T. T.; Herbert, J. M.; Glass, A. M. (Eds.): The application of ferroelectric polymers. Glasgow: Blackie, 1988.

6.6   Cady, W. G.: Piezoelectricity. New York: Dover Public, 1964.

6.7   VIBRIT-Piezokeramik von Siemens, Firmenschrift.

6.8   Heckmann, G.: Die Gittertheorie der festen Körper. Ergeb. Exakten. Naturwiss. **4** (1925) 100

6.9   Landau, L. D.; Lifschitz, E.: Lehrbuch der Theoretischen Physik, Bd. VII "Elastizitätstheorie". Berlin: Akademie Verlag, 1975.

6.10 Meinke, H.; Gundlach, F. W.: Taschenbuch der Hochfrequenztechnik, 3. Aufl. Berlin: Springer 1968, S. 1234.

6.11 Kleen, W.: Die untere Grenze des Verstärkerrauschens. Phys. Unserer Zeit **13** (1982) 14.

6.12 Petersen, A.: Piezokeramische Sensoren und Stellglieder im Kraftfahrzeug. Automobil-Ind. **3** (1987) 259.

6.13 Morse, P. M.: Vibration and sound. New York: Acoustic Soc. AME, 1981.

6.14 Kleinschmidt, P.; Magori, V.: Ultrasonic remote sensors for noncontact object detection. Siemens Forsch.- Entwicklungsber **10** (1981) 110.

6.15 Stein, E. D.; Chung, A. Y.; Gallantree, H. R.: Sensor technologies for machine control and condition monitoring. Project No. 1224, BRITE-EURAM 2nd Technological Days, Brussels, 1989.

6.16 v. Jena, A.: Ultraschallsensor für hochauflösende Durchflußmessung. Siemens Forsch.- Entwicklungsber. **15** (1986) 3, S. 126.

6.17 Morgan: Surface wave devices for signal processing. Amsterdam: Elsevier, 1985.

6.18 Campbell: Surface acoustical wave devices and their signal processing applications. New York: Academic Press, 1989.

6.19 Matthews: Surface wave filters. New York: John Wiley, 1977.

6.20 Meixner, H.; Mader, G.; Kleinschmidt, P.: Infrared sensors based on the pyroelectric polymer polyvinylidene fluoride (PVDF). Siemens Forsch. Entwicklungsber **15** (1986) 3, S. 105.

6.21 Meixner, H.; Kleinschmidt, P.: Plastik spürt Wärme. Elektroniker **10** (1985) 81.

6.22 Mader, G.; Meixner, H.: Pyroelectric IR sensor arrays based on the polymer PVDF. Sensors Actuators, to be published.

6.23 Porter, S. G.: Pyroelectric detector arrays. IEE-Conf.-Publ. **263** (1986) 30.

6.24 Okiuama, M.; Togami, Y. et al.: Pyroelectric infrared-CCD image sensor using $LiTaO_3$. Sensors Actuators **16** (1989) 263–271.

6.25 Köhler, A.; Schiffel, R.: CCD-Sensoren, Fotoelemente, pyroelektr. Vidikon. Funkschau **22** (1985) 63.

7 Chemische Effekte

7.1 Allgemeines über chemische Sensoren

Im Rahmen von Prozeßüberwachung, Umweltschutz, Medizin und Arbeitssicherheit besteht der Wunsch, an sehr vielen Stellen die Konzentration bestimmter, auch schädlicher oder gefährlicher Stoffe in Gasen oder Flüssigkeiten laufend automatisch zu überwachen. Für einen so breit gestreuten, ständigen Einsatz können Analysegeräte, wie sie üblicherweise in Laboratorien verwendet werden, nicht eingesetzt werden, da im allgemeinen Meßzeit und finanzieller Aufwand viel zu hoch wären. Seit Jahren wird daher daran gearbeitet, verschiedene physikalisch-chemische Effekte auszunützen, um die Konzentration der betreffenden Stoffe mit möglichst einfachen Mitteln nachzuweisen. Als Ergebnis dieser Arbeiten erwartet man Sensoren, die die Konzentration des nachzuweisenden Stoffs möglichst direkt in ein elektrisches Signal umwandelt. Um dieses Ziel kostengünstig zu erreichen, ist man in Grenzen bereit, Konzessionen bezüglich Genauigkeit, Selektivität und Breite des Anwendungsbereichs einzuräumen.

Es gibt verschiedene Effekte, die für die Umwandlung der Konzentration eines bestimmten Stoffs in Luft oder in einer Flüssigkeit in ein elektrisches Signal ausgenützt werden:

- Der unmittelbarste Weg ist der, bei dem das nachzuweisende Atom oder Molekül selbst in Form eines Ions den Strom transportiert oder ein Potential aufbaut. Dieser Weg wird bei den Feststoffelektrolyten zur Messung von Gaskonzentrationen verwendet.
- Eine zweite Möglichkeit besteht darin, daß von den nachzuweisenden Molekülen ein elektrochemisches Potential unmittelbar an der Gate-Elektrode eines Feldeffekttransistors aufgebaut und damit der Source-Drain-Strom gesteuert wird.
- Bei MOS-Diodenanordnungen kann durch Adsorption der nachzuweisenden Moleküle die Austrittsarbeit eines der beiden Elektrodenmaterialien verändert werden. Die damit verbundene Änderung des elektrischen Verhaltens der Diode kann zum Gasnachweis verwendet werden.
- An bestimmten Halbleitermaterialien werden Gasatome bzw. -moleküle adsorbiert und bilden Zustände in der Energielücke. Von diesen Zuständen gelangen

thermisch aktivierte Elektronen ins Leitungsband. Ihre Anzahl ist ein Maß für die Gaskonzentration.
- Bei verschiedenen Isoliermaterialien führt die Adsorption von Molekeln mit hoher Polarisierbarkeit zur Veränderung der Gesamtpermittivität des Materials. In einem Kondensatoraufbau mit einem solchen Dielektrikum kann aus der Kapazitätsänderung auf die Gaskonzentration geschlossen werden.
- Schließlich gibt es noch verschiedene indirekte Effekte. So kann z.B. die Wärmetönung nachgewiesen werden, wenn das zu detektierende Gas an der Sensoroberfläche eine Reaktion eingeht. Desweiteren gibt es organische Moleküle, die auf der Basis eines Reaktionsgleichgewichts ihre optische Transparenz und Dielektrizitatskonstante ändern, wenn polare Gasmoleküle adsorbiert werden. In jedem der Fälle läßt sich damit auf einfache Weise die Konzentration des nachzuweisenden Gases ermitteln.

Die hier kurz aufgeführten Effekte werden in diesem Kapitel beschrieben. Wo theoretische Ableitungen der Abhängigkeit des elektrischen Signals von der Konzentration des nachzuweisenden Stoffs existieren, werden diese aufgeführt. Ebenso werden Meßergebnisse und Anwendungsbeispiele von chemischen Sensoren angegeben.

7.2 Feststoff-Ionenleiter

7.2.1 Zugrundeliegendes Prinzip

In einer Abhandlung über den Mechanismus der elektrischen Stromleitung im Nernst–Stift vermutete Wagner [7.1], daß in der Masse des Nernst–Stifts (85% Zirkonoxid, 15% Yttriumoxid) Sauerstoffionen über Leerstellen im Anionengitter die elektrische Ladung transportieren.

Die Vermutung wurde durch Messungen der Dichte, der elektrischen Leitfähigkeit und der Sauerstoffdiffusion mit radioaktiven Tracermethoden bestätigt. Die Sauerstoffleerstellen werden dadurch stabilisiert, daß bei Vorhandensein von zwei Y^{3+}-Ionen im Mittel ein Sauerstoffion weniger zur Aufrechterhaltung der Ladungsneutralität notwendig ist, als wenn diese zwei Kationengitterplätze mit zwei Zr^{4+}-Ionen besetzt sind. Bis zu einem gewissen Grad wirken die Anionenleerstellen als Donatoren für Elektronen, die bei erhöhter Temperatur ins Leitungsband gelangen können und dann zur elektrischen Leitfähigkeit beitragen. Während aber bei den in Abschn. 7.5 beschriebenen Materialien bei SnO_2, ZnO und WO_3 kein Ladungstransport über Ionen auftritt, setzt bei den Ionenleitern, wei z.B. bei Zirkonoxid, das mit Yttrium- oder Calciumoxid gemischt ist, bei Temperaturen oberhalb etwa 400 °C massiv Ladungstransport über Ionen ein, der um Zehnerpotenzen größer ist als der Ladungstransport durch Elektronen. In einem Ionenleiter wird also Ladung und Materie transportiert, wie in einem Elektrolyten. Deswegen werden die Ionenleiter oft auch Festkörperelektrolyten genannt.

Wie ein derartiger Ionenleiter als Chemosensor eingesetzt wird, sei am Beispiel einer Sauerstoffsonde [7.2] erläutert. Der Ionenleiter selbst trennt zwei Gebiete mit unterschiedlichen Sauerstoffpartialdrücken, z.B. Innen- und Außenraum bei zylindrischer Geometrie. Beide Oberflächen sind mit porösem Platin beschichtet, das bei höherer Temperatur sowohl als Elektrode als auch als Katalysator dient. Die Sauerstoffleerstellen des Ionenleiters stehen dort in Wechselwirkung mit dem Sauerstoffpartialdruck im Gasraum. Besteht ein Unterschied in den Partialdrücken auf den beiden Seiten des Ionenleiters, dann bildet sich ein Gradient im Ionenleiter aus und zwischen den beiden Platinelektroden kann eine EMK abgegriffen werden. Ist der Sauerstoffpartialdruck auf einer der beiden Seiten bekannt, so kann aus der gemessenen EMK der Sauerstoffpartialdruck auf der zweiten Seite des Ionenleiters ermittelt werden.

7.2.2 Funktionaler Zusammenhang zwischen EMK und Partialdruck

Die beschriebene Anordnung stellt eine galvanische Kette dar, auf die zur Berechnung der EMK bei gegebenem Druckunterschied die Nernstsche Betrachtungsweise angewendet werden kann [7.3]. Danach wird zunächst für jede der beiden Elektroden einzeln das elektrische Potential berechnet. Aus der Zusammenschaltung zu einer galvanischen Kette ergibt sich die EMK der Gesamtanordnung.

An der Platinelektrode auf dem Sauerstoffionenleiter stellt sich folgendes Gleichgewicht ein:

$$O_2 + 4e^- \rightleftharpoons 2O^{2-}. \tag{7.1}$$

Mit zu- oder abnehmendem Sauerstoffpartialdruck wird die Konzentration der zweifach negativ geladenen Sauerstoffionen an der Elektrode zu- oder abnehmen. Wird ganz allgemein der Druck in einem Gasraum von einem Referenzdruck P_0 auf einen Druck P geändert, so ändert sich die freie Energie G

$$\Delta G = \int_{P_0}^{P} V \, dP. \tag{7.2}$$

Über die allgemeine Gasgleichung hängt das Volumen vom Druck ab

$$PV = nRT, \tag{7.3}$$

mit n Anzahl der Mole des Gases im Volumen V, R Gaskonstante, T absolute Temperatur. Dies in Gl. (7.2) eingesetzt, ergibt

$$\Delta G = nRT \int_{P_0}^{P} \frac{dP}{P} = nRT \ln (P/P_0). \tag{7.4}$$

Dividiert man diese Änderung der freien Energie durch die Ladung,

$$Q = 4nF, \tag{7.5}$$

die n mol Sauerstoffionen transportieren können, so erhält man die Änderung $\Delta\Phi_1$ des elektrischen Potentials der Platinelektrode, wenn an ihrer Oberfläche der Sauerstoffpartialdruck von P_0 auf P_1 verändert wird.

$$\Delta\Phi_1 = \frac{\Delta G_1}{Q} = \frac{RT}{4F} \ln (P_1/P_0) \tag{7.6}$$

mit $F = 9{,}65 \cdot 10^4$ As/mol (Faraday–Zahl). Im Nenner steht 4F, da jedes Sauerstoffmolekül aus zwei Atomen besteht und jedes Sauerstoffion nach Gl. (7.1) zwei negative Ladungen trägt.

An der zweiten Elektrode auf der anderen Seite des Ionenleiters vollzieht sich der gleiche Vorgang. Herrscht dort der Sauerstoffpartialdruck P_2, so ergibt sich entsprechend

$$\Delta\Phi_2 = \frac{RT}{4F} \ln (P_2/P_0). \tag{7.7}$$

Wenn nun $P_1 \neq P_2$, so liegt zwischen den beiden Elektroden eine Potentialdifferenz, eine EMK vor, deren Größe vom Verhältnis der beiden Partialdrücke abhängt.

$$U = \Delta\Phi_1 - \Delta\Phi_2 = \frac{RT}{4F} \ln (P_1/P_2). \tag{7.8}$$

Bei einem Druckverhältnis $P_1/P_2 = 10$ und einer Temperatur von 600 °C ergibt das eine Potentialdifferenz von 43 mV.

7.2.3 Experimentelle Ergebnisse

Das wichtigste Einsatzgebiet der Feststoffelektrolyten sind die Sauerstoffmeßzellen. Hier konnten bereits Weisbart und Ruka [7.2] an der Zelle

$$O_2(P_1), Pt/(ZrO_2)_{0,85}(CaO)_{0,15}/Pt, O_2(P_2)$$

zeigen, daß der theoretisch abgeleitete Zusammenhang nach Gl. (7.8) von den Meßergebnissen voll bestätigt wird (Bild 7.1). Der Beitrag der Elektronen zur elektrischen Leitfähigkeit dieser Zelle ist bei 1000 °C weniger als 5%.

Das Zeitverhalten von Sauerstoffmeßzellen zeigen die Bilder 7.2 und 7.3 nach [7.4]. Die Anstiegszeiten des Signals bei einer Änderung des Sauerstoffpartialdrucks liegen durchweg im Sekundenbereich. Sie nehmen mit zunehmender Temperatur ab. Außerdem hängt die Anstiegszeit etwas von der Größe des Drucksprungs ab (Bild 7.3). Je größer der Druckunterschied bei Veränderung des zu messenden Drucks ist, desto länger dauert es, bis die Zelle ihren neuen Wert anzeigt.

Die Tatsache, daß nennenswerte Ionenleitung in den Sauerstoffionenleitern erst oberhalb 400 °C eintritt und Anstiegszeiten im Sekundenbereich erst bei Temperaturen oberhalb 600 °C erreicht werden, schränkt den Einsatz der Sauer-

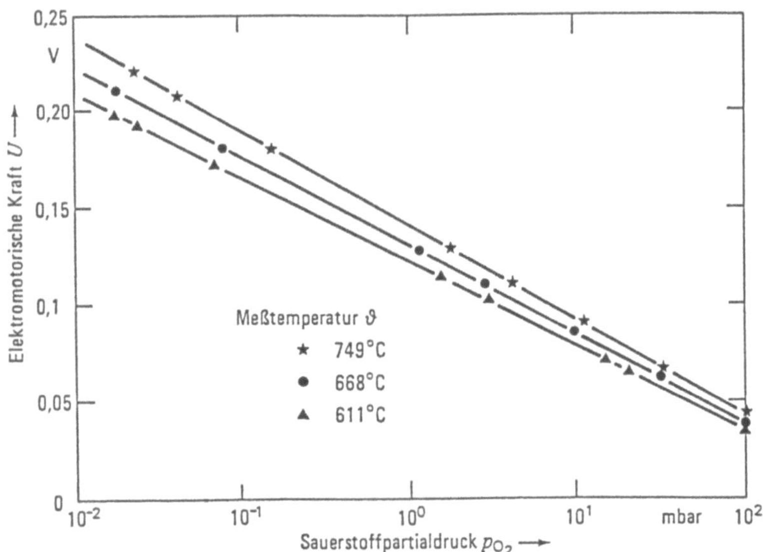

Bild 7.1. Abhängigkeit der EMK U vom Sauerstoffpartialdruck P_{O_2} auf einer Seite des Ionenleiters. Der Druck auf der anderen Seite ist konstant und beträgt 720 mbar. Parameter ist die Temperatur der Feststoffzelle

stoffmeßzellen außerordentlich stark ein. Immerhin gibt es ein ganz wichtiges Anwendungsgebiet, bei dem der Sauerstoffpartialdruck bei so hohen Temperaturen gemessen werden muß, nämlich bei der Messung in den Auspuffgasen von Verbrennungsmotoren [7.5]. In den Auspuffgasen eines Verbrennungsmotors tritt ein großer Sprung im Sauerstoffpartialdruck auf, wenn sich das dem Motor angebotene Kraftstoff/Luft-Gemisch von der mageren Zusammensetzung über die stöchiometrisch exakte Zusammensetzung zur kraftstoffreichen Zusammensetzung ändert. Bei warmem Motor haben diese Auspuffgase Temperaturen von etwa 900 °C. Ein Ionenleiter als Sauerstoffsensor in diesen heißen Gasen kann also dazu dienen, das Kraftstoff/Luft-Gemisch möglichst immer genau auf der stöchiometrisch richtigen Zusammensetzung zu halten, um die Emission von schädlichen Gaskomponenten zu minimieren.

Insgesamt ist aber die Anwendung einer solchen Zelle im Auspuffgas deutlich komplexer als beim Vergleich von zwei Sauerstoffdrücken. Im Auspuffgas sind noch andere Gase vorhanden, die bei den hohen Temperaturen mit Sauerstoff reagieren können [7.6]. Insbesondere CO-Gas stört die Anzeige der Zelle, und zwar auf zweierlei Weise: Reagiert CO-Gas im heißen Auspuffgasstrom noch mit Sauerstoff, so ist der an der Elektrode der Meßzelle vorhandene Sauerstoffpartialdruck nicht der, der für die Reaktion im Zylinder charakteristisch ist. Dadurch wird das Meßergebnis verfälscht. CO wird andererseits gerade an Platin stark absorbiert. Dabei kann es mit dem an dieser Elektrode ebenfalls adsorbierten

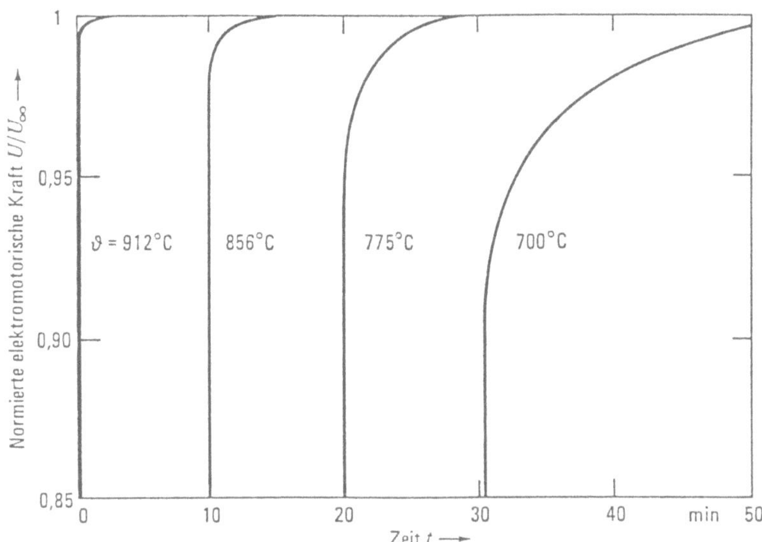

Bild 7.2. Zeitverhalten des Signals eines Sauerstoffsensors, wenn an der Meßseite des Sensors von einem $O_2|N_2$-Gemisch von 21:79 (Luft) auf ein $O_2|N_2$-Gemisch von 3:97 gewechselt wird. Parameter ist die Temperatur der Meßstelle. U_∞ ist die Gleichgewichts-EMK. (Die einzelnen Versuche sind jeweils um 10 min versetzt eingezeichnet)

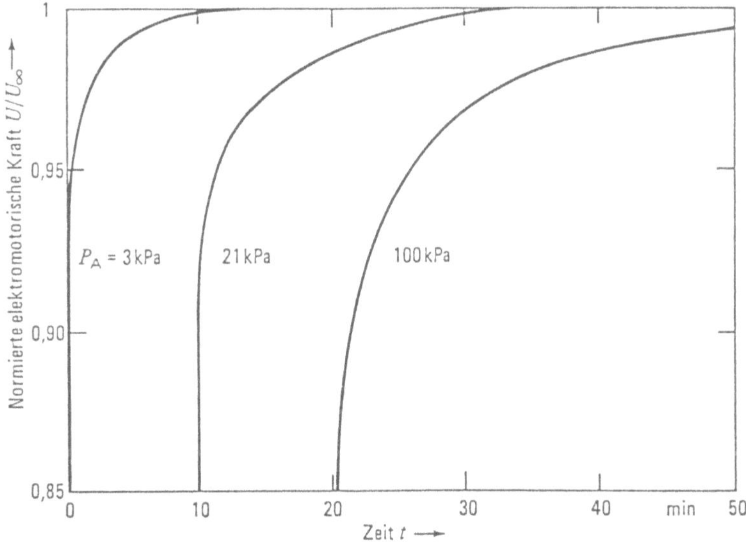

Bild 7.3. Zeitverhalten des Signals eines Sauerstoffsensors, wenn zu den Zeiten $t = 0$, $t = 10$ bzw. $t = 20$ der Sauerstoffpartialdruck P_A von 3 kPa, 21 kPa bzw. 100 kPa jeweils auf 0,3 kPa abgesenkt wurde. Meßtemperatur $\theta = 790\,°C$

149

Sauerstoff (s. Gl. (7.1)) reagieren und damit ebenfalls die Anzeige des Sauerstoffpartialdrucks verfälschen.

Neben dieser Anwendung von Sauerstoffmeßzellen zur Optimierung von Verbrennungsprozessen wurden in jüngster Zeit Zellen anderer Zusammensetzung bekannt mit dem Ziel, dieses Meßprinzip auch für die Messung anderer Gase einzusetzen. So wird z.B. der Ionenleiter K_2SO_4 in einer Feststoffzelle zum Nachweis von Schwefeldioxid in Luft untersucht [7.7]. Es wird auch versucht, die Beeinflussung der Ionenleitfähigkeit selbst durch die Veränderung des Partialdrucks eines Gases an der Oberfläche des Ionenleiters zur Messung zu verwenden, z.B. Li_2MO_4 (wobei M für Al, Ga, Fe steht) als Sensor für Wasserdampf [7.8].

Bei neuen Materialien für Sensoranwendungen sind bei den Ionenleitern jeweils zwei wesentliche Schwierigkeiten zu überwinden:

- Da Diffusionsprozesse eine entscheidende Rolle spielen, sind oftmals lange Anstiegszeiten in Kauf zu nehmen. Man versucht dem durch hohe Temperaturen und Aufbau des Sensors in Dünnschichtform zu begegnen.
- Da an der Oberfläche der Sensoren chemische Prozesse ablaufen, besteht die Gefahr, daß die Sensoren nicht auf längere Zeit stabil sind.

7.3 Ionensensitiver Feldeffekttransistor

7.3.1 Physikalisches Prinzip

Bei einem Feldeffekttransistor (FET) wird über die Spannung an der Gateelektrode der Strom zwischen Source- und Drainelektrode gesteuert [7.9]. Entscheidend ist dabei die Wirkung des elektrischen Feldes, die die Ladungen auf der Gateelektrode durch das Gateoxid hindurch auf den darunterliegenden Halbleiter ausüben. Über dieses Feld wird die Anzahl der Ladungsträger im Kanal zwischen Source und Drain beeinflußt. Auch ortsfeste Ladungsträger, wie sie bei der thermischen Oxidation von Siliziumoxid gebildet werden, beeinflussen den Stromtransport zwischen Source und Drain.

Daraus schloß Bergveld [7.10], daß auch ein elektrochemisches Potential am Gateoxid diesen Strom beeinflussen müßte. Das elektrochemische Potential kann genauso wie das Potential an einer Gaselektrode bei elektrochemischen Messungen erzeugt werden [7.11]. Entsprechend diesen Überlegungen hat ein ionensensitiver Feldeffekttransistor (ISFET) den in Bild 7.4 gezeigten prinzipiellen Aufbau. Er ist im Grunde ein FET ohne metallische Gateelektrode. An ihre Stelle tritt die Lösung bzw. der Elektrolyt, in dem die Konzentration eines bestimmten Ions gemessen werden soll.

Aus der Elektrochemie [7.11] ist bekannt, wie das elektrochemische Potential an einer Glaselektrode berechnet wird. Im wesentlichen führen ähnliche Überlegungen wie im vorangegangenen Abschnitt über Ionenleiter zu einem der Gl. (7.8)

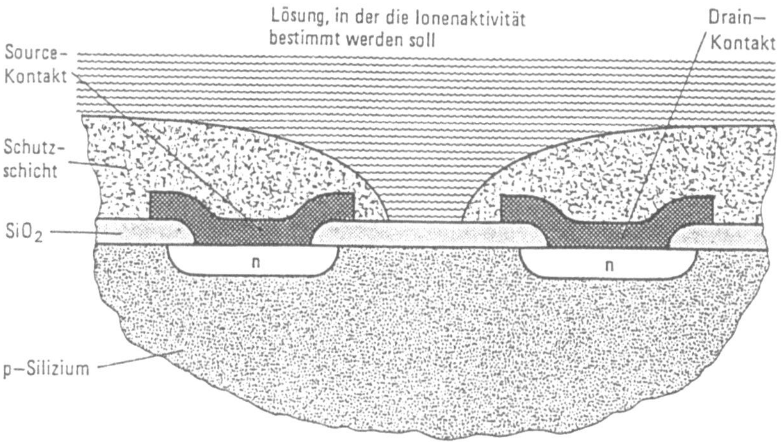

Bild 7.4. Prinzipieller Aufbau eines ionensensitiven Feldeffekttransistors (ISFET) zum Nachweis der Ionenaktivität in einer Lösung

vergleichbaren Zusammenhang des elektrochemischen Potentials Φ mit der Aktivität a [7.11] des zu messenden Ions X in d er Lösung.

$$\Phi = \text{const} + \frac{RT}{zF} \ln a_x. \tag{7.9}$$

z bedeutet darin die Ladung des Ions, dessen Konzentration betrachtet wird. In sehr verdünnten Lösungen kann die Aktivität der Ionen gleich ihrer Konzentration in der Lösung gesetzt werden [7.11].

Das elektrochemische Potential Φ wirkt wie eine an eine Gateelektrode angelegte Spannung. Bei Feldeffekttransistoren ist der Source-Drain-Strom dem Quadrat der Gatespannung proportional. Konzentrationsänderungen in der Lösung wirken sich also über Gl. (7.9) durch das Gateoxid hindurch auf den Source-Drain-Strom aus.

7.3.2 Experimentelle Ergebnisse

Bergveld selbst [7.10] benützte eine nach Bild 7.4 aufgebaute Anordnung, um die Konzentration von Na⁺-Ionen in einer NaCl-Lösung zu messen (Bild 7.5). Der Grundstrom des ISFET bei einem pH-Wert der Lösung von 4,2 beträgt etwa 200 µA. Bei Änderung der Konzentration der Lösung jeweils um eine Zehnerpotenz nimmt der Source-Drain-Strom um 1 µA zu. Der logarithmische Zusammenhang zwischen Potential am Gateoxid und der Konzentration in der Lösung gemäß Gl. (7.9) ist damit nachgewiesen.

Auch zur Messung des pH-Werts von Lösungen wurden ISFETs verwendet [7.12]. Anfängliche Schwierigkeiten konnten behoben werden durch die Isolie-

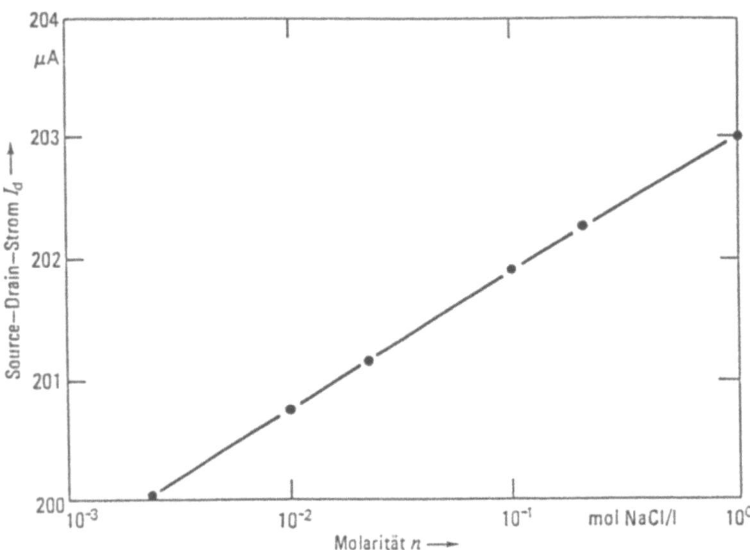

Bild 7.5. Abhängigkeit des Source-Drain-Stroms I_d eines ISFET von der Molarität n einer NaCl-Lösung

rung der Gate-Elektrode mit Si_3N_4, Al_2O_3 oder Ta_2O_5 zusätzlich zur SiO_2-Schicht.

Ein Feldeffekttransistor mit dem Aufbau nach Bild 7.4 wird von jedem elektrochemischen Potential gesteuert, gleichgültig von welchen Ionen dies hervorgerufen wird. Man ist deshalb auch dazu übergegangen, auf die Gate-Isolierung eine weitere Schicht aufzubringen, die entweder selektiv aufnahmefähig ist oder in der selektive Reaktionen ablaufen können, die dann z.B. mittelbar über eine pH-Wert-Änderung den Transistor steuern. Als selektiv aufnahmefähige Schichten haben sich z.B. in Weich-PVC eingebettete Ionencarrier bewährt wie etwa Valinomycin, das für Kalium-Ionen ein spezifischer Komplexbildner ist [7.13].

An reaktiven Schichten sind es vor allen Dingen immobilisierte Enzyme, deren hochspezifische Reaktionen für Biosensoren auf FET-Basis genutzt werden [7.14]. Einen guten Überblick über ionensensitive Feldeffekttransistoren geben Bergveld in [7.15] sowie Bergveld und Sibbald in [7.16].

7.4 Änderung der Austrittsarbeit bei Metallen durch Gasadsorption

7.4.1 Physikalisches Prinzip

Genauso wie durch verschiedene Ionenkonzentrationen (Abschn. 7.3.1) kann die Anzahl der Ladungsträger im Kanal zwischen Source und Drain auch durch

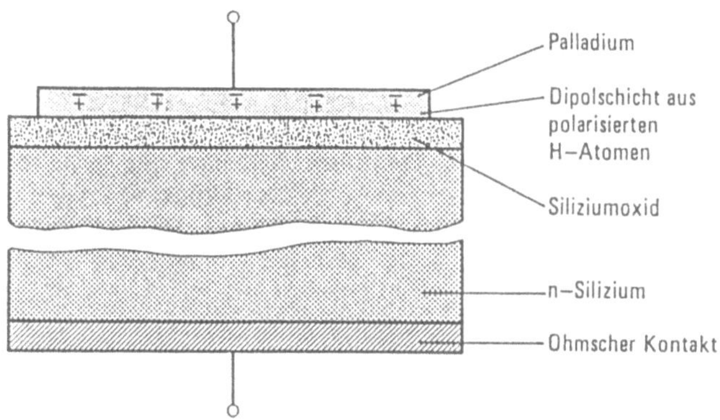

Bild 7.6. Aufbau einer MOS-Diode mit Palladiummetall. Der adsorbierte Wasserstoff ist in der Palladiumschicht gleichmäßig verteilt. An der Grenzfläche Pd/SiO_2 werden die H-Atome polarisiert

Aufbringen verschiedener Metallschichten auf das Gateoxid geändert werden. Metalle mit unterschiedlichen Werten der Elektronen-Austrittsarbeit führen zu unterschiedlichen Ladungsträgerkonzentrationen [7.17]. Kann durch die Adsorption eines bestimmten Gases die Austrittsarbeit ein und desselben Metalls verändert werden, so kann dies zur Messung der Gaskonzentration verwendet werden.

Eine Kombination von Metall und Gas, bei der dies möglich ist, ist Palladium und Wasserstoff. Damit läßt sich ein Wasserstoffsensor nach Bild 7.6 aufbauen [7.18, 7.19]. Palladium kann in hohem Maße Wasserstoff adsorbieren. Es stellt sich ein Gleichgewicht zwischen dem adsorbierten Wasserstoff und dem Wasserstoff im Gasraum ein. In der Metallschicht spaltet sich das Molekül in atomaren Wasserstoff auf. Dieser diffundiert bei Zimmertemperatur in weniger als 1 ms durch eine z.B. 50 nm dicke Palladiumschicht hindurch. Die Wasserstoffatome reichern sich an der Grenzflächen Palladium/Siliziumoxid an und erzeugen dort eine Dipolschicht [7.20]. Diese Dipolschicht bewirkt eine Erniedrigung der Austrittsarbeit des Metalls. Die damit bewirkte Änderung der Anzahl der Ladungsträger im Silizium unterhalb des Oxids kann als Stromänderung zwischen Source und Drain oder als Änderung der differentiellen Kapazität in einer MOS-Anordnung gemessen werden.

7.4.2 Funktionaler Zusammenhang von Spannungsänderung und Partialdruck

Bei MOS-Kapazitäten mit verschiedenen Metallen auf dem Oxid werden durch die verschiedene Austrittsarbeit der Metalle die C(U)-Kurven längs der Spannungsachse verschoben [7.17]. Auf vergleichbare Weise beeinflußt die Änderung der Austrittsarbeit des Palladiums durch den adsorbierten Wasserstoff die C(U)-Kurven. Wie stark die C(U)-Kurve durch den Wasserstoff verschoben wird, hängt von der Konzentration des Wasserstoffs im Palladium ab. Sind alle mit

Wasserstoff belegbaren Adsorptionsplätze belegt (Bedeckungsgrad $\Theta = 1$), so tritt die maximale Verschiebung ΔU_{max} der C(U)-Kurve auf. Ist der Bedeckungsgrad kleiner als 1, so tritt eine entsprechend kleinere Verschiebung ΔU auf.

$$\Delta U = \Theta \Delta U_{max}. \tag{7.10}$$

Es muß nun ein Zusammenhang zwischen dem Bedeckungsgrad Θ und der Gaskonzentration gefunden werden. Dazu werden die Reaktionen betrachtet, die an der Oberfläche des Palladiums ablaufen.

Ein H_2-Molekül trifft auf der Oberfläche des Palladiums auf und wird in zwei H-Atome gespalten, die auf zwei Adsorptionsplätzen M adsorbiert werden.

$$H_{2\,gas} + 2M \underset{k_{-1}}{\overset{k_1}{\rightleftarrows}} 2H_{ad}. \tag{7.11}$$

Soll der Sensor an Luft betrieben werden, so muß berücksichtigt werden, daß der adsorbierte Wasserstoff von dem Sauerstoff der Luft oxidiert wird.[1]

$$O_{2\,gas} + 2H_{ad} \underset{k_{-2}}{\overset{k_2}{\rightleftarrows}} 2OH_{ad}. \tag{7.12}$$

Durch Verbrauch eines weiteren adsorbierten Wasserstoffatoms wandelt sich OH_{ad} schließlich in Wasser um.

$$OH_{ad} + H_{ad} \underset{k_{-3}}{\overset{k_3}{\rightleftarrows}} H_2O_{gas}. \tag{7.13}$$

Der Zusammenhang von Θ mit dem Partialdruck des Wasserstoffs wird aus der Reaktionskinetik für die Reaktionen (7.11) und (7.12) ermittelt. Für die Zunahme der Konzentration an adsorbiertem Wasserstoff H_{ad} ergibt sich[2]

$$\frac{1}{2}\frac{d[H_{ad}]}{dt} = k_1[H_{2\,gas}][M]^2 - k_{-1}[H_{ad}]^2. \tag{7.14}$$

$$\frac{1}{2}\frac{d[H_{ad}]}{dt} = -k_2[O_{2\,gas}][H_{ad}]^2 + k_{-2}[OH_{ad}]^2. \tag{7.15}$$

$$\frac{d[H_{ad}]}{dt} = -k_3[OH_{ad}][H_{ad}] + k_{-3}[H_2O_{gas}]. \tag{7.16}$$

Für den hier betrachteten Fall – Nachweis von Wasserstoff in Luft – liegt in Reaktion (7.13) das Gleichgewicht ganz auf der rechten Seite, d.h. die Rückreak-

---

[1] Der Einfachheit halber wird angenommen, daß diese Reaktion mit Sauerstoff direkt aus der Luft (Rideal-Eley-Mechanismus) ablaufen kann und nicht auch der Sauerstoff erst adsorbiert werden muß und dann mit dem Wasserstoff an der Oberfläche reagieren kann (Langmuir-Hinshelwood-Mechanismus).

[2] Die mit eckigen Klammern versehenen Größen bedeuten jeweils die Konzentration der entsprechenden Reaktionspartner.

tion kann vernachlässigt werden. Dadurch wird auch die Konzentration von adsorbierten OH-Gruppen sehr gering, so daß Glieder, die den Faktor $[OH_{ad}]$ enthalten, ebenfalls vernachlässigt werden können. Damit ergibt sich durch Addition der Gl. (7.14) und (7.15) für die Bildungsgeschwindigkeit von adsorbiertem Wasserstoff

$$\frac{d[H_{ad}]}{dt} = k_1[H_{2\,gas}], \quad [M]^2 - k_{-1}[H_{ad}]^2 - k_2[O_{2\,gas}][H_{ad}]^2. \tag{7.17}$$

Im Gleichgewichtszustand ist $d[H_{ad}]/dt = 0$.

Für die Konzentration $[H_{ad}]$ des adsorbierten Wasserstoffs kann der Bedeckungsgrad Θ und für die Konzentration $[M]$ der zur Adsorption von neu ankommenden Wasserstoff an der Oberfläche zur Verfügung stehenden Oberflächenplätze kann $(1 - \Theta)$ gesetzt werden. Damit ergibt sich

$$\frac{\Theta}{1 - \Theta} = \left(\frac{k_1}{k_{-1} + k_2[O_{2\,gas}]}\right)^{1/2} [H_{2\,gas}]^{1/2} \tag{7.18}$$

Mit dem Zusammenhang zwischen Bedeckungsgrad und der Spannungsverschiebung der C(U)-Kurven (Gl. (7.10)) ergibt sich

$$\frac{\Delta U_{max}}{\Delta U} = 1 + \left(\frac{k_{-1} + k_2[O_{2\,gas}]}{k_1}\right)^{1/2} [H_{2\,gas}]^{-1/2}. \tag{7.19}$$

Wenn bei höheren Temperaturen das Gleichgewicht auch der Reaktion (7.11) zur rechten Seite verlagert ist, so vereinfacht sich Gl. (7.19) weiter zu

$$\frac{\Delta U_{max}}{\Delta U} = 1 + \left(\frac{k_2}{k_1}\right)^{1/2} ([O_{2\,gas}]/[H_{2\,gas}])^{1/2}. \tag{7.20}$$

Anstelle der Größen $[O_{2\,gas}]$ bzw. $[H_{2\,gas}]$ können die Partialdrücke von Sauerstoff bzw. Wasserstoff eingesetzt werden.

7.4.3 Meßergebnisse an MOS-Kapazitäten mit Palladium

Die unmittelbar der Messung zugängliche Größe ist die differentielle Kapazität, die bei verschiedenen Spannungen an der Diode gemessen wird. Bild 7.7 zeigt den Verlauf von C(U) für Kapazitäten mit verschieden dicker SiO_2-Schicht, jeweils ohne und mit 3% Wasserstoff bei einer Temperatur des Bauelements von 82 °C [7.19]. Bei entsprechender Variation der Versuchsbedingungen kann man aus solchen Kurven die Zusammenhänge nach Gl. (7.19) bzw. (7.20) experimentell überprüfen. Bild 7.8 zeigt die Abhängigkeit der Spannungsänderung vom Wasserstoffpartialdruck bei verschiedenen Werten des Sauerstoffpartialdrucks, gemessen bei 120 °C. Das experimentelle Ergebnis zeigt gute Übereinstimmung mit den Gl. (7.19) und (7.20). Aus dem Verlauf von $\Delta U_{max}/\Delta U$ bei $P_{O_2} = 0$ ist zu schließen, daß bei 120 °C bereits ein bestimmter Anteil von Wasserstoff vom Palladium wieder desorbiert (Rückreaktion von Gl. (7.11)).

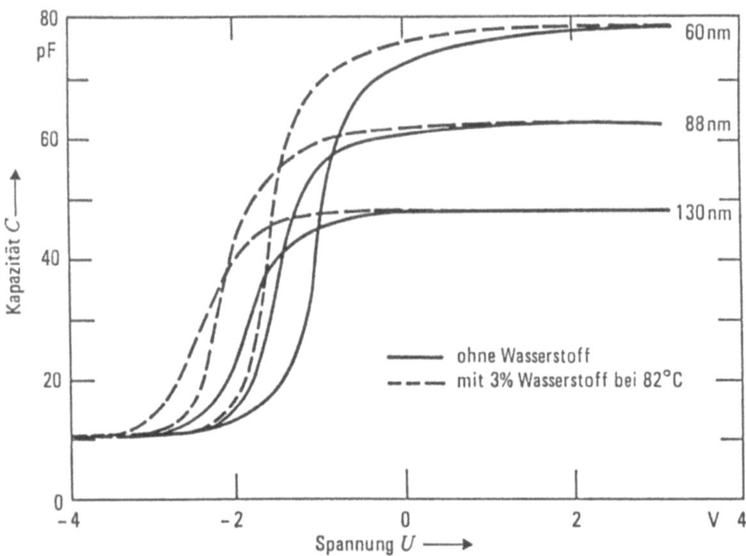

Bild 7.7. Differentielle Kapazität C als Funktion der Spannung U an einer mit Palladium belegten Adsorptions-MOS-Diode bei verschiedenen Dicken des Oxids

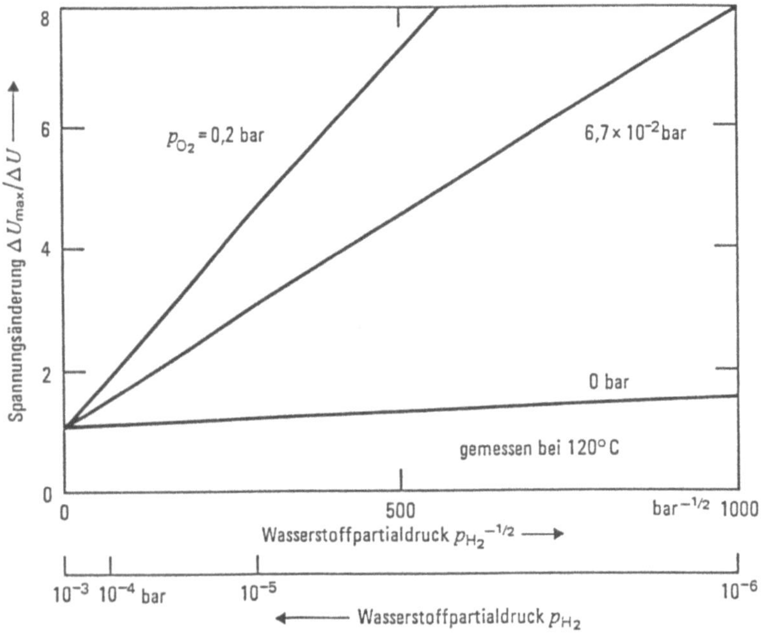

Bild 7.8. Reziproke Spannungsänderung an einer Adsorptions-MOS-Diode als Funktion des Kehrwerts der Wurzel aus der Wasserstoffkonzentration bei verschiedenen Sauerstoffpartialdrücken

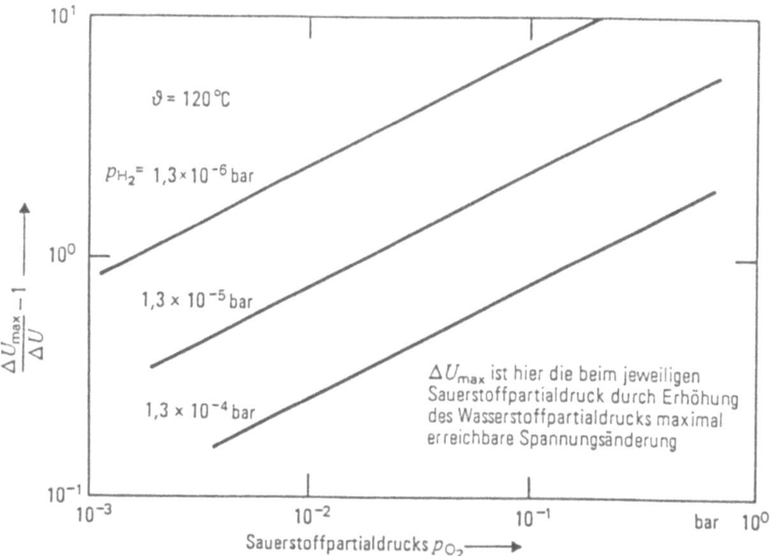

Bild 7.9. Spannungsänderung an einer Adsorptions-MOS-Diode als Funktion des Sauerstoffpartialdrucks bei verschiedenen Wasserstoffpartialdrücken, gemessen bei 120 °C

Bild 7.9 zeigt entsprechend die Abhängigkeit der Spannungsänderung vom Sauerstoffpartialdruck bei verschiedenen Wasserstoffpartialdrucken in guter Übereinstimmung mit Gl. (7.19) bzw. (7.20). Danach lassen sich derartige MOS-Kapazitäten in einem weiten Wasserstoffdruckbereich von etwa 10^{-6} bis 10^{-2} bar verwenden. Bei Zumischung dieser Wasserstoffdrücke zu Luft entsprechen diese Werte Konzentrationen von einigen ppm bis einigen Prozent.

Aufgrund der speziellen Eigenschaft von Palladium haben solche MOS-Kapazitäten eine gewisse Selektivität. Es wurde durch Versuche nachgewiesen [7.19], daß MOS-Gassensoren mit Palladiummetall auf Gase, wie z.B. Kohlenmonoxid, Schwefeldioxid oder Stickoxid, nicht ansprechen. Dagegen führt die Anwesenheit von Gasen, die Wasserstoff abspalten können, wie z.B. Ammoniak [7.21] oder Schwefelwasserstoff [7.22] ebenfalls zu einer Verschiebung der C(U)-Kurve. Der Sensor ist in dieser Form also auf Gase, die Wasserstoff im Molekül enthalten, selektiv. Eine wesentliche Verbesserung der Selektivität wurde erreicht durch Beschichten der Palladiumelektrode mit dünnen Zeolithschichten. Je nach Porengröße bewirken sie ein unterschiedliches dynamisches Ansprechverhalten für verschiedene Gase. Dadurch wird noch einmal eine Unterscheidung zwischen verschiedenen Wasserstoff enthaltenden Gasen möglich [7.23].

In [7.19] wurde das Zeitverhalten von MOS-Gassensoren gemessen. Bild 7.10 zeigt die Änderung der Kapazität, wenn Luft mit verschiedenen Wasserstoffanteilen auf den Sensor einwirkt. Die Anstiegszeit hängt deutlich von der Wasserstoffkonzentration ab. Je höher der Wasserstoffanteil, um so schneller erreicht

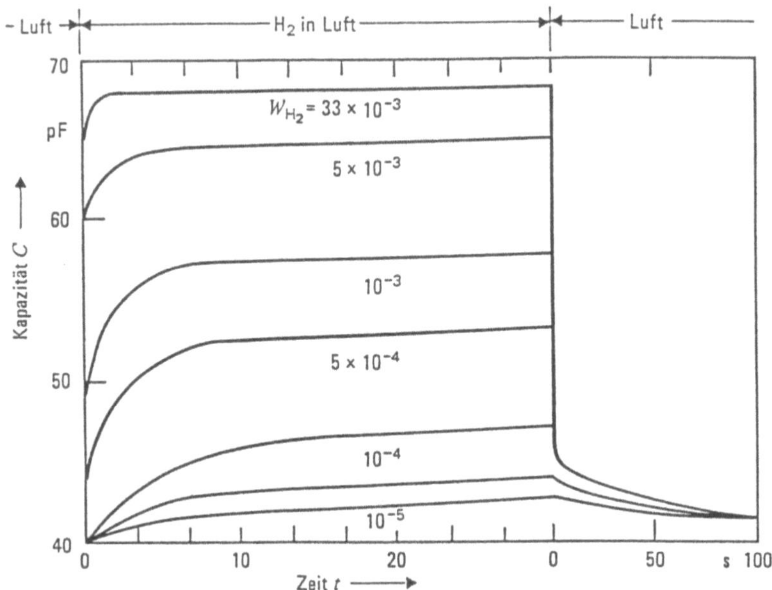

Bild 7.10. Zeitlicher Verlauf der differentiellen Kapazität einer Adsorptions-MOS-Diode, wenn die Diode verschiedenen Wasserstoffkonzentrationen W_{H_2} ausgesetzt wird. Nach 30 s wird nur Luft über die Diode geleitet. Meßtemperatur 20 °C

der Sensor seinen Gleichgewichtswert. Die Desorption geschieht anfangs sehr schnell. Für die Desorption des gesamten Wasserstoffs werden aber mehr als 2 min benötigt.

Bei Beaufschlagung derartiger Sensoren mit nicht mehr als etwa 5% Wasserstoff in Luft wurden innerhalb drei Monaten keine Degradationserscheinungen festgestellt. Wird der Sensor dagegen in 100% Wasserstoff betrieben, so deformiert sich die 50 nm dicke Palladiumschicht und löst sich vom Siliziumoxid ab [7.19]. Bei dünneren Palladiumschichten tritt dies nicht auf, da die durch Wasserstoffaufnahme hervorgerufenen inneren mechanischen Spannungen klein bleiben.

Wie in Verbindung mit Abschn. 7.3.1. hervorgeht, lassen sich die aufgeführten Vorstellungen unmittelbar auf einen Feldeffekttransistor übertragen. Der prinzipielle Aufbau entspricht wiederum dem in Bild 7.4 dargestellten, wobei jetzt auf die Gate-Isolierung zusätzlich noch die absorbierende Metallschicht aufgebracht ist und an die Stelle der Lösung das zu messende Gas tritt. Die grundsätzliche Anordnung wurde von Lundström [7.20] vorgeschlagen. Hier besteht die Gate-Elektrode aus Palladium, weshalb dieser Sensor auch häufig als Pd-FET bezeichnet wird. Die Adsorption von Wasserstoff oder wasserstoffhaltigen Gasen an dieser Elektrode verschiebt das Kennlinienfeld und verändert so die Einsatzspannung des FET. Für die Veränderung der Einsatzspannung gelten ebenfalls die Gln. (7.19) bzw. (7.20).

158

7.5 Metalloxid-Gassensoren

7.5.1 Physikalisches Prinzip

Bereits 1954 wurde von Heiland [7.24] festgestellt, daß bei Oxidhalbleitern die
elektrische Leitfähigkeit durch Einwirkung von Gasen auf die Oberfläche beeinflußt wird. 1966 schlugen Seiyama und Kagawa [7.25] vor, diesen Effekt zum
Nachweis von Gasen zu benützen. Trotz ihrer Verwendung zum Nachweis
reduzierender Gase sind diese Sensoren primär Sauerstoffsensoren. Die Metalloxide, die bisher als Gassensoren Verwendung fanden (fast ausschließlich SnO_2
und ZnO), sind selbst als Einkristalle n-leitend, da sie immer ein gewisses Defizit
an Sauerstoff aufweisen. Sauerstoffleerstellen bilden Donatorzustände. Sie können
ein oder zwei Elektronen an das Leitungsband abgeben. Wenn die Oberfläche
eines solchen Metalloxides so präpariert werden kann, daß die Konzentration
der Sauerstoffleerstellen an der Oberfläche vom Sauerstoffpartialdruck in der
Gasphase abhängt, so kann dieses Metalloxid als Gassensor verwendet werden.
Das Metalloxid setzt sich dann bei Temperaturen zwischen 200 und 500 °C mit
dem Sauerstoff der Luft ins Gleichgewicht und hat in diesem Zustand eine
bestimmte Grundleitfähigkeit, die vom Sauerstoffpartialdruck abhängt.

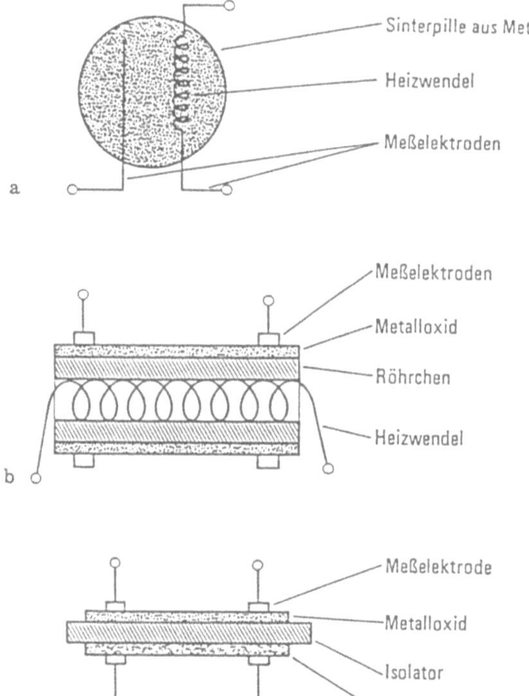

Bild 7.11 a–c. Bauformen
von Metalloxid-Gassensoren.
a Pillenform: In der Pille
aus Sensormaterial ist eine
Platinheizwendel eingesintert;
b Röhrchenform: Auf einem
isolierenden Röhrchen ist
auf der Außenseite die
gasempfindliche Schicht
aufgebracht. Geheizt wird
über die Heizwendel im
Inneren des Röhrchens;
c Dünnschichtform:
Auf einem isolierenden
Trägerplättchen ist auf der
einen Seite die Sensorschicht
aufgebracht. Auf der
Rückseite befindet sich die
Heizschicht

Einige Metalloxide wie SnO_2, ZnO und WO_3 haben nun die Eigenschaft, daß reduzierende Gase auf ihrer Oberfläche mit dem nur lose gebundenen Sauerstoff reagieren können. Ist das entstehende Reaktionsprodukt in der Lage, von der Oberfläche zu desorbieren, so wird auch durch diesen Prozeß die Konzentration der Sauerstoffleerstellen und damit die Leitfähigkeit des Oxids verändert. Bei konstantem Saurstoffpartialdruck kann dieser Effekt zur Messung des Partialdrucks des reduzierenden Gases verwendet werden.

Sensoren nach diesem Prinzip haben drei wesentliche Bauformen. Bei der Pillenform (Bild 7.11a) liegt das Metalloxid als kleiner Sinterkörper vor, der über eine eingesinterte Heizwendel auf erhöhter Temperatur gehalten wird. Über eine weitere Elektrode wird der Strom durch den Sinterkörper gemessen. Bei der Röhrchenform (Bild 7.11b) wird das Metalloxid meist als Dickschicht ($\approx 100\,\mu m$) auf ein isolierendes Röhrchen aufgebracht. Als Heizung dient eine Drahtwendel im Inneren des Röhrchens. Bei der Dünnschichtform (Bild 7.11c) ist das Metalloxid auf einem isolierenden Träger aufgebracht. Durch eine auf der Rückseite des isolierenden Trägerplättchens angebrachte Heizschicht kann auch hier die Sensorschicht auf erhöhte Temperatur gebracht werden.

7.5.2 Funktionaler Zusammenhang von Leitfähigkeit und Sauerstoffpartialdruck

An der Oberfläche von Metalloxiden, die als Gassensoren verwendet werden, herrscht ein bestimmtes Defizit an Sauerstoffatomen gegenüber der exakt stöchiometrischen Zusammensetzung. Jede solche Sauerstoffleerstelle V liefert ein oder zwei Elektronen an das Leitungsband, je nachdem ob die Leerstelle einfach (V^+) oder zweifach (V^{++}) ionisiert wird. Sauerstoff aus der Luft wird bevorzugt an diesen Stellen adsorbiert und somit vorübergehend auf einem regulären Sauerstoffplatz eingebaut. Dabei verschwindet die Sauerstoffleerstelle. Außerdem werden ein bzw. zwei Elektronen dem Leitungsband wieder entzogen.

$$O_{2\,gas} + 2V^+ + 2e^- \underset{k_{-4}}{\overset{k_4}{\rightleftharpoons}} 2O_R. \tag{7.21}$$

$$O_{2\,gas} + 2V^{++} + 4e^- \underset{k_{-5}}{\overset{k_5}{\rightleftharpoons}} 2O_R. \tag{7.22}$$

O_R soll dabei ein adsorbiertes Sauerstoffatom auf einem regulären Sauerstoffplatz an der Oberfläche bedeuten, das reversibel wieder desorbiert werden kann.

Die Reaktionsgeschwindigkeit für die Abnahme der Elektronenkonzentration n_s an der Oberfläche ist in den beiden Fällen

$$\frac{1}{2}\frac{dn_s}{dt} = k_4[O_{2\,gas}][V^+]^2 n_s^2 - k_{-4}[O_R]^2, \tag{7.23}$$

$$\frac{1}{4}\frac{dn_s}{dt} = k_5[O_{2\,gas}][V^{++}]^2 n_s^4 - k_{-5}[O_R]^2. \tag{7.24}$$

Im Gleichgewicht ist $dn_s/dt = 0$. Für die Konzentration $[V^+]$ und $[V^{++}]$ ergibt sich

$$[V^+] = (k_{-4}/k_4)^{1/2}([O_R]/n_s)[O_{2\,gas}]^{-1/2}, \tag{7.25}$$

$$[V^{++}] = (k_{-5}/k_5)^{1/2}([O_R]/n_s^2)[O_{2\,gas}]^{-1/2}. \tag{7.26}$$

Aus Neutralitätsgründen folgt

$$2[V^{++}] + [V^+] = n_s. \tag{7.27}$$

Für den Fall, daß die einfach ionisierten Leerstellen V^+ bei weitem überwiegen, $[V^+] \gg [V^{++}]$, ist die durch den Sauerstoffpartialdruck gegebene Gleichgewichtskonzentration

$$n_s^{(s)} = (k_{-4}/k_4)^{1/4}[O_R]^{1/2}[O_{2\,gas}]^{-1/4}, \tag{7.28}$$

für den Fall $[V^+] \ll [V^{++}]$ dagegen

$$n_s^{(s)} = (4k_{-5}/k_5)^{1/6}[O_R]^{1/3}[O_{2\,gas}]^{-1/6}. \tag{7.29}$$

Die Oberflächenleitfähigkeit σ_s des Metalloxids[3] setzt sich aus dem vom Sauerstoffpartialdruck abhängigen Teil $\sigma_s^{(s)}$ und einen vom Sauerstoff unabhängigen Anteil $\sigma_s^{(o)}$ zusammen. Nimmt man an, daß die Beweglichkeit der Elektronen an der Oberfläche durch die Gasadsorption nicht geändert wird, so ist

$$\sigma_s = \sigma_s^{(o)} + \sigma_s^{(s)} = e\mu_e(n_s^{(o)} + n_s^{(s)}), \tag{7.30}$$

mit der Elektronenkonzentration $n_s^{(o)}$ an der Oberfläche, die z.B. durch Störstellen harvorgerufen wird und der Konzentration $n_s^{(s)}$ nach Gl. (7.28) bzw. (7.29). Der zweite Beitrag zur Leitfähigkeit hängt also mit $[O_{2\,gas}]^{-1/4}$ bzw. $[O_{2\,gas}]^{-1/6}$ vom Sauerstoffpartialdruck ab, je nachdem, ob eine Sauerstoffleerstelle ein oder zwei Elektronen an das Leitungsband abgibt.

7.5.3 Funktionaler Zusammenhang von Leitfähigkeit und dem Partialdruck reduzierender Gase

Trifft ein Molekül X eines reduzierenden Gases auf die Oberfläche auf, so reagiert es mit einem der reversibel adsorbierten Sauerstoffatome. Das Gasmolekül wird dabei zu XO oxidiert. XO desorbiert von der Oberfläche. Der mit dem Reaktionsprodukt desorbierende Sauerstoff hinterläßt an der Oberfläche wieder eine Sauerstoffleerstelle. Diese liefert ein bzw. zwei Elektronen für die Erhöhung der elektrischen Leitfähigkeit.

$$X + O_R \underset{k_{-6}}{\overset{k_6}{\rightleftharpoons}} XO\uparrow + V^+ + e^-, \tag{7.31}$$

---

[3] Zur Gesamtleitfähigkeit eines Gassensors liefert das Volumen einen konstanten Beitrag. Dieser wird hier eigens in die Formeln eingesetzt. Im übrigen wird versucht, Gassensoren so herzustellen, daß der Beitrag des Volumens zur Leitfähigkeit unwesentlich ist.

$$X + O_R \underset{k_{-7}}{\overset{k_7}{\rightleftharpoons}} XO\uparrow + V^{++} + 2e^-, \qquad (7.32)$$

Die zeitliche Änderung der Elektronenkonzentration $n_s^{(x)}$ aufgrund der Einwirkung des Gases ist

$$\frac{dn_s^{(x)}}{dt} = k_6[X][O_R] - k_{-6}[XO][V^+]n_s^{(x)}, \qquad (7.33)$$

$$\frac{dn_s^{(x)}}{dt} = k_7[X][O_R] - k_{-7}[XO][V^{++}](n_s^{(x)})^2. \qquad (7.34)$$

Mit den gleichen Überlegungen zur Neutralität des gesamten Gassensors wie in Abschn. 7.5.2 ergeben sich im Gleichgewicht die Zusatzelektronenkonzentrationen

$$n_s^{(x)} = (k_6/k_{-6})^{1/2}([O_R]/[XO])^{1/2}[X]^{1/2}, \qquad (7.35)$$

$$n_s^{(x)} = (2 \cdot k_7/k_{-7})^{1/3}([O_R]/[XO])^{1/3}[X]^{1/3}. \qquad (7.36)$$

Die Gesamtleitfähigkeit σ_s des Metalloxids bei Einwirkung der Gaskonzentration $[X]$ ist

$$\sigma_s = \sigma_s^{(o)} + \sigma_s^{(s)} + \sigma_s^{(x)} = e\mu_e(n_s^{(o)} + n_s^{(s)} + n_s^{(x)}). \qquad (7.37)$$

Für die relative Änderung der Leitfähigkeit durch das Gas ergibt sich bei $[V^+] \gg [V^{++}]$

$$\frac{\Delta\sigma_s}{\sigma_s} = \frac{\sigma_s^{(x)}}{\sigma_s^{(o)} + \sigma_s^{(s)}} = \frac{(k_6/k_{-6})^{1/2} \cdot ([O_R]/[XO])^{1/2}}{n_s^{(o)} + (k_{-4}/k_4)^{1/4} \cdot [O_R]^{1/2} \cdot [O_{2\,gas}]^{-1/4}} \cdot [X]^{1/2} \qquad (7.38)$$

und bei $[V^+] \ll [V^{++}]$

$$\frac{\Delta\sigma_s}{\sigma_s} = \frac{(2k_7/k_{-7})^{1/3} \cdot ([O_R]/[XO])^{1/3}}{n_s^{(o)} + (4k_{-5}/k_5)^{1/6} \cdot [O_R]^{1/3} \cdot [O_{2\,gas}]^{-1/6}} \cdot [X]^{1/3}. \qquad (7.39)$$

Daraus ist folgendes zu sehen:

- Wird pro Molekül des nachzuweisenden Gases nur eines der Sauerstoffatome von der Oberfläche verbraucht, so hängt die Zusatzleitfähigkeit von der zweiten bzw. dritten Wurzel des Partialdrucks dieses Gases ab, je nachdem, ob die entstehende Leerstelle ein oder zwei Elektronen an das Leitungsband liefert.
- Die relative Änderung der Leitfähigkeit wird besonders hoch, wenn die von Störstellen an der Oberfläche herrührende Elektronenkonzentration $n_s^{(o)}$ besonders klein ist.
- Die maximal mögliche Konzentration der reversibel austauschbaren Sauerstoffatome $[O_R]$ an der Oberfläche geht zwar in die relative Änderung der Leitfähigkeit nicht direkt ein. Damit durch den Sensor aber ein möglichst großer Strom fließt, sollte sie möglichst hoch sein.

7.5.4 Meßergebnisse an Metalloxid-Gassensoren

Metalloxidhalbleiter, vor allem auf SnO_2- oder ZnO-Basis, werden zum Teil kommerziell angeboten [7.26]. Die in den Gl. (7.28), (7.35) und (7.38) angezeigten Zusammenhänge wurden durch Experimente bestätigt. Bild 7.12a zeigt die Abhängigkeit des Leitwerts eines SnO_2-Sensors vom Sauerstoffpartialdruck. Danach verhält sich der Sensor entsprechend Gl. (7.28) mit einem Exponenten des Sauerstoffpartialdrucks von $-0{,}27$. Der Sensor setzt sich im wesentlichen über die Konzentration solcher Sauerstoffleerstellen mit dem Sauerstoffpartialdruck ins Gleichgewicht, die jeweils nur ein Elektron an das Leitungsband abgeben. Ebenso zeigt die Abhängigkeit der Zusatzleitfähigkeit von der Quadratwurzel des CO-Partialdrucks (Bild 7.12b) [7.27], daß sich das CO-Gas ebenfalls mit den Sauerstoffleerstellen ins Gleichgewicht setzt, die nur ein Elektron an das Leitungsband liefern.

Neuerdings wurden aber auch Oxide (z.B. Wolframoxid [7.28]) gefunden, deren Oberflächenleitfähigkeit ebenfalls durch Sauerstoff und durch reduzuierende Gase beeinflußt wird, deren Verhalten aber nicht durch ein so einfaches Massenwirkungsgesetz beschrieben werden kann.

Die Selektivität der bisher bekannten Metalloxid-Gassensoren ist relativ gering. Da die Leitfähigkeitsänderung im Grunde auf einer Änderung der Sauerstoffkonzentration an der Oberfläche beruht, wird jedes Gas angezeigt, das diese Konzentration vergrößern (oxidierende Gase) oder verringern kann (reduzierende Gase). Dabei hängt aber für jedes Gas die Konzentration, die eine bestimmte Änderung der elektrischen Leitfähigkeit hervorruft, von den Geschwindigkeitskonstanten k_i ab. Diese wiederum hängen außer von der Temperatur von der Reaktionsenthalpie ab. Da diese für die verschiedenen Gase verschieden sind, tritt eine gewisse Selektivität auf. So verhalten sich z.B. die relativen Leitfähigkeitsänderungen einer SnO_2-Schicht, die einer Konzentration von jeweils 0,1% CO, CH_4 und C_2H_5OH ausgesetzt wurde, annähernd wie 1:10:100 [7.29].

Eine Verbesserung der Selektivität kann durch bestimmte Zusätze zum Metalloxid erreicht werden. Im Prinzip werden damit andere Reaktionsenthalpien bewirkt. Bei dem heutigen Stand der intelligenten Signalverarbeitung steht aber ohnehin nicht mehr unbedingt die hohe Selektivität des Einzelsensors im Vordergrund. Wie in Abschn. 7.8 noch zu behandeln sein wird, reicht es für viele Anwendungen aus, wenn sich statt Sensoren mit hoher Selektivität lediglich solche mit unterschiedlicher Selektivität realisieren lassen.

Im Array angeordnet, werden die Signale dann mit Methoden der Mustererkennung weiterverarbeitet [7.30].

Die Ansprechzeiten der Metalloxid-Gassensoren sind je nach Aufbau recht unterschiedlich. Für die pillenförmigen Sensoren sind Anstiegszeiten von etwa 1 min charakteristisch [7.26]. In [7.31] wird für einen Dickfilmsensor eine Anstiegszeit von 5 bis 10 s und eine Regenerationszeit von 30 bis 60 s angegeben. Bei Dünnschichtsensoren werden Anstiegszeiten von 0,2 s erreicht und Regenerationszeiten von wenigen Sekunden [7.17].

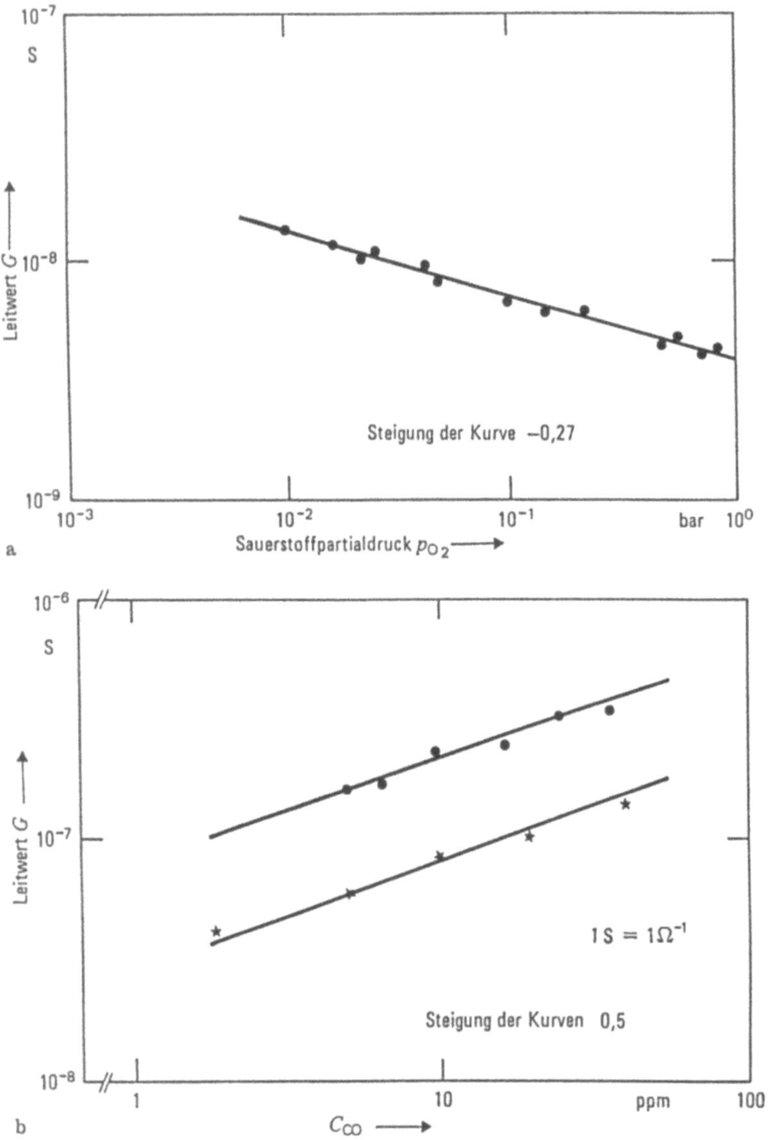

Bild 7.12 a. Abhängigkeit des Leitwerts eines SnO_2-Sensors vom Sauerstoffpartialdruck; **b** Abhängigkeit des Leitwerts zweier SnO_2-Sensoren vom CO-Anteil in Luft

164

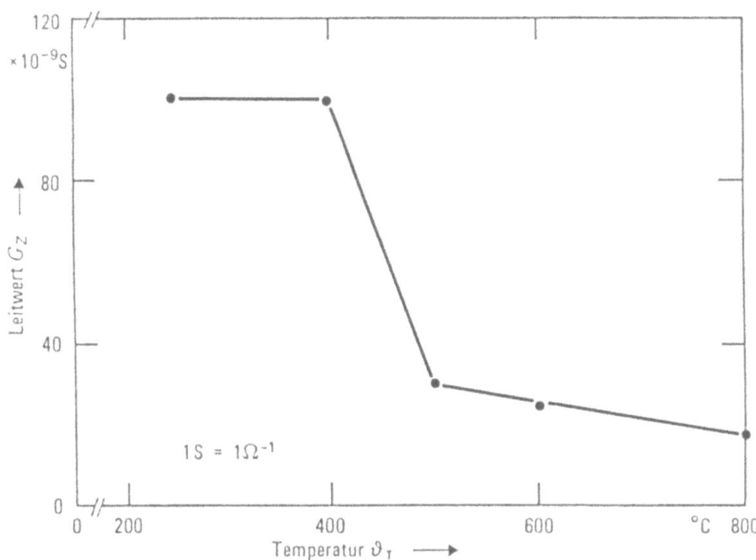

Bild 7.13. Einfluß einer Wärmebehandlung von 120 h an Luft bei der Temperatur ϑ_T auf den Leitwert G_Z eines SnO_2-Sensors an Luft bei Zimmertemperatur

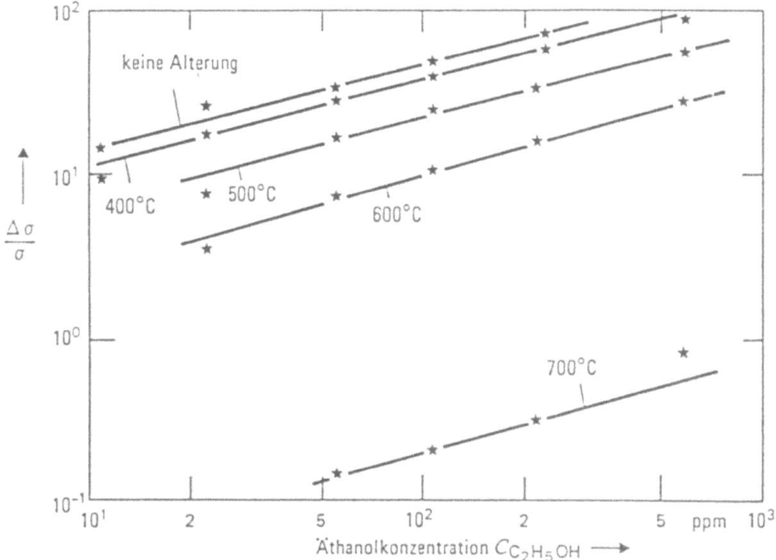

Bild 7.14. Relative Leitfähigkeitsänderung von SnO_2-Gassensoren, die bei verschiedenen Temperaturen ϑ_T 120 h lang künstlich gealtert wurden, als Funktion der Äthanolkonzentration in Luft

Entsprechend des Funktionsprinzips von Metalloxid-Gassensoren verliert ein Sensor seine Empfindlichkeit, wenn im Nenner von Gl. (7.37) der Summand $n_s^{(o)}$ das Übergewicht gewinnt. Dies ist der Fall, wenn $n_s^{(o)}$ während des Betriebs anwächst oder wenn die Anzahl der reversibel adsorbierbaren Sauerstoffatome $[O_R]$ immer kleiner wird.

Nach den Gl. (7.25) und (7.27) nimmt die Leitfähigkeit $\sigma_s = \sigma_s^{(o)} + \sigma_s^{(s)}$ von SnO_2-Gassensoren ab, wenn diese durch eine Temperaturbehandlung an Luft künstlich gealtert werden (Bild 7.13). Somit steigt im Laufe der Betriebszeit nicht $n_s^{(o)}$ an, sondern es vermindert sich $[O_R]$. Dies führt mit zunehmender Wärmebehandlungstemperatur zunächst zu einem langsamen, dann aber zu einem immer stärkeren Abfall von $\Delta\sigma_s/\sigma_s$ (Bild 7.14). Dabei bleibt die grundsätzliche Abhängigkeit von der Konzentration des nachzuweisenden Gases erhalten, wie nach Gl. (7.38) zu erwarten. Nach einer Wärmebehandlung bei 800 °C ist $\Delta\sigma_s/\sigma_s \ll 1$. Ein so behandelter Sensor reagiert dann auch nicht mehr auf eine Änderung des Sauerstoffpartialdrucks, wie in [7.32] gezeigt wurde. Nach den Gl. (7.29) und (7.30) ist damit bewiesen, daß die Anzahl der an der Oberfläche reversibel absorbierbaren Sauerstoffatome $[O_R]$ die entscheidende Größe für die Empfindlichkeit und die Langzeitstabilität dieser Art von Gassensoren ist. Es wurden empirische Wege gefunden, wie man $[O_R]$ über längere Zeit konstant halten kann. In [7.26] wird eine konstante Empfindlichkeit von pillenförmigen SnO_2-Sensoren für mehrere Jahre angegeben. In [7.31] wurde eine konstante Empfindlichkeit von ZnO-Sensoren in Röhrchenform über 10 000 h gemessen.

7.6 Feuchteempfindliche Kondensatoren

Materialien, die durch die Adsorption eines Gases bzw. Dampfes ihre Permittivität ändern, können zum Nachweis dieser Gase bzw. Dämpfe verwendet werden. In einfachster Weise läßt sich dieser Effekt zur Messung der Luftfeuchte ausnützen in Form eines Kondensators: Das wasseradsorbierende Dielektrikum wird auf einer Metallelektrode aufgebracht. Die zweite Elektrode des Kondensators wird in Form eines porösen, wasserdampfdurchlässigen Metallfilms auf das Dielektrikum aufgebracht.

Die Änderung der Permittivität durch die Adsorption des Wassers kann verschiedene Ursachen haben [7.33].

- Liegt das Wasser in rein molekularer Form vor, so hat es nach der Theorie von Onsager für die Permittivität molekularer Flüssigkeiten eine Permittivitätszahl $\varepsilon_w = 29$.[4] Statt dem Isolator mit der Permittivitätszahl ε_i liegen nun zwei Dielektrika vor, die parallel geschaltet sind. Die gesamte Permittivität ist

$$\varepsilon = \varepsilon_i + c\varepsilon_w.$$

c ist dabei die Wasserkonzentration im Isoliermaterial.

---

[4] In der Flüssigkeit erhöht sich durch Assoziation der Wassermolekeln die Permittivität auf den bekannten Wert $\varepsilon_w = 80$.

166

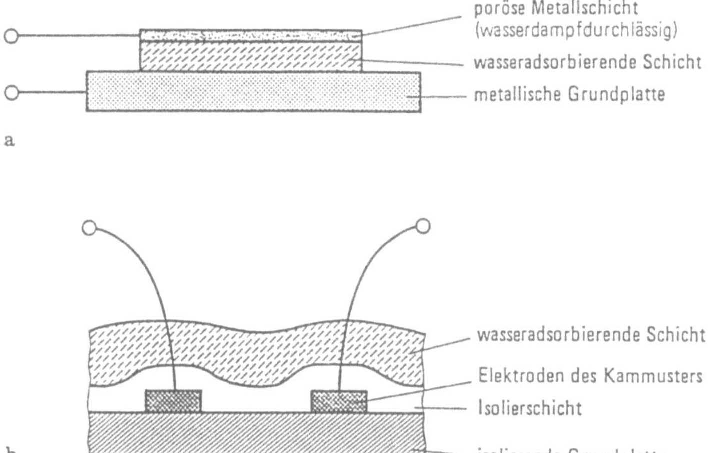

Bild 7.15 a, b. Prinzipieller Aufbau von kapazitiven Feuchtesensoren

Man kann davon ausgehen, daß diese Konzentration der eigentlich gesuchten Konzentration von Wasserdampf in der Luft proportional ist.

– Aus Messungen der Permittivität an polaren und nichtpolaren Kunststoffen kann man schließen, daß Assoziation der Wassermolekeln schon bei so geringen Ansammlungen von Wassermolekeln auftreten kann, wie sie bei der Adsorption von Wasser in Kunststoffen vorliegt. Das bedeutet, daß in diesen Fällen anstelle von $\varepsilon_w = 29$ ein Wert $29 \leq \varepsilon_w \leq 80$ eingesetzt werden muß.

– In polaren Kunststoffen, bei denen bei der Einsatztemperatur des Feuchtesensors noch eine Rotationsbehinderung für die Kunststoffmolekeln besteht, kann das adsorbierte Wasser wie ein "Weichmacher" wirken, d.h. es erleichtert die Drehung der Dipole in dem von außen angelegten elektrischen Feld. Dies führt zusätzlich zu einer Erhöhung der Permittivität des Isolators.

Die einzelnen Effekte sind in den verschiedenen Materialien verschieden groß, so daß sich kein einheitlicher formelmäßiger Zusammenhang zwischen Luftfeuchte und Permittivität angeben läßt.

Bild 7.15 zeigt die zwei wesentlichen Ausführungsformen von kapazitiven Feuchtesensoren. Auf einer metallischen Platte, die als Träger und Elektrode dient, ist das auf Feuchte reagierende Dielektrikum aufgebracht. Meist wird Aluminiumoxid oder eine dünne Kunststoffolie (z.B. Polyimid) verwendet. Die zweite Elektrode, z.B. aus Gold auf dem Dielektrikum, ist so dünn bzw. porös, daß das Wasser noch leicht hindurchdiffundieren kann. Andererseits darf bei der Herstellung keine Inselbildung auftreten, da sonst kein elektrischer Kontakt besteht.

In der Anordnung nach Bild 7.15b werden die Kontakte in Form von zwei ineinander greifenden Fingermustern angebracht und das feuchteempfindliche

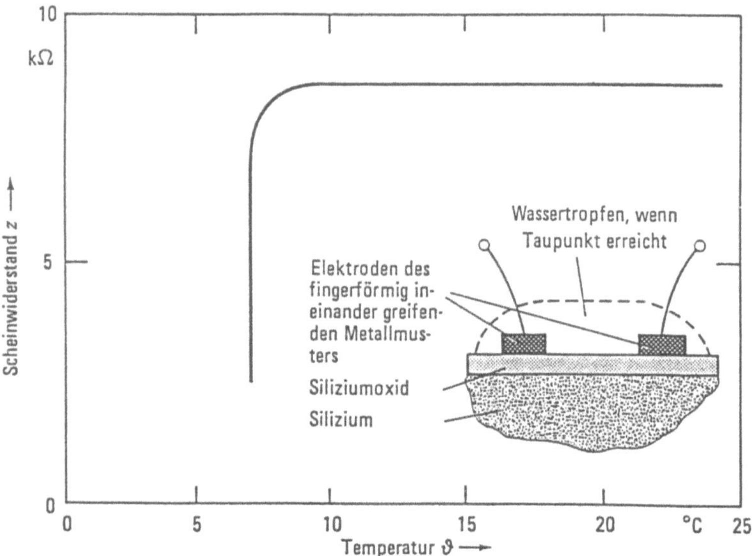

Bild 7.16. Feuchtemessung durch Bestimmung des Taupunkts. Sensoranordnung und Abhängigkeit des Scheinwiderstands z von der Temperatur bei einem Taupunkt von 7 °C

Dielektrikum über den Kontakten [7.34]. Eine solche Anordnung hat in trockener Luft z.B. eine Kapazität von 8 pF, bei 100% Luftfeuchte 150 pF. Der Zusammenhang zwischen Kapazität und Feuchte ist linear. Der Einfluß der Temperatur ist kleiner als 1% pro Kelvin.

In der Sensoranordnung nach Bild 7.16 wird die Luftfeuchte in einer etwas anderen Anordnung durch die Bestimmung des Taupunktes ermittelt [7.35]. Auf einem Siliziumchip ist ein temperaturempfindlicher Transistor aufgebaut und ein fingerförmiges Metalleitermuster, dessen Scheinwiderstand gemessen wird. Das ganze Chip ist auf einem Peltier-Kühlelement aufgebracht. Um den Taupunkt zu bestimmen, kühlt das Peltier-Element den Chip ab. Ist der Taupunkt erreicht, so kondensieren kleine Wassertröpfchen auf das Fingermuster. Sie bilden das Dielektrikum eines Kondensators, der nun zum bereits vorhandenen Scheinwiderstand z der Anordnung parallel geschaltet wird. Dabei sinkt der Scheinwiderstand drastisch ab. In einem z, ϑ-Diagramm (Bild 7.16) ist dann der Taupunkt und aus diesem die relative Luftfeuchte sehr genau zu bestimmen.

7.7 Indirekte Methoden

Abschließend seien noch verschiedene Methoden aufgeführt, bei denen auf indirektem Wege auf die Gaskonzentration geschlossen wird. Sie werden auch schon in Form von Sensoren zur Bestimmung von Gaskonzentrationen ver-

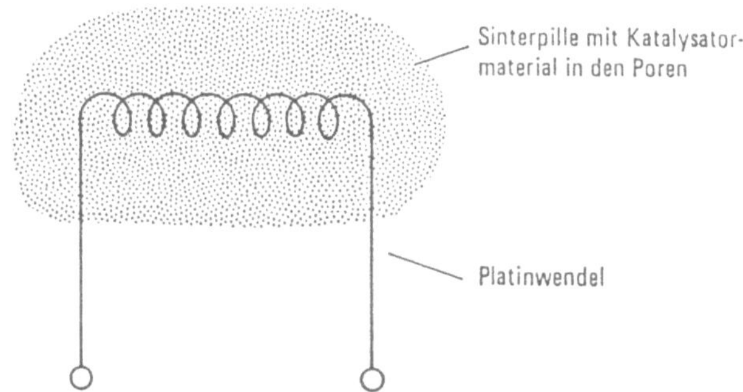

Bild 7.17. Aufbau eines Gassensors nach dem Prinzip der Wärmetönung ("Pellistor")

wendet. Es handelt sich dabei um den Nachweis eines Gases über die Reaktionswärme, wenn dieses Gas am Sensor z.B. oxidiert wird, um den Nachweis eines Gases durch seine unterschiedliche Wärmeleitfähigkeit gegenüber Luft und schließlich um den Nachweis durch Wechselwirkung mit organischen Farbstoffschichten, die ihre Färbung bzw. optische Transparenz verändern.

Bild 7.17 zeigt den Aufbau eines Sensors nach dem Wärmetönungsprinzip (sog. "Pellistor"). Eine Platinwendel zur Temperaturmessung ist in eine Keramikpille eingesintert. Über die Platinwendel wird die Sinterpille auch geheizt. Das Sintermaterial ist so ausgesucht, daß das nachzuweisende Gas bei einer bestimmten Temperatur katalytisch an der Oberfläche der Pille oxidiert wird. Die dabei entstehende Reaktionswärme bringt eine zusätzliche Erwärmung. Dies wird durch die Widerstandsänderung der Platinwendel nachgewiesen. Da der Erwärmungseffekt meist sehr klein ist, werden beim technischen Einsatz dieser Methode zwei gleichgroße Keramikpillen mit eingesinterter Platinwendel verwendet. Von den beiden Pillen ist nur eine so aktiviert, daß sie das Gas katalytisch oxidieren kann. Die aktivierte und die nicht aktivierte Pille werden als Zweige in eine Meßbrücke geschaltet, um so die Meßempfindlichkeit zu erhöhen. Durch geeignete Auswahl des Katalysatormaterials kann ein solcher Pellistor eine gewisse Selektivität erreichen.

Wegen des geringen Erwärmungseffekts beim Pellistor-Prinzip wurden in neuerer Zeit zwei Verbesserungen realisiert. Im ersten Fall wird die Platinwendel durch einen Kaltleiter (PTC vgl. auch Abschn. 2.7), aus halbleitender Bariumtitanat-Keramik ersetzt [7.36]. Wegen der im Vergleich zu Platin extrem großen Steilheit der Widerstands-Temperatur-Charakteristik in einem schmalen Temperaturbereich (Bild 7.18) wird damit eine deutlich höhere Empfindlichkeit erreicht.

Weitere Vorteile sind, daß sich das Bauelement bei konstanter Betriebsspannung wegen des steilen Widerstandsanstiegs immer in einem stabilen Arbeitspunkt befindet, insbesondere aber, daß durch Änderungen in der Zusammensetzung der PTC-Keramik eine Staffelung der Betriebstemperaturen erreicht wird, die sich wiederum wegen der Temperaturabhängigkeit der Reaktionskinetik zur Gaserkennung ansunutzen läßt.

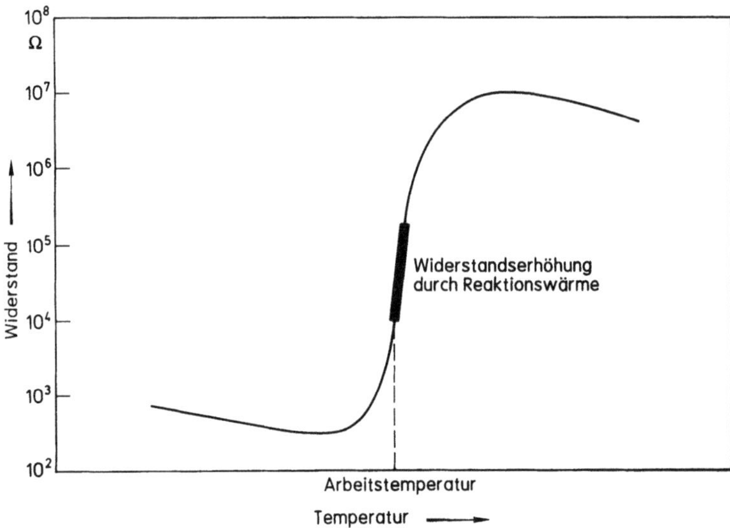

Bild 7.18. Widerstands-Temperatur-Charakteristik eines PTC-Pellistors. Die Lage der Arbeitstemperatur hängt von der Materialzusammensetzung ab

Der zweite Weg, den Pellistor zu verbessern, besteht darin, die Sinterpille und den Platindraht durch einen Si-Transistor zu ersetzen [7.37]. Der Transistor, der ebenfalls eine höhere Temperaturabhängigkeit als die Platinwendel aufweist, ist mit dem Katalysator beschichtet und durch eine spezielle Aufhängung aus Siliziumnitrid möglichst gut thermisch isoliert. Durch die Miniaturisierung wird auch die Wärmekapazität sehr klein gehalten, so daß ein sehr schnelles Ansprechverhalten erreicht wird. Dieses als Mikrokalorimeter bezeichnete Bauelement läßt sich daher temperaturmodulieren, was in ähnlicher Weise wie die gestaffelten Betriebstemperaturen der PTC-Keramik der Gaserkennung dienen kann.

Sensoren, die den Unterschied in der Wärmeleitung verschiedener Gase zum Nachweis dieser Gase verwenden (z.B. Luft: 0,026, Wasserstoff: 0,181, Methan: $0,034\,\mathrm{Wm^{-1}\,K^{-1}}$), bestehen aus einer Metallwendel, die durch Zufuhr einer konstanten elektrischen Leistung auf eine bestimmte Temperatur gebracht wird. Diese hängt außer von der elektrischen Leistung auch von der Wärmeableitung der Wendel über das Gas an die Umgebung ab. Die Anordnung wird zunächst mit Luft in der Umgebung ins Gleichgewicht gebracht. Strömen Gase mit deutlich verschiedener Wärmeleitfähigkeit in den Raum um die Meßwendel, so ändert sich deren Temperatur. Dies wird über die Messung des elektrischen Widerstands der Heizwendel nachgewiesen. Die Anordnung muß jeweils für das betreffend Gas geeicht werden. Bei der Messung muß man sicher sein, daß im Gasvolumen keine weiteren Gase außer Luft und dem Gas, für das die Wendel geeicht ist, vorhanden sind.

Im Gegensatz zu den bisher beschriebenen indirekten Methoden, die ausnahmslos auf thermischen Effekten beruhen, nutzt der optochemische Sensor, wie schon sein Name sagt, einen optischen Effekt aus (s. auch Abschn. 3.5.7 und Ausführungsbeispiel Bild 3.29). So haben bestimmte organische Moleküle wie z.B. gewisse Derivate des Triphenylmethans die Eigenschaft, daß sie mit geeigneten Protonendonatoren in einem Reaktionsgleichgewicht stehen. Je nach Lage des Gleichgewichtes liegt also ein mehr oder weniger großer Anteil der Moleküle protoniert vor. Nun unterscheidet sich aber die protonierte und die nicht-protonierte Form außer in ihrer chemischen Summenformel und in ihrem Ladungszustand auch in ihrem sterischen Aufbau sowie in den chemischen und physikalischen Eigenschaften wie etwa der optischen Absorption und der Dielektrizitätskonstante. Wird jetzt durch die Anwesenheit polarer Moleküle (Ammoniak, Ethanol...) das Protonengleichgewicht verschoben, dann ändert sich analog hierzu die Gesamtabsorption [7.38]. In Verbindung mit einer einfachen, miniaturisierten Photometrier-Anordnung, bestehend aus einer Lumineszenzdiode geeigneter Wellenlänge und einem Phototransistor, kann auf diese Weise der Partialdruck verschiedener Gase und Dämpfe in Luft gemessen werden [7.39]. In neuerer Zeit wurde auch ein Glasfaser-Tauchsensor nach diesem Prinzip entwickelt, der es ermöglicht, organische Lösungsmittelspuren oder Ammoniak in Abwasser nachzuweisen [7.40]. Werden hingegen solche Sensorsubstanzen als Dielektrikum in einer Kondensator-Anordnung eingesetzt, dann lassen sich auf diese Weise unmittelbar Sensoren mit frequenzanalogem Ausgang herstellen. Mit gewissen Komplexbildnern als Sensorschicht können unter anderem auch verschiedene nicht-polare aromatische oder chlorierte Kohlenwasserstoffe nachgewiesen werden [7.41]. Dabei wird vor allen Dingen neben der Änderung der Dielektrizitätskonstante eine deutliche Änderung der elektrischen Leitfähigkeit gemessen.

7.8 Ausblick

Die meisten der hier aufgeführten Möglichkeiten, die Konzentration eines Gases oder einer Ionensorte in ein elektrisches Signal umzusetzen, werden bereits kommerziell genutzt. Verständlicherweise können diese Sensoren bezüglich ihrer Genauigkeit und Selektivität nicht mit Analysegeräten konkurrieren, ist doch auch ihr Aufbau vergleichsweise einfach, aber entsprechend auch ihr Preis um Zehnerpotenzen niedriger. Ihr Haupteinsatzgebiet wird also vornehmlich dort liegen, wo es um Warngeräte, Regelsysteme oder Automatisierungsprobleme geht, insbesondere auch mit Meßstellen in größerer Anzahl. Dies soll nicht besagen, daß nich auch einige hochselektive Sensoren bekannt sind, denen aber im allgemeinen wiederum der Nachteil einer kurzen Lebensdauer anhaftet. Beispiele hierfür sind insbesondere die Biosensoren, die mit Hilfe biochemisch oder biologisch wirkender Komponenten (Enzyme, Antikörper...) Reaktionen auslösen, die ihrerseits z.B. durch eine Wärmetönung oder eine Änderung des pH-Wertes in ein elektrisches Signal umgesetzt werden. Sowohl in der Biotechnik als auch in der Medizin besteht heute ein großer Bedarf an Biosensoren, man denke nur an die Überwachung und Regelung von Bioreaktionen oder an die klinische Analytik.

Bei dieser Situation besteht natürlich der Wunsch, die Chemosensoren noch weiter zu verbessern [7.42]. Stand aber vor wenigen Jahren noch die Verbesserung der Selektivität an erster Stelle, so hat in neuerer Zeit der Wunsch nach besserer Stabilität die höchste Priorität eingenommen. Der Grund für diesen Meinungswandel ist, daß inzwischen mehrfach gezeigt werden konnte, wieviel einfacher es ist, mit mehreren unterschiedlichen Sensoren und intelligenter Signalverarbeitung bessere Selektivität zu erreichen, als hochselektive und zugleich langzeitstabile Einzelsensoren zu entwickeln [7.30]. Man denke hier an das Vorbild der Natur, wo beispielsweise mit nur sieben verschiedenartigen Rezeptoren, aber mittels hochkomplexer Signalverarbeitung, zwischen einer größeren Anzahl verschiedener Sinneseindrücke unterschieden werden kann. Hätte jeder Rezeptor eine Dynamik von nur vier Stufen, dann wären das immerhin 16384 unterscheidbare Sinneseindrücke!

Im Bestreben, die Stabilität der Chemosensoren zu verbessern, sollte man sich stets vor Augen halten, daß sicher die Stabilität von Halbleiterbauelementen nicht übertroffen werden kann. Wird unter Stabilität nur die Lebensdauer verstanden, dann wäre diese auch voll ausreichend. Die Stabilität ist aber – neben viel gravierenderen Einflüssen bei Chemosensoren – allein schon eine Frage der Temperaturabhängigkeit sowie der Exemplarstreuungen bei Sensoren gleichen Typs. Im Idealfall sollten Chemosensoren schließlich eichfähig sein! Implizit wird also von Chemosensoren mehr verlangt, als Halbleiterbauelemente zu leisten vermögen. Es sollte deshalb hier ausdrücklich darauf hingewiesen werden, daß die notwendige Stabilität von Halbleiterschaltungen nicht durch das Bauelement allein, sondern stets durch geeignete Schaltungsmaßnahmen erreicht wird.

Zieht man hieraus die Lehre für Chemosensoren, so heißt das, daß neben den eigentlichen Sensorbauelementen auch der unmittelbaren Peripherie eine entscheidende Bedeutung zukommt. Elektrische Gegenkopplungszweige allein führen hier nicht zum Ziel, da sie die ablaufenden physikalisch-chemischen Vorgänge nicht mit einbeziehen können. Der Weg muß also in eine Richtung führen, die auch eine chemische Stabilisierung bzw. Eichung einer Sensoranordnung einschließt [7.43].

An der systematischen Erforschung und Weiterentwicklung von Chemosensoren wird in vielen Laboratorien gearbeitet. Großes Interesse besteht vor allen Dingen an Sensor-Konzepten, die sich auch preisgünstig herstellen lassen. Sie sollten deshalb an bestehenden Technologien partizipieren, soweit möglich an der Silizium-Technologie einschließlich Mikromechanik. Damit wäre auch schon ein Schritt in eine weitere Entwicklungsstufe vollzogen, wo der Chemosensor Bestandteil eines integrierten Schaltkreises ist. Es wäre aber auch ein Irrtum anzunehmen, jeglicher Chemosensor ließe sich in Siliziumtechnologie realisieren. An der Schnittstelle zwischen Elektronik und Chemie wird man nicht ohne diverse Sondermaterialien auskommen. Als Beispiele seien etwa die Ionencarrier genannt wegen ihrer spezifischen Ionenaffinität oder das Siliziumkarbid als Halbleitermaterial für hohe Temperaturen. So wird die Entwicklung von Chemosensoren stets auch an eine Materialforschung gebunden sein müssen.

7.9 Literatur zu Kapitel 7

7.1 Wagner, C.: Über den Mechanismus der elektrischen Stromleitung im Nernst-Stift. Naturwissenschaften (1943) 265.

7.2 Weissbart, J.; Rubka, R.: Oxygen gauge. Rev. Sci. Instr. **32** (1961) 593.

7.3 Rickert, H.: Elektrochemie fester Stoffe. Berlin: Springer 1977, S. 117 ff.

7.4 Möbius, H. H.; Hartung, R.; Guth, U.: Ergebnisse der Entwicklung und Erprobung von Festelektrolytsensoren zur kontinuierlichen elektrochemischen Sauerstoffmessung in Rauchgasen. Messen Steuern Regeln **22** (1979) 269.

7.5 Eddy, D. S.: Physical principles of the zirkonia exaust gas sensor. IEEE Trans. Vehicular Technology VT-23 (1974) 125.

7.6 Fleming, D. S.: Physical principles governing nonideal behaviour of the zirconia oxygen sensor. J. Electrochem. Soc. **124** (1977) 21.

7.7 Gauthier, M.; Bellemare, R.; Belanger, A.: Progress in the development of solid-state sulfate detectors for sulfur oxides. J. Electrochem. Soc. **128** (1981) 371.

7.8 Johnson Jr., R. T.; Biefeld, R. M.: Ionic conductivity of Li_5AlO_4 and Li_5GaO_4 in moist environments: Potential humidity sensors. Mat. Res. Bull. **14** (1979) 537.

7.9 Müller, R.: Bauelemente der Halbleiter-Elektronik, 3. Aufl., Berlin: Springer 1987 (Halbleiter-Elektronik, Band 2).

7.10 Bergveld, P.: Development, operation, and application of the ionsensitive field-effect transistor as a tool for electrophysiology. IEEE Trans. Biomed. Eng. BME-19 (1972) 342.

7.11 Ulich, H.; Jost, W.: Kurzes Lehrbuch der physikalischen Chemie. Darmstadt: Steinkopff 1957.

7.12 Matsuo, T.; Wise, K. D.: An integrated field-effect electrode for biopotential recording. IEEE Trans. Biomed. Eng. BME-21 (1974) 485.

7.13 Oesch, U.; Ammann, D.; Simon, W.: Ion-selective membrane electrodes for clinical use. Clin. Chem. **32** (1986) 1448.

7.14 Turner, A. P. M.: Current trends in biosensor research and development. Sensors and Actuators **17** (1989) 433.

7.15 Bergveld, P.: Sensors and Actuators **1** (1981) 17.

7.16 Bergveld, P.; Sibbald, A.: Analytical and biomedical applications of ion-selective field-effect transistors. Elsevier Sc. Pub. B.V. 1988.

7.17 Sze, S. M.: Physics of semiconductor devices. Wiley-Interscience. New York: Wiley 1969, p. 467.

7.18 Steele, C. M.; Hile, J. M.; Mac Iver, B. A.: Hydrogen sensitive palladium gate MOS capacitors. J. Appl. Phys. **47** (1976) 2537.

7.19 Plihal, M.: Ein Feldeffekt-Gassensor für Wasserstoff. Siemens Forsch. u. Entwickl.-Ber. **6** (1977) 53.

7.20 Lundström, K. I.; DiSefano, T.: Hydrogen induced interfacial polarization at $Pd-SiO_2$ interfaces. Surf. Sci. **59** (1976) 23.

7.21 Lundström, K. I.; Shivaraman, M. S.; Svensson, C. M.: A hydrogensensitive Pd–Gate MOS transistor. J. Appl. Phys. **46** (1975) 3876.

7.22 Shivaraman, M. S.: Detection of H_2S with Pd-gate MOS field effect transistors. J. Appl. Phys. **47** (1976) 3592.

7.23 Müller, R.; Lange, E.: Multidimensional sensor for gas analysis. Sensors and Actuators **9** (1986) 39.

7.24 Heiland, G.: Zum Einfluß von adsorbiertem Sauerstoff auf die elektrische Leitfähigkeit von Zinkoxidkristallen. Z. Phys. **138** (1954) 459.

7.25 Seiyama, T.; Kagawa, S.: Study on a detector for gaseous components using semiconductive thin films. Anal. Chem. **38** (1966) 1069.

7.26 Figaro Engineering Inc. TSG Gas Sensor. General Catalogue, October (1977).

7.27 Windischmann, H.; Mark, P.: A model for the operation of a thin film SnO_x conductance modulation carbon monoxide sensor. J. Electrochem. Soc. **126** (1979) 627.

7.28 Voit, H.: Struktur und elektrische Eigenschaften gesputterter WO_x-Schichten sowie deren Beeinflussung durch Oberflächenreaktionen. Dipl.-Arbeit Univ. Regensburg, September 1980.

7.29 Pink, H.; Treitinger, L.; Vité, L.: Preparation of fast detecting SnO_2 gas sensors. Jap. J. Appl. Phys. **19** (1980) 513.

7.30 Horner, G.; Albertshofer, W.: Sensorarrays mit nicht-selektiven Chemosensoren – Analyse von Gasgemischen und Verbesserung der Selektivität. Arch. Elektronik Übertragungstechn. **42** (1988) 85.

7.31 Okuma, H.; Takahashi, T.; Katsura, M.; Ichinose, N.: Newly developed LP-gas sensor. Toshiba Rev. **118** (1979) 31.

7.32 Tischer, P.; Pink, H.; Treitinger, L.: Operation and stability of SnO_2 gas sensors. Jap. J. Appl. Phys. **19** (1980) Suppl. 19-1, 513.

7.33 Veith, H.: Dielektrische Eigenschaften des Sorptionswassers in hochpolymeren Isolierstoffen. Kolloid Z. **152** (1957) 36.

7.34 Channon, N. D.: A thick film humidity indivator. J. Soc. Environ. Eng. (1979) 23.

7.35 Regtien, P. P. L.; Makkink, H. K.: A capacitive dew-point sensor. Delft Prog. Rep. **3** (1978) 107.

7.36 Riegel, J.; Härdtl, K. H.: Ein PTC-Pellistor-System zur Erkennung brennbarer Gase. VDI Ber. **677** (1988) 441.

7.37 Nuscheler, F.: Das Mikrokalorimeter, ein Silizium-Gassensor. Arch. Elektronik Übertragungstechn. **42** (1988) 80.

7.38 Dickert, F. L.; Lehmann, E. H.; Schreiner, S. K.; Kimmel, H.; Mages, G. R.: Substituted 3,3-diphenylphthalides as optochemical sensors for polar solvent vapors. Anal. Chem. **60** (1988) 1377.

7.39 Gumbrecht, W.; Schelter, W.: Optochemical gassensor for polar solvents. Siemens Forsch. Entwicklungsber. **15** (1986) 101.

7.40 Dickert, F. L.; Schreiner, S. K.; Mages, G. R.; Kimmel, H.: Fiber-optic dipping sensor for organic solvents in wastewater. Anal. Chem. **61** (1989) 2306.

7.41 Dickert, F. L.; Zeltner, D.: Polymer benzol [15] crown-5 complexes as sensor materials for solvent vapors – aromatic halogenated hydrocarbons and polar solvents. Angew. Chem. Adv. Mater. **101** (1989) 833.

7.42 Göpel, W.: Entwicklung chemischer Sensoren: Empirische Kunst oder systematische Forschung? Tech. Messen **52** (1985) 47, 92 und 175.

7.43 Gumbrecht, W.; Schelter, W.; Montag, B.; Rasinski, M.; Pfeiffer, U.: Online blood electrolyte monitoring with a ChemFET microcell system. Sensors and Actuators, **B1** (1990) 477.

8 Meßsignalverarbeitung

8.1 Einleitung: Aufgaben der Sensorsignalverarbeitung

Das von einem Sensorelement gelieferte elektrische Signal hat meist einen kleinen Signalpegel, der durch geeignete Schaltungsmaßnahmen so aufbereitet und umgeformt werden muß, daß eine ungestörte Übertragung zu einer übergeordneten Auswerteeinheit bzw. einem Ausgabegerät möglich wird. In den meisten Fällen ist die Auswerteeinheit heute ein Mikrocomputer oder ein Prozeßrechner.

Für die erreichbaren Eigenschaften von Meßeinrichtungen ist die Art der Verknüpfung der einzelnen Komponenten maßgebend [8.1]. Grundsätzlich kann die Verarbeitung eines Sensorsignals in Ketten-, Parallel- oder Kreisstruktur erfolgen (s. Bild 8.1). Häufigste Struktur ist die Kettenstruktur: hier wird das aus der Meßgröße x resultierende Sensorsignal von der Verarbeitungseinheit übernommen, umgeformt – z.B. verstärkt und linearisiert – und dann an eine Übertragungs- oder Auswerteeinheit weitergegeben.

Bei der Parallelstruktur wirkt die Meßgröße x gleichzeitig auf zwei oder mehr im allgemeinen unterschiedliche Meßglieder. Deren Ausgangssignale werden durch arithmetische Operationen miteinander verknüpft. Die gängigste Realisierung einer Parallelstruktur ist das Differenzprinzip. Zwei sonst gleichartige Meßglieder werden um einen Arbeitspunkt gegensinnig ausgesteuert und die erhaltenen Ausgangssignale voneinander subtrahiert. Daraus resultiert eine Linearisierung der Übertragungskennlinie, außerdem wird der Einfluß von Störungen, die gleichsinnig auf die beiden Meßglieder wirken, z.B. Schwankungen der Umgebungstemperatur, stark reduziert.

Die Kreisstruktur wird meist in Form des Kompensationsprinzips angewendet. Die Ausgangsgröße r eines in der Rückführung liegenden Meßgliedes wird der Meßgröße x entgegengeschaltet und solange verändert, bis sie der Meßgröße annähernd gleich geworden ist. Statt des aktuellen Werts der Meßgröße x wird nun die eingestellte Kompensationsgröße r gemessen.

Neben der reinen Verstärkung des Sensorsignals umfaßt die Sensorsignalverarbeitung auch Maßnahmen zur Kennlinienkorrektur wie Linearisierung und Skalierung des Signals und eine Korrektur von zusätzlich auf den Sensor wirkenden Einflußgrößen. Während zur Zeit die Signalverarbeitungsmaßnahmen zum großen Teil noch analog durchgeführt werden, werden in Zukunft

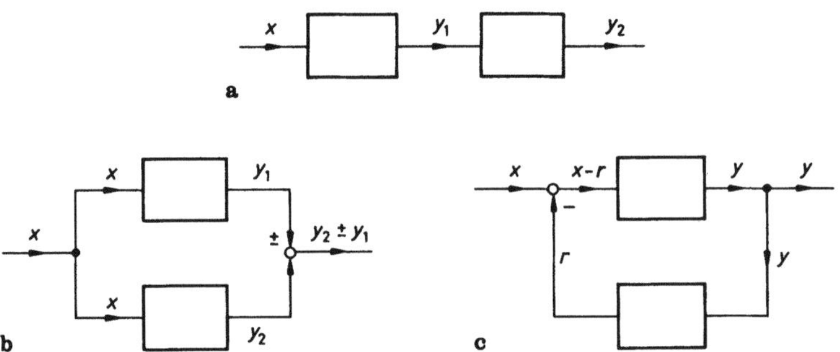

Bild 8.1 a–c. Strukturen von Meßsystemen: **a** Kettenstruktur; **b** Parallelstruktur; **c** Kreisstruktur

digitale Verfahren zur Signalverarbeitung mit Hilfe den einzelnen Sensorelementen zugeordneter (dedicated) Mikrorechner im Vordergrund stehen.

8.2 Analoge Signalumformung

8.2.1 Meßbrücken

Viele Sensoren werden aus Gründen höherer Genauigkeit in Meßbrücken betrieben, die das Ausgangssignal der Sensoren in eine der Meßgröße proportionale Änderung der Brückendiagonalspannung umwandeln. Meistens werden hierzu symmetrische Brückenschaltungen mit ein, zwei oder vier variablen Elementen verwendet. Bild 8.2 gibt den Zusammenhang zwischen der Brückendiagonalspannung U_d und den variablen Elementen der verschiedenen Meßbrücken an.

Die Diagonalspannung U_d setzt sich aus der Brückennullspannung ($=$ Offset) $U_{off} = U_d(\Delta R = 0)$ und der aus dem Sensorsignal resultierenden Signalspannung U_{sig} zusammen:

$$U_d = U_{off} + U_{sig}. \tag{8.1}$$

Für nachfolgende Auswerteschaltungen stellt die Brückendiagonale eine Spannungsquelle mit dem Innenwiderstand R und der Quellenspannung U_d dar.

Wie aus Bild 8.2 erkennbar ist, ergibt sich nur für die Meßbrücken mit gegensinnig aussteuerbaren Elementen eine völlig lineare Beziehung zwischen dem Sensorsignal und der Brückendiagonalspannung. Ist eine gegensinnige Aussteuerung von Sensoren nicht realisierbar, kann mit der aktiven Brückenschaltung nach Bild 8.3 eine lineare Umformung der Widerstandsänderung ΔR in die Spannung U_x erreicht werden [8.1].

Die Ausgangsspannung U_x des Operationsverstärkers muß zusammen mit der Spannung U_{Rx} an dem veränderlichen Widerstand R_x gerade die halbe

176

1 variables Element

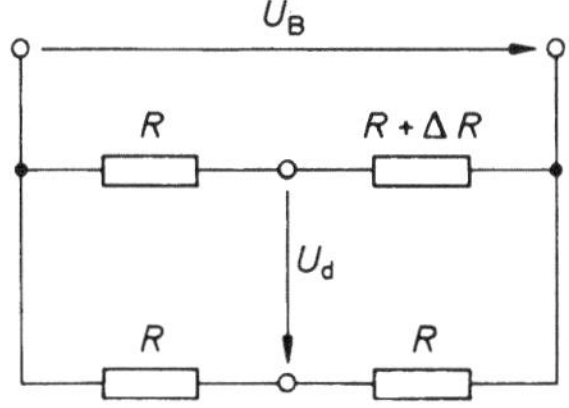

$$U_\mathrm{d} = U_\mathrm{B} \, \frac{\Delta R}{2\,(2R + \Delta R)}$$

$$\approx \frac{1}{4}\,U_\mathrm{B}\,\frac{\Delta R}{R} \quad \text{für} \quad \Delta R \ll R$$

2 variable Elemente (gleichsinnig)

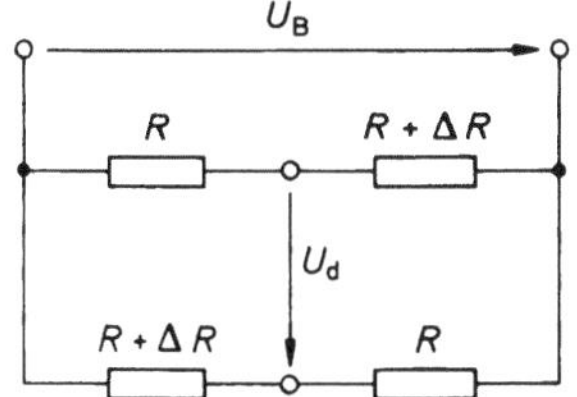

$$U_\mathrm{d} = U_\mathrm{B} \, \frac{\Delta R}{2R + \Delta R}$$

$$\approx \frac{1}{2}\,U_\mathrm{B}\,\frac{\Delta R}{R} \quad \text{für} \quad \Delta R \ll R$$

2 variable Elemente (gegensinnig)

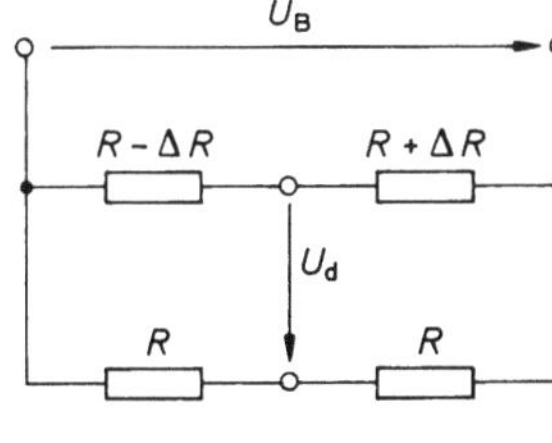

$$U_\mathrm{d} = \frac{1}{2}\,U_\mathrm{B}\,\frac{\Delta R}{R} \quad \text{für jedes} \quad \Delta R$$

4 variable Elemente

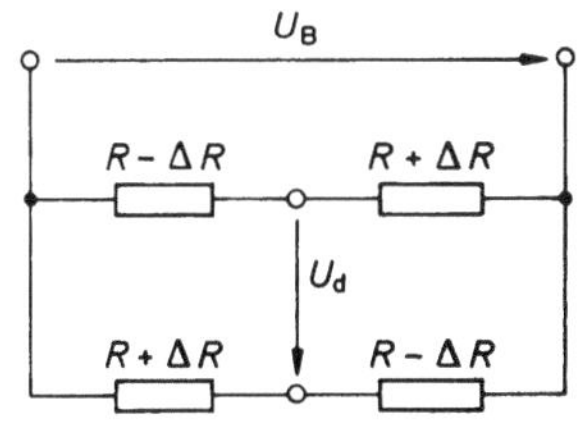

$$U_\mathrm{d} = U_\mathrm{B}\,\frac{\Delta R}{R} \quad \text{für jedes} \quad \Delta R$$

Bild 8.2. Symmetrische Brückenschaltungen

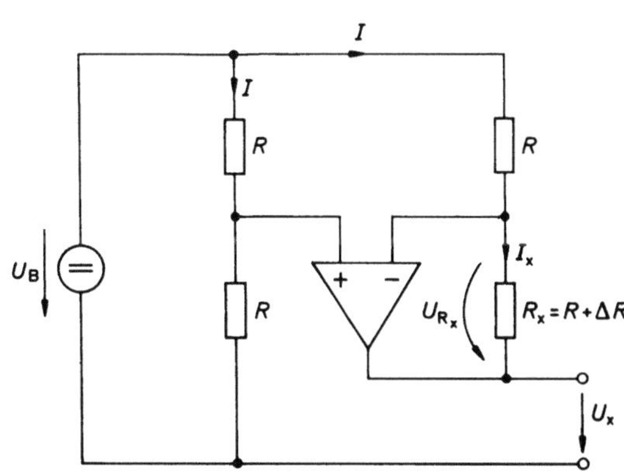

Bild 8.3. Aktive Brückenschaltung

Versorgungsspannung $U_B/2$ der Brückenschaltung ergeben. Der Strom I_x durch R_x ist gleich dem durch beide Brückenhälften fließenden Strom $I = U_B/2R$. Damit ergibt sich für die Spannung U_x:

$$U_x = -\frac{U_B}{2R}(R + \Delta R) + \frac{U_B}{2} = -\frac{1}{2} \cdot U_B \cdot \frac{\Delta R}{R}. \qquad (8.2)$$

U_x ist also der Widerstandsänderung ΔR direkt proportional.

8.2.2 Signalverstärkung

Die Ausgangssignale der meisten Sensoren haben im allgemeinen nur einen kleinen Hub. Daher müssen ihre Signale zunächst einmal verstärkt werden, um eine weitere Verarbeitung zu ermöglichen.

Neben einer reinen Verstärkung des Sensorsignals kann eine Verstärkerschaltung bei entsprechender Auslegung noch weitere Aufgaben erfüllen. Ein hochohmiger Verstärkereingang ermöglicht die nahezu rückwirkungsfreie Messung der Ausgangssignale von Sensoren, die auf eine etwaige Belastung durch die nachfolgende Schaltung oft sehr empfindlich reagieren. Ferner können über einen Differenzeingang bezugspotentialfreie Signale auf ein festes Potential bezogen werden.

Eine Standardschaltung zur Spannungsverstärkung zeigt Bild 8.4. Teil I der Schaltung ist ein symmetrischer Differenzverstärker. Verstärkt wird die Differenz

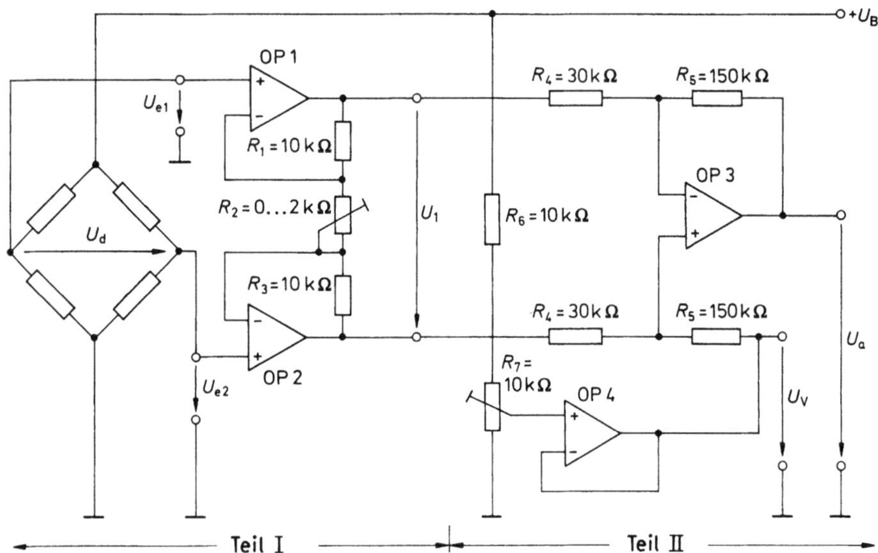

Bild 8.4. Zweistufiger Differenzverstärker (instrumentation amplifier) mit Pegelverschiebung

der an den beiden positiven Eingängen der Verstärker OP1 und OP2 anliegenden
Spannungen $U_d = U_{e1} - U_{e2}$. Die Verstärkung v läßt sich angeben als:

$$v = \frac{U_1}{U_d} = \frac{R_1 + R_2 + R_3}{R_2}. \tag{8.3}$$

Ein Vorteil dieser Schaltung ist ihr hoher Eingangswiderstand, durch den
die Brückendiagonalspannung praktisch ohne Belastung der Brücke abgenommen werden kann.

Teil II der Schaltung in Bild 8.4 bildet eine zweite Differenzverstärkerstufe
mit zusätzlicher Pegelverschiebung. Diese erzeugt aus der "floatenden" (= ohne
festes Bezugspotential) Spannung U_1 eine ihr proportionale, auf Masse bezogene
Ausgangsspannung U_a. Der Nullpunkt von U_a kann durch die Verschiebe-
spannung U_v, realisiert durch den Operationsverstärker OP4 als niederohmige
Spannungsquelle, variiert werden:

$$U_a = - \frac{R_5}{R_4} \cdot U_1 + U_v. \tag{8.4}$$

Für die gesamte Schaltung ergibt sich also:

$$U_a = - \frac{(R_1 + R_2 + R_3) \cdot R_5}{R_2 \cdot R_4} \cdot U_d + U_v. \tag{8.5}$$

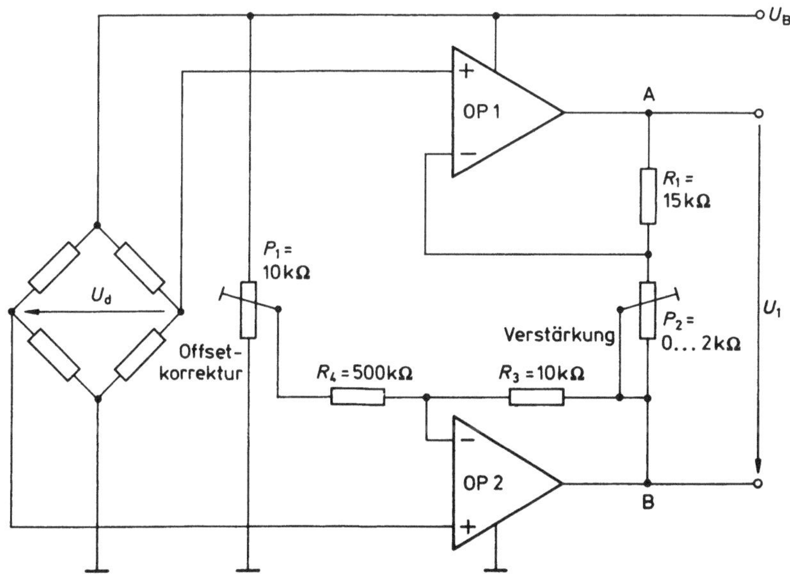

Bild 8.5. Differenzverstärker mit Offsetkorrektur

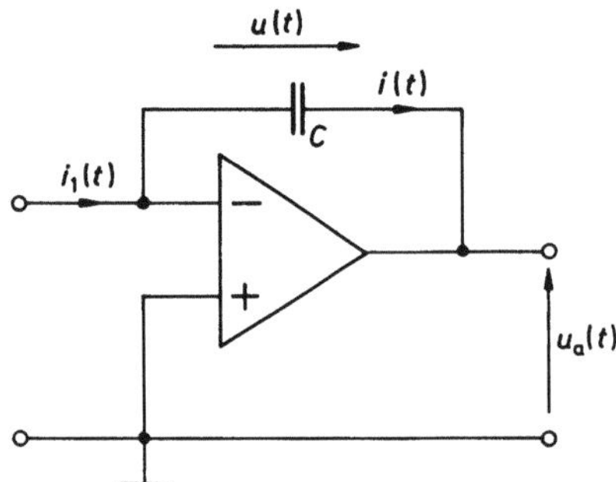

Bild 8.6. Ladungsverstärker

Mit der angegebenen Dimensionierung der Widerstände wird eine ungefähre Gesamtverstärkung von $v_{ges} = 100$ erreicht.

Eine Kompensation der bereits angesprochenen Nullspannung U_{off} einer symmetrischen Brückenschaltung läßt sich durch die in Bild 8.5 gezeigte Abwandlung des symmetrischen Differenzverstärkers erreichen.

Über den Operationsverstärker OP2 wird eine zusätzliche Spannung eingeschleift, die durch das Potentiometer P_1 variiert werden kann. U_{off} ist vollständig kompensiert, wenn auf die Brückenelemente keine Meßgröße einwirkt und gleichzeitig die Ausgangsspannung der Verstärkerschaltung $U_1 = 0\,\mathrm{V}$ beträgt.

Zur Verstärkung der Ausgangssignale ladungsliefernder Sensoren, z.B. piezoelektrischer Drucksensoren (s. Kap. 6), eignet sich die Schaltung in Bild 8.6. Der Sensor läßt sich als Kapazität C auffassen, die sich aufgrund der vorhandenen Ladung q(t) auf die dazu proportionale Spannung u(t) auflädt:

$$u(t) = \frac{1}{C} \cdot q(t). \tag{8.6}$$

Die Ladung q(t) kann als zeitliches Intergral über den Strom i(t) durch die Kapazität C angegeben werden:

$$q(t) = \int_0^t i(t)dt. \tag{8.7}$$

Setzt man den Sensor in den Gegenkopplungszweig eines Stromverstärkers mit Spannungsausgang, ergibt sich die Ausgangsspannung des Verstärkers wegen $i_1(t) = i(t)$ und $u(t) = u_a(t)$ zu

$$u_a(t) = \frac{1}{C} \int_0^t i(t)dt = \frac{1}{C} \cdot q(t). \tag{8.8}$$

Man bezeichnet diese Schaltung deshalb als Ladungsverstärker, wobei eigentlich nicht die Ladung, sondern die am Ausgang verfügbare Leistung verstärkt wird.

8.2.3 Meßoszillatoren

Frequenzanaloge Sensorsignale bieten gegenüber amplitudenanalogen Signalen Vorteile hinsichtlich Digitalumsetzung und störungsarmer Signalübertragung. Die im folgenden beschriebenen Oszillatorschaltungen ermöglichen die einfache Umsetzung von Widerständen, Kapazitäten, Induktivitäten und zum Teil auch Spannungen in dazu proportionale Frequenzen. Allgemein unterscheidet man zwischen harmonischen Meßoszillatoren, die sinusförmige Ausgangssignale liefern, und Relaxationsoszillatoren mit dreieck- oder rechteckförmigem Ausgangssignal.

Ein einfacher Relaxationsoszillator, mit dem Widerstands- bzw. Kapazitätsänderungen in Frequenzsignale umgesetzt werden können, besteht aus einem astabilen Multivibrator (Kippstufe) nach Bild 8.7.

Die Kapazität C wird über den Widerstand R bis zu der durch den Spannungsteiler $R_1 - R_2$ und die Komparatorausgangsspannung U_0 vorgegebene Schwellenspannung $U_{max} = U_0 \cdot R_2/(R_1 + R_2)$ aufgeladen. Wenn die Kondensatorspannung $u_c(t)$ die positive Schwellenspannung U_{max} erreicht hat, springt die Komparatorausgangsspannung auf $- U_0$ um. Nun wird der Kondensator aufgeladen bis zur negativen Schwellenspannung $U_{min} = - U_{max}$, dann schaltet der Komparator erneut.

Während der Ladezeit des Kondensators kann die Spannung $u_c(t)$ beschrieben werden durch:

$$u_c(t) = \left[1 - \left(1 + \frac{R_2}{R_1 + R_2} \right) e^{-t/RC} \right] U_0. \tag{8.9}$$

Die Periodendauer $T = 1/f$ läßt sich aus der Zeit $t = T/2$, bei der die Kondensatorspannung die Schwellenspannung U_{max} erreicht, berechnen zu:

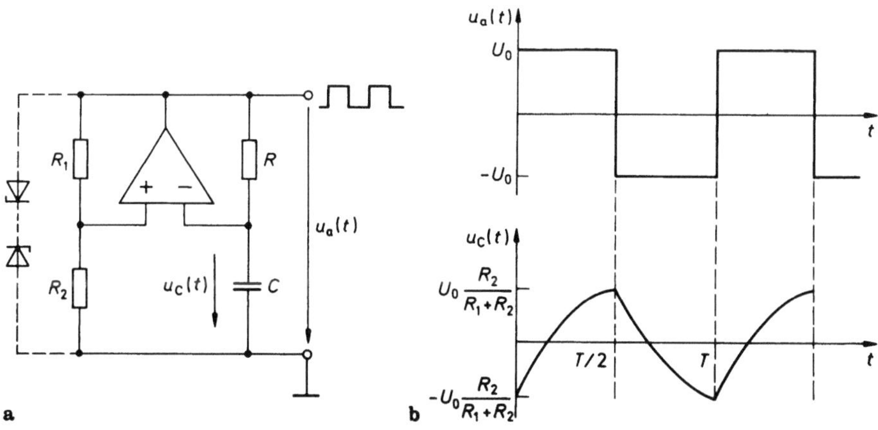

Bild 8.7 a, b. Einfacher Relaxationsoszillator: **a** Schaltung; **b** Signalverläufe

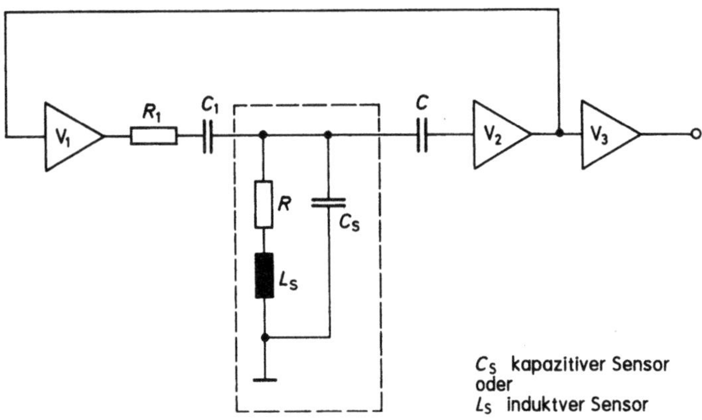

Bild 8.8. Modifizierter LC-Franklin-Oszillator

$$T = 2RC \ln\left(1 + 2\frac{R_2}{R_1}\right). \tag{8.10}$$

Die Ausgangsspannungen $+U_0$ bzw. $-U_0$ des Komparators liegen betragsmäßig etwa 1 V unter seiner Versorgungsspannung. Allerdings sind sie weder betragsmäßig gleich noch haben sie den gleichen Temperaturgang. Durch zwei entgegengesetzt gerichtete, in Serie geschaltete Zenerdioden am Ausgang des Komparators kann dieser Nachteil behoben werden.

Beispiel für einen harmonischen Meßoszillator ist der in Bild 8.8 gezeigte modifizierte LC-Franklin-Oszillator, der durch seine hohe Frequenzstabilität sowohl für kapazitive als auch für induktive Sensoren hervorragend geeignet ist. Die bei Oszillatoren notwendige 180°-Phasendrehung wird beim Franklin-Oszillator durch eine zweite Verstärkerstufe, nicht durch passive Bauelemente erreicht. Dadurch arbeitet der Oszillator sehr nahe an der Resonanzfrequenz f_{res} des Schwingkreises, die durch folgende Gleichung gegeben ist:

$$f_{res} = \frac{1}{2\pi\sqrt{LC}}\sqrt{1 - R^2\frac{C}{L}}. \tag{8.11}$$

Durch die Verwendung von Verstärkerstufen mit geringem Ausgangswiderstand bei hohem Eingangswiderstand, die darüber hinaus kleine und in einem weiten Bereich frequenzunabhängige Ein- und Ausgangskapazitäten aufweisen, eignet sich der Oszillator auch für Schwingkreise mit verhältnismäßig geringer Güte [8.2].

8.3 Digitalumsetzung

Für eine Weiterverarbeitung von Sensorsignalen, z.B. in Rechenanlagen, müssen diese in digitaler Form vorliegen. Da zur Zeit nur wenige Sensoren mit digitalem Ausgang am Markt erhältlich sind, z.B. inkrementale oder codierte Weg- und Winkelsensoren, ist in den meisten Fällen eine Umsetzung der analogen Sensorausgangssignale in Digitalsignale notwendig. Dies ist im besonderen bei allen Sensoren der Fall, die am Ausgang Spannungen, Ströme oder Impedanzänderungen liefern. Die analogen Ausgangssignale der Sensoren werden dazu vorab in normierte Spannungssignale z.B. im Bereich 0 bis 10 V umgeformt. Anschließend erfolgt die Digitalumsetzung dieser dem Sensorsignal proportionalen Spannung.

8.3.1 Analog-Digital-Umsetzung

Die Verfahren zur Analog-Digital-Umsetzung können grob unterteilt werden in Umsetzverfahren mit Zeit oder Frequenz als Zwischengröße, Umsetzverfahren nach dem Kompensationsprinzip und in schnelle Analog-Digital-Umsetzung.

Erstere verwenden einen Integrationsverstärker und einen oder mehrere Komparatoren zur Gewinnung eines Zeit- oder Frequenzsignals, das dann mit Mitteln der digitalen Zeit- bzw. Frequenzmessung in ein Digitalsignal umgesetzt wird. Die Umsetzer nach dem Kompensationsprinzip dagegen arbeiten gewöhnlich mit einem Digital-Analog-Wandler in der Rückführung, dessen digitales Eingangssignal über eine Abgleichlogik solange verändert wird, bis das analoge Ausgangssignal des Digital-Analog-Wandlers das umzusetzende Einganssignal möglichst vollständig kompensiert.

Digital-Analog-Umsetzung mit Zeit als Zwischengröße

Zu den Umsetzverfahren mit Zeit als Zwischengröße gehört der Zweirampen (Dual-Slope)-Umsetzer nach Bild 8.9. Die umzusetzende Meßspannung U_x wird zunächst während einer konstanten Zeit t_1 integriert. Nach Ablauf dieser Zeit wird eine bekannte Referenzspannung U_{ref} mit umgekehrter Polarität von U_x an den Eingang gelegt und solange integriert, bis die Ausgangsspannung des Integrierers Null ist. Die für diese zweite Integration benötigte Zeit t_x ist der Meßspannung U_x proportional.

Zur Zeit $t = t_1$ beträgt die Ausgangsspannung $u_a(t)$ des Umsetzers:

$$u_a(t_1) = \frac{1}{RC} \int_0^{t_1} U_x dt = \frac{U_x}{RC} t_1. \tag{8.12}$$

Nach der Zeit $t = t_1 + t_x$ ist die Ausgangsspannung auf Null zurückintegriert worden:

$$u_a(t_1 + t_x) = u_a(t_1) - \frac{1}{RC} \int_{t_1}^{t_1 + t_x} U_{ref} dt = 0. \tag{8.13}$$

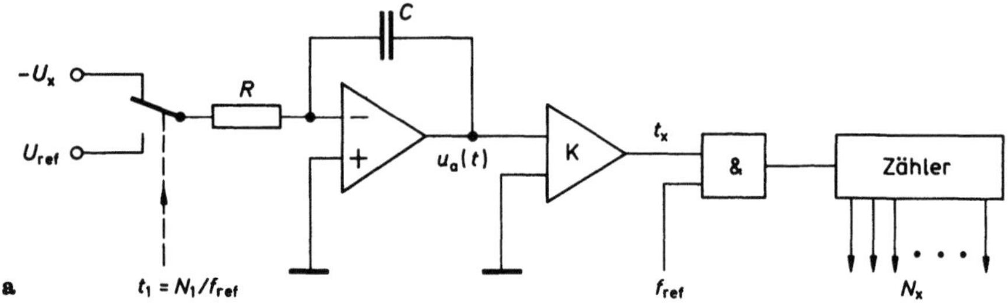
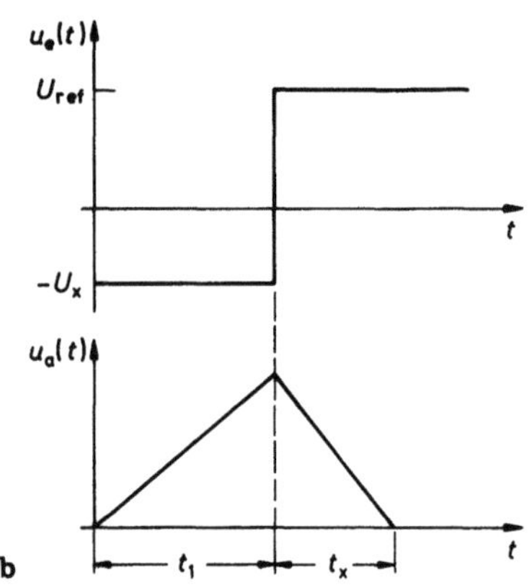

Bild 8.9 a, b. Dual-Slope-Umsetzer: **a** Prinzip; **b** Spannungsverlauf

Daraus ergibt sich die Zeit t_x unabhängig von der Integrationszeitkonstanten RC zu

$$t_x = t_1 \frac{U_x}{U_{ref}}. \tag{8.14}$$

Ein digitaler Teiler bestimmt die Zeit t_1 zur Hochintegration aus der Referenzfrequenz f_{ref} gemäß $t_1 = N_1/f_{ref}$. Das digitale Ausgangssignal N_x des Dual-Slope-Umsetzers ergibt sich damit zu:

$$N_x = f_{ref} t_x = f_{ref} t_1 \frac{U_x}{U_{ref}} = N_1 \cdot \frac{U_x}{U_{ref}}. \tag{8.15}$$

Vorteil des Dual-Slope-Umsetzers gegenüber einfachen Spannungs-Zeit-Umsetzern und auch gegenüber Charge-Balancing-Umsetzern ist, daß die Genauigkeit der Umsetzung nicht von der Größe und Stabilität von Integrationskapazität und -widerstand abhängt. Auch Langzeitschwankungen der Referenzfrequenz f_{ref} haben keinen Einfluß auf die Umsetzgenauigkeit.

184

Allgemein bieten integrierende Analog-Digital-Umsetzer die Möglichkeit, durch geeignete Wahl der Integrationszeit der Eingangsspannung U_x überlagerte Störspannungen stark zu unterdrücken oder sogar ganz auszufiltern.

Für eine Eingangsspannung $u_x(t)$, die sich aus der eigentlich umzusetzenden Meßspannung U_{x0} und einer überlagerten, sinusförmigen Wechselspannung der Frequenz f_{st} und der Amplitude U_{xw} zusammensetzt, erhält man beispielsweise am Ausgang eines Dual-Slope-Umsetzers im Zeitbereich $0 \leq t \leq t_1$ die Spannung

$$u_a(t) = \frac{1}{RC} \int_0^t [U_{x0} + U_{xw} \cos(2\pi f_{st} t)]\, dt$$

$$= \frac{t}{RC} U_{x0} + \frac{\sin(2\pi f_{st} t)}{RC \cdot 2\pi f_{st} t} U_{xw}. \tag{8.16}$$

Der relative Fehler F_{rel} des Integrationsverstärkers, der durch die überlagerte Störspannung verursacht wird, berechnet sich zu

$$F_{rel} = \frac{U_{xw}}{U_{x0}} \frac{\sin(2\pi f_{st} t_1)}{2\pi f_{st} t_1}. \tag{8.17}$$

Seine Größe ist abhängig vom Verhältnis U_{xw}/U_{x0}, der Integrationszeit t_1 und der Frequenz f_{st} der Störspannung. Je größer die Integrationszeit t_1 bzw. je kleiner das Verhältnis U_{xw}/U_{x0} von Wechsel- zu Gleichanteil, desto kleiner wird der relative Fehler. Er wird gleich Null, wenn die Integrationszeit ein ganzzahliges Vielfaches der Periodendauer $T_{st} = 1/f_{st}$ der überlagerten Störspannung ist.

Bei netzfrequenten Störspannungen von $f_{st} = 50\,\text{Hz}$ beträgt demnach die kleinstmögliche Integrationszeit, bei der die Störspannung vollständig unterdrückt wird, $t_1 = 1/f_{st} = 20\,\text{ms}$. Für die in den USA übliche Netzfrequenz von 60 Hz berechnet sich t_1 entsprechend zu 16 2/3 ms. Sollen Störspannungen beider Frequenzen integrierend gefiltert werden können, muß die Intergrationszeit mindestens das kleinste gemeinsame Vielfache der beiden Periodendauern, also $t_1 = 5 \cdot 20\,\text{ms} = 6 \cdot 16\ 2/3\,\text{ms} = 100\,\text{ms}$, oder ein ganzzahliges Vielfaches davon betragen.

Analog-Digital-Umsetzung nach dem Kompensationsprinzip

Unter den Verfahren der Analog-Digital-Umsetzung nach dem Kompensationsprinzip ist die Methode der sukzessiven Approximation stark verbreitet. Hierbei handelt es sich um ein serielles Umsetzverfahren mit Taktsteuerung, bei dem in jeder Taktperiode eine Stelle des digitalen Ausgangssignals gebildet wird. Zur Umsetzung eines Signals in ein n-Bit-Digitalsignal sind also n Umsetzschritte notwendig.

Das Prinzip eines solchen Analog-Digital-Umsetzers ist in Bild 8.10a dargestellt. Eine Ablaufsteuerung erzeugt mit Hilfe eines Digital-Analog-Umsetzers (DAU) über ein Steuerwort, das am Ende der Umsetzung gleichzeitig das digitale Ergebnis enthält, nacheinander verschieden große Teilspannungen

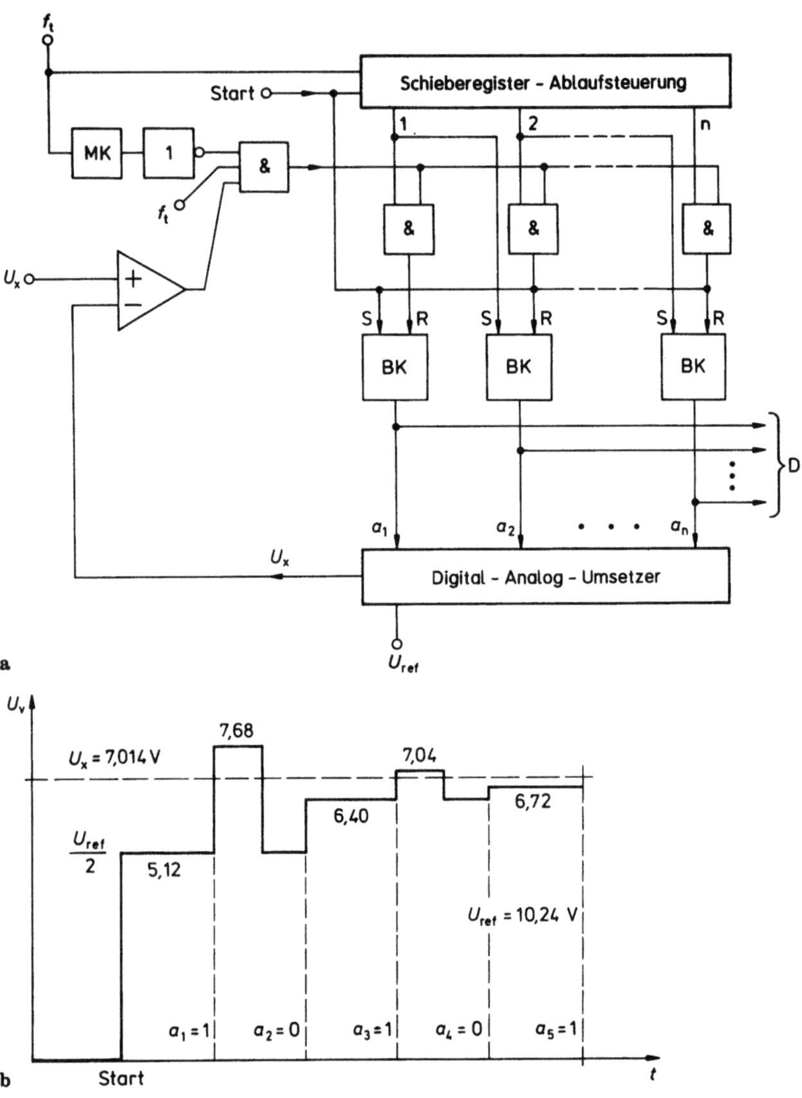

Bild 8.10 a, b. Analog-Digital-Umsetzer mit sukzessiver Approximation; **a** Prinzip; **b** Ablaufdiagramm

einer konstanten Referenzspannung U_{ref}. Ein Komparator vergleicht dann diese Spannungen mit der umzusetzenden Eingangsspannung U_x. Die einzelnen Stellen des Steuerwortes sind in bistabilen Kippstufen gespeichert.

Zunächst ist nur die oberste Stelle des Steuerwortes auf Eins gesetzt, alle anderen Stellen sind Null. Ist die daraus erzeugte Vergleichsspannung $U_v = U_{ref}/2$ kleiner als die umzusetzende Spannung U_x, bleibt das oberste Bit des

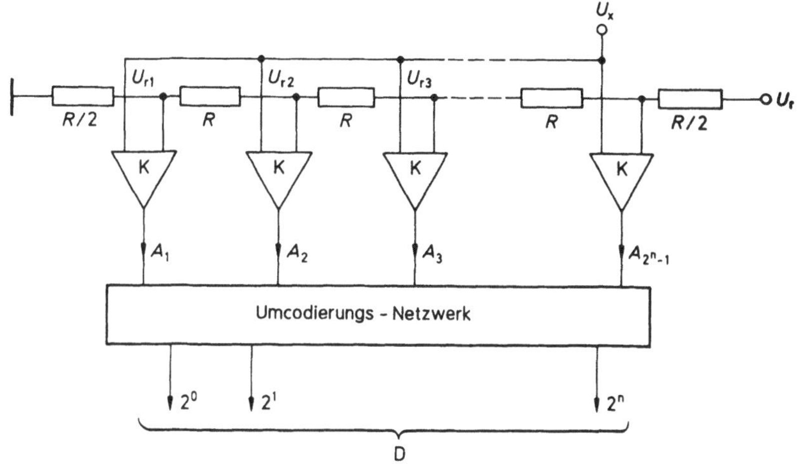

Bild 8.11. Parallel-Umsetzer (flash converter)

Steuerwortes auf Eins gesetzt, andernfalls wird es auf Null zurückgesetzt. Nun wird das nächsthöhere Bit auf Eins gesetzt und die nun entstehende Ausgangsspannung U_v des DAU mit U_x verglichen. Wird U_x nicht überschritten, bleibt auch dieses Bit auf Eins gesetzt. Dieses Vorgehen wird nun Bit für Bit bis zur Stelle mit der niedrigsten Wertigkeit fortgesetzt. Am Ende der Umsetzung ist das dabei entstandene Steuerwort gleichzeitig das digitale Ergebnis D der Analog-Digital-Umsetzung. In Bild 8.10b ist der Ablauf der Digital-Umsetzung einer Meßspannung $U_x = 7{,}014$ V beispielhaft dargestellt; U_{ref} beträgt hier 10,24 V.

Der durch die Umsetzung mögliche Quantisierungsfehler hängt von der Auflösung des Umsetzers ab. Er entspricht der Stelle mit der kleinsten Stellenwertigkeit.

Schnelle Analog-Digital-Umsetzung

Für die Analog-Digital-Umsetzung schnell ablaufender Vorgänge werden Umsetzer mit entsprechend hoher Umsetzgeschwindigkeit benötigt. Die höchsten Geschwindigkeiten können mit simultan arbeitenden Parallel-Umsetzern (flash converter) erreicht werden. Alle Bits des digitalen Ergebnisses werden dabei gleichzeitig erzeugt. Der Schaltungsaufwand wächst also etwa proportional mit der Zahl der gewünschten Quantisierungsstufen. Wie in Bild 8.11 gezeigt, sind für 2^n Quantisierungsstufen 2^n-1 Komparatoren notwendig, die die umzusetzende analoge Eingangsspannung U_x mit den 2^n-1 entsprechend gestuften Referenzspannungen vergleichen.

Die Ausgangssignale A_i der Komparatoren liefern eine logische Eins, wenn die Eingangsspannung U_x größer als die entsprechende Referenzspannung U_{ri}

ist, eine logische Null für $U_x < U_{ri}$. Ein Umcodiernetzwerk übernimmt die Übertragung in den Binärcode.

Mit heute verfügbaren Integrationstechniken sind standardmäßig Parallel-Umsetzer bis zu 10 Bit Auflösung möglich. Die dazu notwendigen 1023 Komparatoren und die übrigen, zur Bildung der Referenzspannungen und zur Umcodierung benötigten Bauelemente bedeuten einen Integrationsgrad von ca. 60 000 Bauelementen pro Chip.

8.3.2 Frequenz-Digital-Umsetzung

Eine Vielzahl von Sensoren liefert am Ausgang ein Frequenzsignal. Dazu zählen im besonderen Sensoren zur Erfassung der Drehzahl oder des Durchflusses (mit Turbinen) oder auch Sensoren mit Impedanzänderung, die in einem Meßoszillator frequenzbestimmend sind (z.B. kapazitive Sensoren).

Die einfachste Möglichkeit der Umsetzung einer unbekannten Frequenz f_x in ein digitales Signal ist das Zählen der während einer festen Torzeit t_T in einen Zähler einlaufenden Impulse N dieser Frequenz:

$$N = f_x t_T. \tag{8.18}$$

Die erreichbare Frequenzauflösung wird dabei durch die Größe der Torzeit t_T, die gleich der benötigten Meßzeit ist, bestimmt. Je größer die Torzeit t_T, desto genauer, aber auch langsamer ist die Messung von f_x. Mit einer Torzeit $t_T = 10\,\text{s}$ erreicht man beispielsweise eine Frequenzauflösung von 0,1 Hz. Der relative Quantisierungsfehler der Messung beträgt:

$$\frac{1}{N} = \frac{1}{f_x t_T}. \tag{8.18a}$$

Kürzere Meßzeiten können mit der Multi-Periodendauermessung nach Bild 8.12 erreicht werden. Hier wird die Meßfrequenz f_x um den Faktor N_T digital geteilt. Der resultierende Zählerstand N ergibt sich damit zu

$$N = N_T \frac{f_{ref}}{f_x} \tag{8.19}$$

mit einer linear von der Meßfrequenz abhängigen Auflösung $1/N = f_x/(f_{ref} \cdot N_T)$. Der angezeigte Zählerstand ist hier proportional der Periodendauer des Meß-

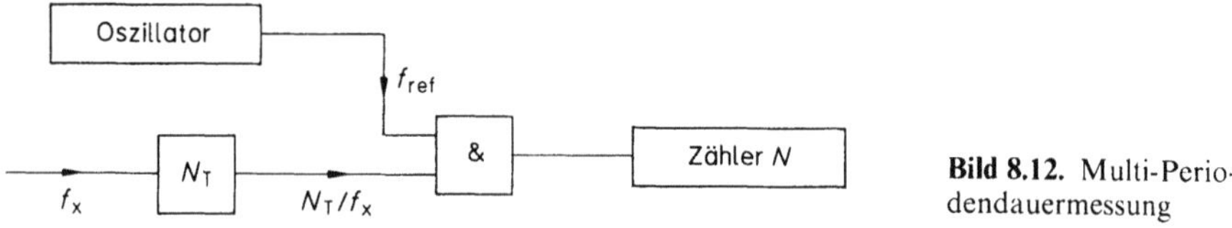

Bild 8.12. Multi-Perio-dendauermessung

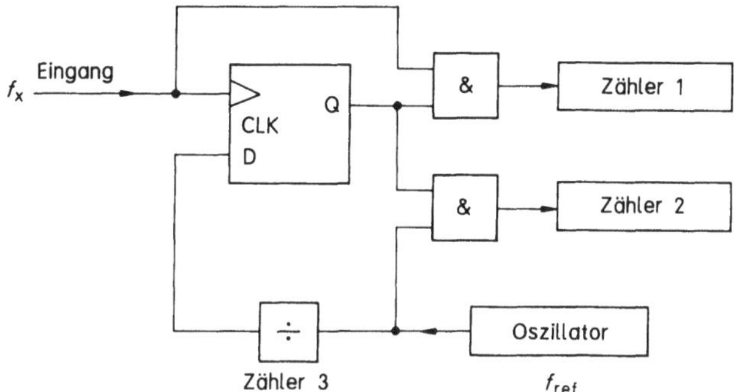

Bild 8.13. Multi-Periodendauermessung mit eingangssynchroner Torzeit

signals, kann durch Reziprokwertbildung aber in eine Frequenz übergeführt werden.

Der Wert des Produktes aus Auflösung $1/N$ und Meßzeit N_T/f_x ist konstant und durch die Referenzfrequenz f_{ref} bestimmt. Für eine zulässige Meßzeit $N_T/f_x = 0,1\,$s ergibt sich bei einer Referenzfrequenz $f_{ref} = 10\,$MHz eine mögliche Auflösung von $1/N = 10^{-6}$.

Eine Variante der Multi-Periodendauermessung, bei der der mögliche Quantisierungsfehler unabhängig von der Meßfrequenz f_x nur noch einen Puls der Referenzfrequenz f_{ref} beträgt, ist die Multi-Periodendauermessung mit eingangssynchronisierter Torzeit nach Bild 8.13. Hier werden drei Zähler verwendet: Zähler 1 (N_1) speichert die Eingangsimpulse von f_x, Zähler 2 (N_2) mißt die synchronisierte Torzeit, die durch den programmierbaren Zähler 3 vorgegeben wird. Das Flip-Flop synchronisiert die beiden Zähler 1 und 2. Dadurch wird der Quantisierungsfehler auf einen Impuls von f_{ref} eingeschränkt. Die gemessene Frequenz f_x ist gegeben durch

$$f_x = f_{ref}\,\frac{N_1}{N_2}. \tag{8.20}$$

8.4 Signalübertragung

Sensoren können entsprechend der Art ihrer Ausgangssignale in drei Gruppen eingeteilt werden:

- amplitudenanalog,
- frequenzanalog,
- direkt digital.

Aus der jeweiligen Signalart ergeben sich unterschiedliche Eigenschaften bei der Übertragung der Sensorsignale [8.4]. So ist die Störsicherheit bei amplitudenanaloger Übertragung deutlich geringer als bei frequenzanaloger oder digitaler Übertragung.

Bei der Verbindung von beispielsweise einzelnen Komponenten einer Prozeßsteuerung finden in jüngster Zeit Sensorbussysteme immer mehr Anwendung.

8.4.1 Amplitudenanaloge Übertragung

Amplitudenanaloge Signalübertragung kann sowohl spannungs- als auch stromanalog erfolgen. Für Übertragungen über große Distanzen ist die stromanaloge Übertragung vorzuziehen: Spannungsabfälle in den Leitungen, Übertragungswiderstände und Thermospannungen haben keinen Einfluß auf das zu übertragende Signal. Auch induzierte Störspannungen erzeugen wegen des meist hochohmigen Quellenwiderstandes der Stromquelle keine wesentlichen Fehlerströme.

Am weitesten verbreitet ist die Übertragung über die 4/20-mA-Stromschleife. Der Nullpunkt des Meßbereichs wird durch einen Strom von 4 mA, der Endwert durch einen Strom von 20 mA repräsentiert. Der "Nullstrom" von 4 mA ermöglicht die Unterscheidung zwischen "Signal = Null" und "kein Signal", z.B. bei Leitungsunterbrechungen. Für spezielle Anwendungen kann aus dem "Nullstrom" auch die Versorgungsleistung für den Sensor gewonnen werden.

8.4.2 Frequenzanaloge Übertragung

Frequenzanaloge Signale sind im allgemeinen frequenzmodulierte (FM-) Signale, d.h. daß die Frequenz ein Maß für die Größe des Primärsignals ist, oder pulsdauermodulierte (PDM-) Signale, bei denen die Pulslänge die Größe des Primärsignals repräsentiert. Frequenzanaloge Sensorsignale lassen sich ohne weitere Verarbeitungsmaßnahmen direkt übertragen.

Als Übertragungsmedium kommen mehrere Leitungsarten in Frage: Die störsicherste Verbindung erhält man durch Verwendung eines Lichtleiters. Durch die optische Signaleinkopplung ist gleichzeitig eine galvanische Trennung zwischen Sender- und Empfängerseite gegeben. Die Verwendung von einfachen Zweidrahtleitungen oder Koaxialkabeln ermöglicht demgegenüber eine einfache Fernspeisung des Sensors, die Signaleinkopplung erfolgt hier über eine Kapazität; eine galvanische Trennung kann z.B. durch einen Übertrager erreicht werden.

8.4.3 Digitale Übertragung

Zur Übertragung von Digitalsignalen wird häufig die Pulscodemodulation (PCM) verwendet, da sie die geringste Bandbreite und die kleinste Sendeleistung benötigt. Die digitale Signalübertragung kann entweder parallel oder seriell erfolgen. Im ersten Fall werden alle Bits eines Zeichens gleichzeitig über entsprechend viele einzelne Leitungen gesendet, im zweiten Fall werden sie nacheinander über dieselbe Leitung übertragen. Aufgrund des geringeren Aufwands wird meistens die serielle Signalübertragung verwendet, es sei denn, die höhere Übertragungsgeschwindigkeit der parallelen Übertragung wird benötigt.

Die serielle Datenübertragung kann synchron oder asynchron durchgeführt werden. Das zu übertragende Zeichen wird, umgeben von einem festgelegten Rahmen aus mehreren Steuerbits, über die Leitung gesendet: nach einem sogenannten Startbit werden nacheinander alle Bits des Zeichens übertragen, anschließend ein Paritätsbit zur Überprüfung der erfolgreichen Übertragung, gefolgt vom einem oder mehreren Stopbits. Das für eine synchrone Übertragung gleichzeitig auf einer eigenen Leitung übertragene Taktsignal wird bei asynchroner Übertragung dadurch überflüssig, daß zum einen die gemeinsame Taktrate zwischen Sender und Empfänger vorab vereinbart, zum anderen die Übertragung der einzelnen Zeichen durch Start- und Stopbits synchronisiert wird.

Genormte Schnittstellen für die asynchrone, serielle Datenübertragung sind die häufig verwendeten V24- oder RS232C-Schnittstellen. Neben den Datenleitungen besitzen sie noch mehrere Signalleitungen zur Steuerung der Übertragung zwischen Sender und Empfänger. Spezielle Treiberbausteine, sog. UART's (universal asynchroneous receiver transmitter), übernehmen die Erzeugung der notwendigen Steuersignale und der Übertragungs"rahmen" der einzelnen Zeichen.

8.4.4 Bussysteme

Vor allem bei Prozeßsteuerungen mit örtlich verteilten Komponenten wird deren Verknüpfung über ein einheitliches Bussystem angestrebt, da Erweiterungen leichter möglich sind und der Verkabelungsaufwand gegenüber sternförmigen Einzelverbindungen deutlich geringer ist.

Bis heute hat sich allerdings kein einheitliches Bussystem durchgesetzt; vielmehr werden in verschiedenen Anwendungsbereichen unterschiedliche Systeme verwendet, die sich sowohl in Übertragungsgeschwindigkeit und maximaler Kabellänge als auch in der Definition der Übertragungsprotokolle deutlich unterscheiden. Für Anwendungen im Automobilbereich ist z.B. der CAN-Bus vorgesehen, während der Profibus (process field bus) vorwiegend in der chemischen Prozeßtechnik und in der Gebäudeautomation zum Einsatz kommen soll. Zum Teil sind bereits Normen oder wenigstens Vorabnormen für die Bussysteme vorhanden (DIN-Feldbus, Profibus Teil 1), teilweise ist die Normung noch nicht abgeschlossen.

8.5 Digitale Signalverarbeitung

Digitale Signalverarbeitungsmaßnahmen können die bei der Sensorherstellung sonst üblichen mechanischen oder elektrischen Abgleichverfahren, z.B. Lasertrimmung, überflüssig machen. Durch einfache rechnerische Konstantenaddition und -multiplikation ist beispielsweise der Ausgleich fertigungsbedingter Streuungen von Nullpunkt und Steilheit einer sonst linearen Sensorkennlinie möglich.

Als Grundlage der digitalen Signalverarbeitung dient eine möglichst gute mathematische Beschreibung der Abhängigkeit eines Sensorsignals von der zu messenden Größe. Durch geeignete Algorithmen ist dann auch die Korrektur zusätzlicher Einflüsse, die das Sensorsignal verfälschen, wie z.B. der Einfluß der Temperatur auf Drucksensoren, möglich.

8.5.1 Physikalische Modellfunktionen

Für eine effektive Signalverarbeitung im Mikrorechner muß die Reaktion des Sensors auf die Meßgröße möglichst gut beschrieben werden können. Am günstigsten ist es, wenn der physikalische Zusammenhang zwischen Meßgröße und Sensorsignal bekannt ist und durch einfache mathematische Formeln ausgedrückt werden kann. Dies ist aber in vielen Fällen wegen der komplexen physikalischen Vorgänge in den Sensoren schwierig. Anhand von zwei verschiedenen Sensorprinzipien wird im folgenden beispielhaft das Aufstellen einer physikalischen Modellfunktion vorgestellt.

Transistor-Thermometer

Wie bereits in Kap. 2 beschrieben, kann der p-n-Übergang eines als Diode betriebenen Transistors als Temperatursensor verwendet werden. Im einfachsten Fall dient die Basis-Emitter-Spannung U_{BE} des Transistors bei konstantem Kollektorstrom I_C als Maß für die Temperatur ϑ. Die Empfindlichkeit $\delta U_{BE}/\delta\vartheta$ läßt sich schreiben als:

$$\frac{\delta U_{BE}}{\delta\vartheta} = \frac{k}{e}\left(\ln\frac{I_C}{\alpha\vartheta^n} - n\right) \neq \text{const} \tag{8.21}$$

k = Boltzmann-Konstante, e = Elementarladung.

Sie ist nicht konstant und darüber hinaus stark abhängig von fertigungstechnisch bedingten Schwankungen von α und n. α ist eine von geometrischen Gegebenheiten und physikalischen Faktoren abhängige Konstante, n beschreibt die Temperaturabhängigkeit der Diffusionskonstanten der Minoritätsträger in der Basis [8.4]. Bei Umgebungstemperatur beträgt die Temperaturempfindlichkeit von U_{BE} etwa $-2\,\text{mV/K}$.

Verwendet man dagegen die Differenz ΔU_{BE} zweier Basis-Emitter-Spannungen bei zwei unterschiedlichen Kollektorströmen I_{c1} und I_{c2} als Maß für die Temperatur ϑ, können die Einflüsse der Fertigungstoleranzen von a und n eliminiert werden:

$$\Delta U_{BE} = U_{BE2} - U_{BE1} = \frac{k\vartheta}{e}\ln\frac{I_{C2}}{I_{C1}}. \tag{8.22}$$

Darüber hinaus ist ΔU_{BE} nun linear abhängig von der Temperatur ϑ. Mit einem

Verhältnis der Kollektorströme $I_{c2}/I_{c1} = 1000$ und $k/e = 86,3\,\mu V/K$ wird beispielsweise eine konstante Temperaturempfindlichkeit $\delta(\Delta U_{BE})/\delta\vartheta = 0,595\,mV/K$ erreicht.

Halleffekt-Drucksensor

Mit dem Drucksensor nach Bild 8.14 kann sowohl absoluter als auch relativer Luftdruck gemessen werden [8.5]. Zur Messung von Absolutdruck muß der Raum hinter der Membran evakuiert werden. Durck den einwirkenden Druck p wird ein auf der Membran befestigter Dauermagnet in die Richtung eines Hall-Sensors bewegt. Die aus dem verringerten Abstand zwischen Magnet und Hall-Element resultierende Änderung der magnetischen Induktion B – genauer gesagt ihre senkrecht auf der aktiven Fläche des Hall-Sensors stehende Komponente – erzeugt die Hall-Spannung U_p. (Eine Erläuterung des Hall-Effekts ist in Abschn. 4.2 zu finden.)

Das physikalische Modell dieses Drucksensors kann durch Betrachtung folgender Zusammenhänge entwickelt werden:

Die Auslenkung der Membran ist annähernd linear, abhängig vom einwirkenden Druck p. [8.6]:

$$x = x_0 - kp \qquad \text{mit } k > 0; \tag{8.23}$$

x_0 ist der Ruheabstand zwischen Magnet und Hall-Sensor bei $p = 0$.

Die wirksame magnetische Induktion B(x) am Ort des Hall-Sensors wird bestimmt vom Abstand x und der Geometrie des Dauermagneten. Der hier

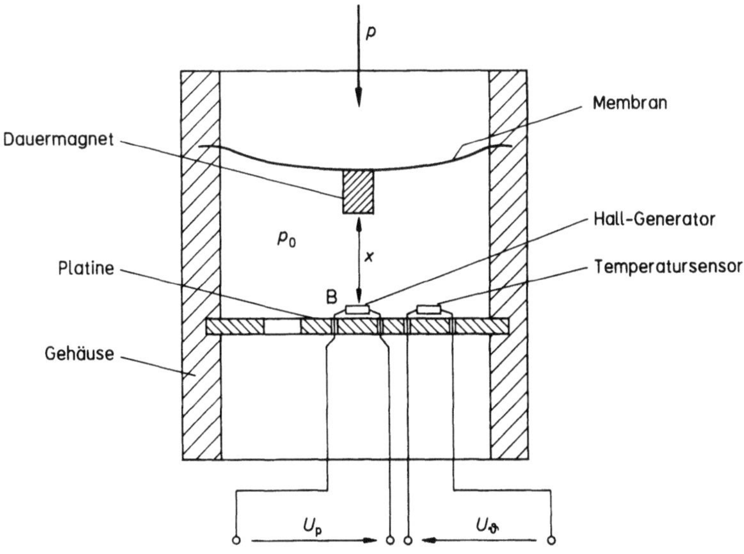

Bild 8.14. Halleffekt-Drucksensor

verwendete quaderförmige Magnet führt zu

$$B(x) = \frac{M}{\pi}\left(\arctan\frac{(a/2)^2}{x\sqrt{2(a/2)^2 + x^2}} - \arctan\frac{(a/2)^2}{(x + c)\sqrt{2(a/2)^2 + (x + c)^2}}\right),$$

(8.24)

wobei M die Magnetisierung, a die Seitenlänge der quadratischen Stirnfläche und c die Dicke des Magneten in x-Richtung bezeichnet. Diese Beziehung kann mit guter Näherung auch als Exponentialfunktion mit $B_0 = B(x_0)$ geschrieben werden [8.7]:

$$B(x) = B_0 \exp\left(1 - \frac{x}{x_0}\right).$$

(8.25)

Für die durch den Hall-Generator erzeugte Ausgangsspannung U_p gilt (s. Abschn. 4.2):

$$U_p(x) = R_H \frac{I_p}{d} B(x).$$

(8.26)

R_H ist die Hall-Konstante, d die Dicke der Hall-Platte und I_p der Steuerstrom des Hall-Elements.

Faßt man diese Gleichungen zusammen, kann der Zusammenhang zwischen dem wirksamen Druck p und der daraus resultierenden Hall-Spannung U_p folgendermaßen beschrieben werden:

$$U_p(p) = R_H \frac{I_p}{d} B_0 \exp\left(\frac{k}{x_0}p\right).$$

(8.27)

Durch die Substitutionen $U_0 = B_0 R_H I_p/d$ und $p_0 = x_0/k$ kann diese, das physikalische Modell des Halleffekt-Drucksensors beschreibende Gleichung vereinfacht werden zu

$$U_p(p) = U_0 \exp(p/p_0).$$

(8.27a)

8.5.2 Mathematische Modelle

Ist für einen Sensor kein physikalisches Modell bekannt oder wird sein Ausgangssignal von Fertigungsstreuungen und Umgebungseinflüssen zu stark verfälscht, muß die Sensorkennlinie durch ein mathematisches Modell nachgebildet werden, um eine digitale Signalverarbeitung zu ermöglichen. Zur Beschreibung des Sensorverhaltens muß dann an mehreren Meßpunkten das Sensorsignal ermittelt werden. Die Sensorkennlinie zwischen diesen Stützpunkten kann durch verschiedene mathematische Methoden angenähert werden. Im allgemeinen werden dazu Interpolations- oder Approximationsverfahren verwendet, von denen im folgenden einige kurz beschrieben werden. Während bei Approximationsverfahren die gefundene Funktion nicht unbedingt die verwendeten Stützpunkte berühren muß, sondern sich den gemessenen Werten insgesamt möglichst gut anpassen und Streuungen ausgleichen soll, führt bei Interpolationsverfahren die gewonnene Funktion genau durch die verwendeten Stützpunkte. Das bedeutet, daß Stützwerte für Interpolationen mit größtmöglicher Genauigkeit gemessen werden müssen, da eventuelle Meßfehler direkt in die Interpolationsfunktion eingehen.

Interpolationsverfahren

Im folgenden werden einige gängige Verfahren zur Interpolation von Sensorkennlinien kurz vorgestellt.

Tabellarische Abspeicherung der Sensorkennlinie

Hier wird die ganze Kennlinie in Form von Wertepaaren abgespeichert. Jede Sensorantwort wird dann mit den Werten der Tabelle verglichen und so die korrespondierende Meßgröße ermittelt. Nachteil dieser Methode ist der große Speicherplatzbedarf durch die hohe Zahl von Referenzwerten, die für eine ausreichend genaue Beschreibung der Sensorkennlinie notwendig sind.

Polygonzug-Interpolation

Dieses Verfahren benötigt weniger Speicherplatz als die tabellarische Abspeicherung. Zwischen den gespeicherten Stützpunkten wird die Kennlinie durch Geradenstücke angenähert. Für annähernd lineare Sensorkennlinien können mit wenigen Stützpunkten bereits gute Ergebnisse erzielt werden, Kennlinien mit starker Krümmung dagegen können nur durch eine große Zahl von Geraden ausreichend genau beschrieben werden.

Polynom-Interpolation

Mit der Polynom-Interpolation wird der funktionale Zusammenhang zwischen n Stützpunkten über den gesamten Meßbereich durch ein einzelnes Polynom der Ordnung n − 1 beschrieben. Nachteil dieses' Verfahrens ist die Tatsache, daß Polynome höherer Ordnung zu Schwingungen neigen, da alle n − 1 Extrema und alle n − 2 Wendepunkte der Funktion innerhalb des betrachteten Intervalls liegen. Daher eignen sich Polynome mit Ordnungen höher als 3 kaum mehr zur Interpolation realer Sensorkennlinien, die im allgemeinen einen eher glatten Verlauf haben.

Interpolation mit kubischen Splines

Hier wird die Sensorkennlinie abschnittsweise durch Polynome beschrieben. Jeweils zwischen zwei Kennlinienstützpunkten wird ein kubisches Polynom definiert, dessen Parameter so bestimmt werden, daß in den Berührungspunkten – also den Kennlinienstützpunkten – Funktionswert, Steigung und Krümmung benachbarter Polynome gleich sind [8.8]. Für n Stützpunkte (x_i, y_i), $i = 1, 2, \ldots n$, ergeben sich also n − 1 Polynome der Form

$$S_i(x) = a_i + b_i(x - x_i) + c_i(x - x_i)^2 + d_i(x - x_i)^3 \tag{8.28}$$

mit

$$x \in [x_i, x_{i+1}] \quad \text{und} \quad i = 1, 2, \ldots, n - 1.$$

Um eine geschlossene mathematische Darstellung zu ermöglichen, wird am rechten Rand des Meßbereichs zusätzlich das Polynom S_n eingeführt, das nur für $x = x_n$ definiert ist

$$S_n(x_n) = a_n. \tag{8.29}$$

Aus der Forderung nach Gleichheit der Funktionswerte, Steigungen und Krümmungen in den gegebenen Stützpunkten folgt

$$S_i(x_i) = y_i \qquad i = 1, 2, \ldots, n; \tag{8.30a}$$
$$S_i(x_i) = S_{i-1}(x_i) \quad i = 2, 3, \ldots, n; \tag{8.30b}$$
$$S_i'(x_i) = S_{i-1}'(x_i) \quad i = 2, 3, \ldots, n-1; \tag{8.30c}$$
$$S_i''(x_i) = S_{i-1}''(x_i) \quad i = 2, 3, \ldots, n-1. \tag{8.30d}$$

Zur Bestimmung der $4n - 3$ Spline-Koeffizienten a_i, b_i, c_i und d_i fehlen nun noch zwei Bedingungen, die man durch Vorgabe des Funktionsverhaltens – meist Steigung oder Krümmung – am Rand des betrachteten Meßbereichs erhält. Häufig werden die Krümmungen in den beiden Randpunkten (x_1, y_1) und (x_n, y_n) des betrachteten Intervalls auf Null gesetzt, also $c_1 = c_n = 0$. Die Splinefunktion heißt dann "natürlicher kubischer Spline".

Mit der Spline-Interpolation erhält man eine glatte, stückweise definierte Funktion, die durch alle gegebenen Stützpunkte verläuft. Für Sensorkennlinien sind üblicherweise etwa fünf Stützpunkte zur Interpolation ausreichend. Besonders bei fehlender a-priori-Information über das Sensorverhalten ist eine Kennlinienbeschreibung mit Splinefunktionen vorteilhaft.

Approximationsverfahren

Wie bereits erwähnt, läuft im Gegensatz zur Interpolation bei der Approximation die gewonnene Funktion im allgemeinen nicht direkt durch die gegebenen Kennlinienstützpunkte. Die Koeffizienten einer Approximationsfunktion werden vielmehr durch Minimierung einer Fehlerfunktion so bestimmt, daß die Funktion die gemessenen Werte einer Sensorkennlinie insgesamt möglichst gut annähert und Streuungen der Meßpunkte ausgleicht. Im allgemeinen wird nach einer der folgenden Fehlerbedingungen minimiert [8.9]:

L_1-Approximation: Minimierung nach der Summe der absoluten Fehler

Hier soll die Summe der mit p_k gewichteten absoluten Differenzen zwischen der Approximationsfunktion $f(x_k)$ und der Sensorkennlinie in den gegebenen Stützpunkten (x_k, y_k) möglichst klein werden:

$$\sum_{k=1}^{n} p_k |y_k - f(x_k)| \stackrel{!}{=} \text{Min.} \tag{8.31}$$

Diese Approximation eignet sich gut zur Erkennung von einzelnen Ausreißern.

196

*L_2-Approximation: Minimierung nach der Summe der Fehlerquadrate
(least square method)*

Dieses ist die am häufigsten verwendete Methode. Minimierungskriterium ist die
Summe der gewichteten Quadrate der Abweichungen der Approximationsfunktion $f(x_k)$ von den gegebenen Kennlinienpunkten (x_k, y_k):

$$\sum_{k=1}^{n} p_k(y_k - f(x_k))^2 \overset{!}{=} \text{Min.} \tag{8.32}$$

Bei gleicher Gewichtung gehen große Abweichungen besonders stark in die
Fehlersumme ein.

*L_∞-Approximation (Tschebyscheff-Approximation): Minimierung nach dem
maximalen absoluten Fehler*

Die Parameter der Approximationsfunktion $f(x_k)$ werden so bestimmt, daß die
größte vorkommende, gewichtete Abweichung zwischen den Stützpunkten (x_k, y_k)
und $f(x_k)$ möglichst klein wird:

$$\max_{k}(p_k|y_k - f(x_k)|) \overset{!}{=} \text{Min.} \tag{8.33}$$

Für die Sensortechnik ist diese Approximation von besonderer Bedeutung.

Allgemein sollte für eine Kennlinien-Approximation die Anzahl der Stützpunkte 3 bis 5 mal so groß sein wie die Zahl der Parameter, die bestimmt werden sollen. Welche Art von Funktion – Polynom, Exponentialfunktion etc. – als Approximationsfunktion gewählt wird, hängt von der Lage der jeweiligen Sensormeßwerte ab. Analog zur Spline-Interpolation kann eine Kennlinie auch durch stückweise definierte kubische Polynome, sog. "Ausgleichssplines", approximiert werden [8.8].

Ein einfaches Beispiel für eine Approximation ist die lineare Regression. Die gegebenen Meßpunkte in Bild 8.15 sollen nach dem L_2-Approximationskriterium

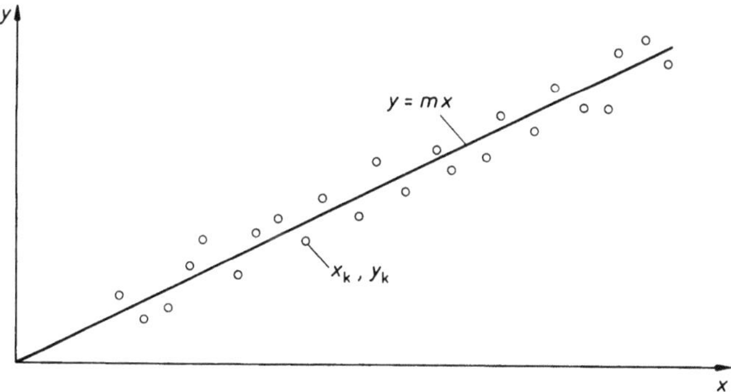

Bild 8.15. Lineare Regression

durch eine lineare Kennlinie $y = f(x) = m \cdot x$ durch den Ursprung angenähert werden. Setzt man alle Gewichtsfaktoren $p_k = 1$, ergibt sich für die Fehlerfunktion $F(m)$:

$$F(m) = \sum_{k=1}^{n} [y_k - f(x_k)]^2 = \sum_{k=1}^{n} (y_k - mx_k)^2$$

$$= \sum_{k=1}^{n} [y_k^2 - 2mx_ky_k + (mx_k)^2] \overset{!}{=} \text{Min.} \tag{8.34}$$

Dies führt zu folgender Minimierungsbedingung:

$$\frac{dF(m)}{dm} = \sum_{k=1}^{n} (-2x_ky_k + 2mx_x^2) \overset{!}{=} 0, \tag{8.35}$$

aus der sich die Steigung m der Geraden berechnet zu

$$m = \frac{\sum\limits_{k=1}^{n} x_ky_k}{\sum\limits_{k=1}^{n} x_k^2}. \tag{8.36}$$

8.5.3 Korrektur von Einflußgrößen

Häufig ist das Ausgangssignal eines Sensors nicht nur von der Meßgröße sondern zusätzlich auch von einer unerwünschten Einflußgröße, z.B. der Temperatur, abhängig. Eine klassische Maßnahme zur analogen Korrektur eines solchen Einflusses ist das Differenzprinzip, das einen Spezialfall der Parallelstruktur darstellt. Dabei werden zwei gleichartige Sensoren verwendet, für deren Verschaltung es zwei Möglichkeiten gibt: entweder wird der erste Sensor von Meß- und Einflußgröße ausgesteuert, der zweite Sensor dagegen nur von der Einflußgröße, oder aber der zweite Sensor wird von der Meßgröße gegensinnig zum ersten, von der Einflußgröße aber in derselben Richtung wie der erste Sensor ausgesteuert. In beiden Fällen werden die Ausgangssignale der beiden Sensoren voneinander subtrahiert. Dadurch wird die Auswirkung der Einflußgröße auf das Gesamtsignal völlig eliminiert oder zumindest stark unterdrückt. Im Falle der gegensinnigen Aussteuerung des zweiten Sensors tritt zusätzlich ein Linearisierungseffekt auf. Diese für analoge Meßsignale realisierbare Maßnahme kann auch bei digitaler Meßsignalverarbeitung direkt angewendet werden. Unter der Voraussetzung von (additiver) Superposition von Meß- und Einflußeffekt führt eine nachfolgende Subtraktion zur Eliminierung der Einflußgröße. Darüber hinaus eröffnen sich bei digitaler Signalverarbeitung noch weitere Möglichkeiten der Einflußgrößenkorrektur, insbesondere auch zur nichtlinearen Korrektur.

Bei bekanntem prinzipiellem Verlauf einer Sensorkennlinie, der durch fertigungstechnisch bedingte Streuungen und Einflußeffekte qualitativ nicht verändert wird, kann das Grundfunktionsverfahren zur Korrektur verwendet werden.

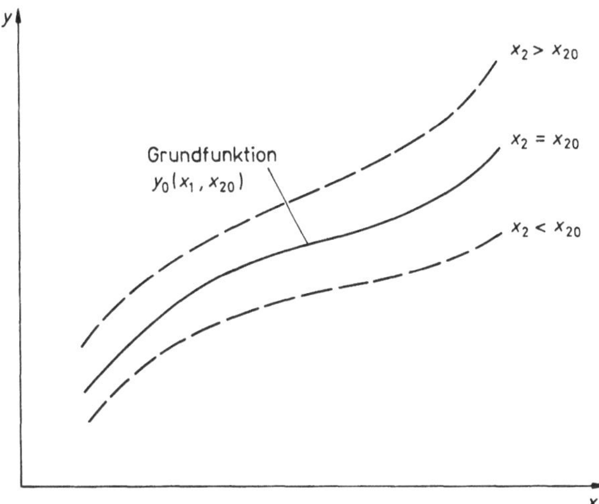

Bild 8.16. Grundfunktions-Verfahren

Unter Verwendung der sog. Grundfunktion $y_0 = f(x_1, x_{20})$, die der Nennkennlinie des Sensors bei konstanter Einflußgröße $x_2 = x_{20}$ entspricht (s. Bild 8.16), kann das von der Meßgröße x_1 und der Einflußgröße x_2 abhängige Sensorausgangssignal y in folgende Reihe entwickelt werden [8.10]:

$$y(x_1, x_2) = c_0(x_2) + [1 + c_1(x_2)]y_0(x_1, x_{20}) + c_2(x_2)y_0^2(x_1, x_{20}) + \cdots. \qquad (8.37)$$

Die Parameter $c_i(x_2)$, $i = 0, 1, \ldots n$, sind Funktionen der Einflußgröße x_2; bei der Nennbedingung $x_2 = x_{20}$ sind sie gleich Null.

Aus Sensordaten bei verschiedenen Werten der Einflußgröße x_2 können die Parameter der Funktionen $c_i(x_2)$ beispielsweise durch Approximationsverfahren berechnet werden. Die gleichzeitige Messung von Einflußgröße und Sensorsignal ermöglicht dann durch nachfolgende Berechnung mit dem Grundfunktionsmodell die Bestimmung der tatsächlichen Meßgröße.

8.6 Beispiel zur digitalen Signalverarbeitung

Als Beispiel für die Möglichkeiten digitaler Signalverarbeitung an Sensoren wird im folgenden ein Sensorsystem zur induktiven Wegmessung (Bild 8.17) vorgestellt. Zunächst wird der verwendete induktive Sensor, anschließend die Gesamtschaltung näher erläutert.

8.6.1 Induktiver Sensor

Eine als Wegaufnehmer verwendete Flachspule erlaubt die berührungslose Messung kleiner Wege im Millimeterbereich [8.11]. Genutzt wird dabei der Wirbel-

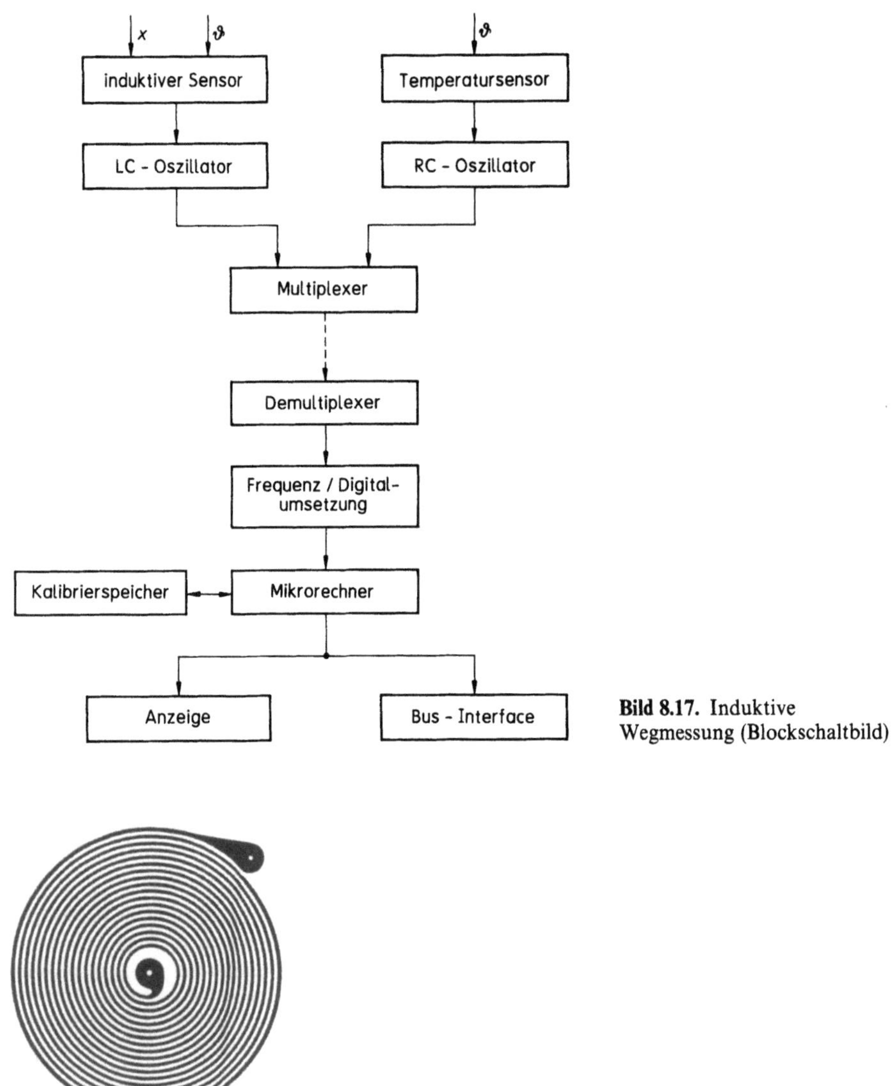

Bild 8.17. Induktive Wegmessung (Blockschaltbild)

Bild 8.18. Flachspule

stromeffekt, d.h. durch Annäherung einer elektrisch leitenden Fläche an die stromdurchflossene Flachspule werden Wirbelströme induziert, die eine Änderung der Spulenimpedanz zur Folge haben. Diese Impedanzänderung wird durch einen LC-Oszillator in eine Frequenzänderung umgeformt.

In ihrer ursprünglichen Form wird die Flachspule nach einer rechnergestützt erzeugten Vorlage in herkömmlicher Leiterplattentechnik gefertigt. Bei einer Leiterbahndicke von 50 µm sind damit minimale Leiterbahnbreiten von 100 µm erreichbar, ohne aufgrund von Unterätzungen die mechanische Stabilität zu gefährden. Das bedeutet eine gewisse Einschränkung in der Miniaturisierbarkeit der Spule. Die in Bild 8.18 gezeigte Spule besitzt bei 26 Windungen einen Durchmesser von ca. 17,6 mm. Mit Techniken der Mikromechanik könnten kleinere Spulenabmessungen erreicht werden, allerdings lassen dann entstehende Probleme der Passivierung und Kontaktierung eine mikromechanische Fertigung der Spule zur Zeit nicht wirtschaftlich erscheinen.

Ein physikalisches Modell des Systems aus Flachspule und angenäherter Platte kann durch Zerlegung von Spule und Platte in konzentrische Kreisringe gewonnen werden. Jeder Kreisring der Platte wird dabei als eine in sich kurzgeschlossene Spule mit einer einzigen Windung betrachtet, deren Selbstinduktivität und Widerstand einzeln berechnet werden kann. Die Flachspule wird ebenso durch konzentrische Einzelspulen angenähert. Man erhält damit ein System magnetisch verkoppelter Stromkreise, das mit Hilfe der Transformatorgleichungen beschrieben werden kann. Für die Impedanz Z_i einer dieser Modell-Spulen ergibt sich damit:

$$Z_i = R_i + j\omega L_i + j\omega \sum_{k=1}^{n} M_{ik} - j\omega \left(\sum_{m=1}^{n} K_{im} \right) i_i/I_s, \tag{8.38}$$

mit $k \neq i$,

wobei I_s der Primärkreisstrom, also der Strom durch die Einzelspulen des Flachspulenmodells ist. Er ist für alle Modell-Spulen gleich, da alle Primärkreise seriell gekoppelt sind.

Die Gesamtimpedanz Z_G des Systems Spule – Platte erhält man durch Summierung der Einzelimpedanzen:

$$Z_G = \sum_{i=1}^{n} Z_i = R + j\omega L. \tag{8.39}$$

Eine Änderung des Abstands x zwischen Flachspule und Platte bewirkt eine nichtlineare Veränderung der Gegeninduktivitäten K_{im} zwischen den Kreisringen der Flachspule und denen der Platte:

$$K_{im} = \frac{2\pi\sqrt{d_i d_m}}{k} \cdot [(2 - k^2)E(k) - 2F(k)], \tag{8.40}$$

mit

$$k = \frac{\sqrt{d_i d_m}}{\sqrt{(d_i + d_m)^2/4 + x^2}};$$

hierbei sind d_i bzw. d_m die Durchmesser des i-ten bzw. m-ten Kreisrings, E(k) das elliptische Integral 1. Ordnung und F(k) das elliptische Integral 2. Ordnung.

Die Genauigkeit dieses Verfahrens hängt entscheidend von der Aufteilung der Kreisringe auf der Platte ab: Die Anzahl der Plattenringe muß mindestens doppelt so groß sein wie die Windungszahl der Flachspule, der Durchmesser des

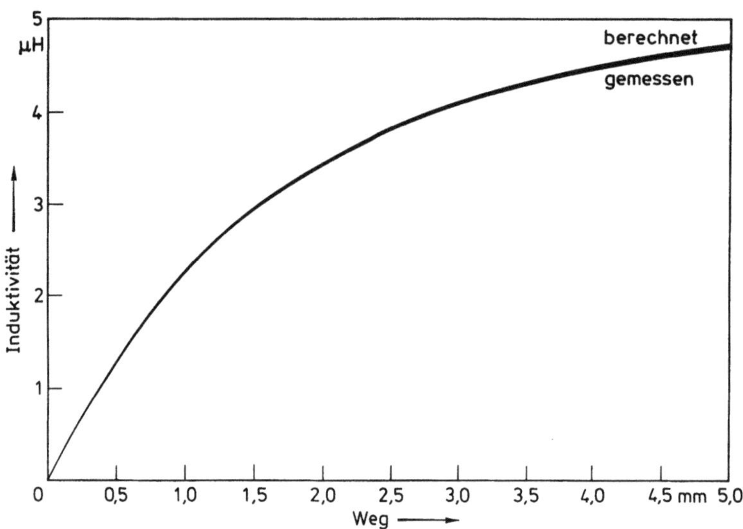

Bild 8.19. Induktivität abhängig vom Weg

äußersten Plattenringes sollte mindestens das eineinhalbfache des Spulendurchmessers betragen.

Der berechnete und gemessene Zusammenhang zwischen dem Weg x und der Induktivitätsänderung L der Flachspule ist in Bild 8.19 dargestellt.

8.6.2 System zur induktiven Wegmessung

Die Impedanzänderung der eben beschriebenen Flachspule wird durch den in Abschn. 8.2.3 bereits erwähnten modifizierten Franklin-Oszillator in eine Frequenzänderung umgeformt. Das frequenzanaloge Ausgangssignal des Oszillators wird beispielsweise über einen Lichtleiter oder eine Zweidrahtleitung zum Mikrorechnersystem übertragen. Nach anschließender Frequenz-Digital-Umsetzung (s. Abschn. 8.3.2) können die Signale vom Mikrorechner weiterverarbeitet, z.B. linearisiert und Temperatureinflüsse korrigiert werden. Zusätzlich stehen Routinen für eine einfache Sensorkalibrierung ohne Abgleichelemente zur Verfügung. Das korrigierte Meßsignal läßt sich direkt anzeigen oder über eine genormte Schnittstelle zu einem übergeordneten Meßwerterfassungssystem übertragen.

Die Korrektur von Fertigungsstreuungen und Temperatureinflüssen auf den induktiven Sensor geschieht in zwei Stufen, wie Bild 8.20 zeigt.

Zunächst werden diese Einflüsse in mehreren Kalibrierzyklen bestimmt. Anschließend werden die Koeffizienten der Korrekturfunktionen mit Hilfe von Regressionsmethoden ermittelt.

Zur Kompensation von Fertigungsstreuungen wird ein Polynom zweiten Grades verwendet, das aus dem ursprünglichen Sensorsignal F das korrigierte

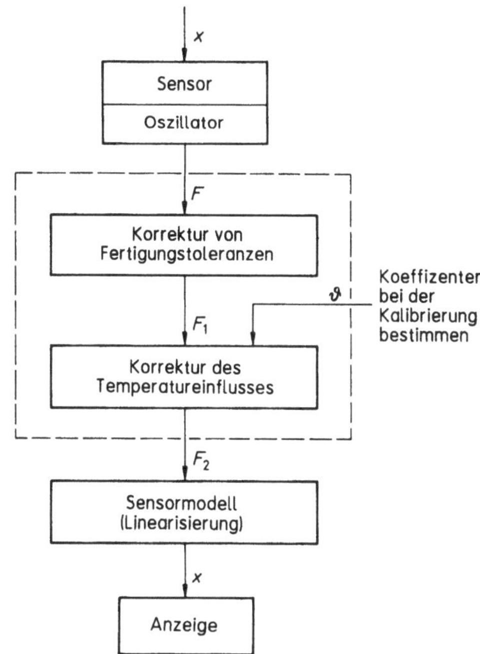

Bild 8.20. Rechnergestützte Korrektur von Temperatureinfluß und Fertigungsstreuungen

Signal F_1 errechnet:

$$F_1 = a_1 + b_1 F + c_1 F^2. \tag{8.41}$$

Für die anschließende Temperaturkompensation wird die Temperatur am Ort des Wegsensors mit einem Temperatursensor nach dem Spreading-resistance-Prinzip erfaßt. Die der gemessenen Temperatur proportionale Widerstandsänderung wird über einen RC-Oszillator in ein frequenzanaloges Signal umgewandelt. Ein Multiplexer ermöglicht die Übertragung des Temperatursignals auf der selben Leitung, auf der das Wegsignal übertragen wird. Vor Umsetzung der übertragenen Frequenz in ein Digitalsignal werden beide Signale wieder demultiplext. Mit folgender Gleichung kann dann das temperaturkorrigierte Signal F_2 in Abhängigkeit von der Nenntemperatur ϑ_0 aus dem Signal F_1 berechnet werden:

$$F_2 = a_2 + c_2 F_1 + (\vartheta - \vartheta_0)(b_2 + d_2 F_1 + e_2 F_1^2). \tag{8.42}$$

Über das Sensormodell wird nun aus dem korrigierten Frequenzsignal F_2 der Weg x ermittelt. Da das im vorigen Abschnitt vorgestellte physikalische Modell des Wegsensors sehr komplex ist, wird ersatzweise ein mathematisches Modell verwendet. Es handelt sich hierbei um ein gebrochen rationales Polynom zweiten Grades, dessen Koeffizienten mit multipler linearer Regression bestimmt wurden:

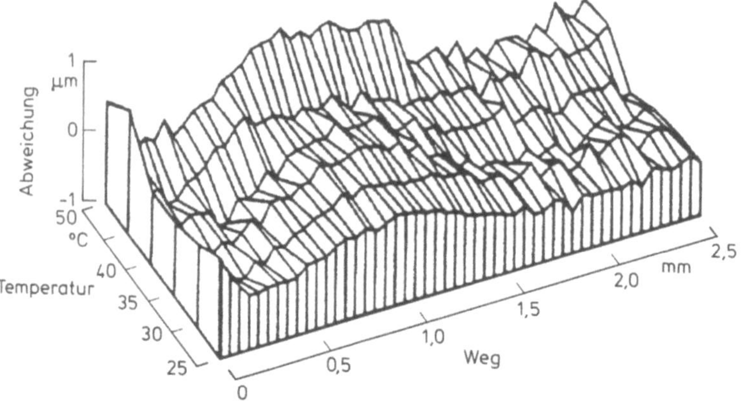

Bild 8.21. Restfehler eines rechnerkorrigierten Wegsensors

$$x = \frac{a_3 + b_3 F_2 + c_3 F_2^2}{1 + d_3 F_2 + e_3 F_2^2}. \tag{8.43}$$

Bild 8.21 zeigt den Restfehler eines derartig korrigierten induktiven Wegsensors. Die Abweichungen vom Sollwert bleiben bei einem Meßbereich von 2,5 mm und Temperaturwerten zwischen 25° und 50 °C betragsmäßig unter 1 μm.

8.7 Ausblick

Wie im vorangegangenen Beispiel gezeigt wurde, ermöglichen Sensoren mit sensorspezifischer Meßsignalverarbeitung kostengünstige Sensorsysteme mit hochstehenden Leistungsmerkmalen. Während zur Zeit bis auf wenige Ausnahmen meist noch eine analoge Sensorsignalverarbeitung vorherrscht, wird in Zukunft der Anteil der Sensoren mit integrierter digitaler Signalverarbeitung "on chip" zunehmen [8.12].

Bei der Signalverarbeitung wird das Ausgangssignal des Sensors dabei auf kürzestem Weg in ein digitales Meßsignal umgesetzt, in einem Mikrorechner verarbeitet und über einen ebenfalls integrierten Buskoppler an ein standardisiertes Bussystem angepaßt. Alle notwendigen Einstell- und Abgleichmaßnahmen erfolgen per Software. Die Koeffizienten zur Kalibrierung des einzelnen Sensors werden in einem Halbleiterspeicher abgelegt. Durch die Verwendung von überschreibbaren Speichern (EPROM's bzw. EEPROM's) wird eine einfache Rekalibrierung des Sensors ermöglicht. Bild 8.22 zeigt die Struktur eines derartigen Mikroelektronik-Systems der Zukunft.

Die Einbeziehung des Mikrorechners in die Signalverarbeitung erlaubt den Ausgleich von Fertigungsstreuungen und die Minimierung von Einflußeffekten

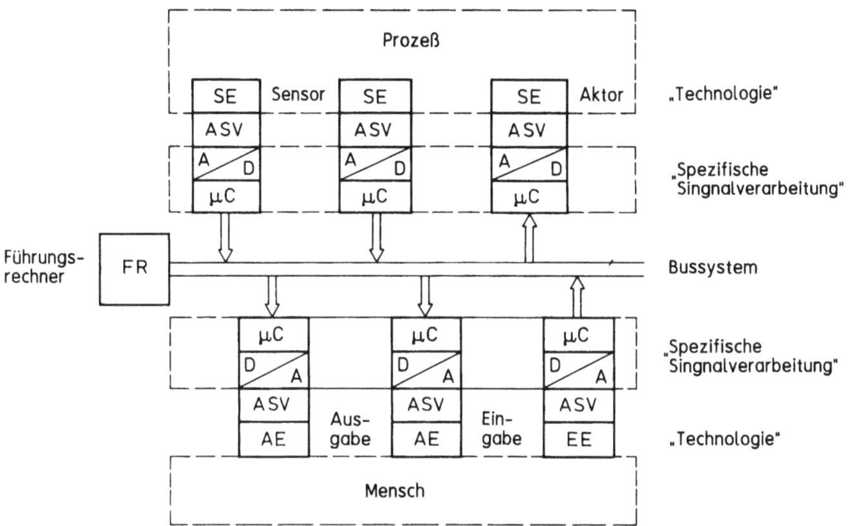

Bild 8.22. Futuristisches Mikroelektronik-System

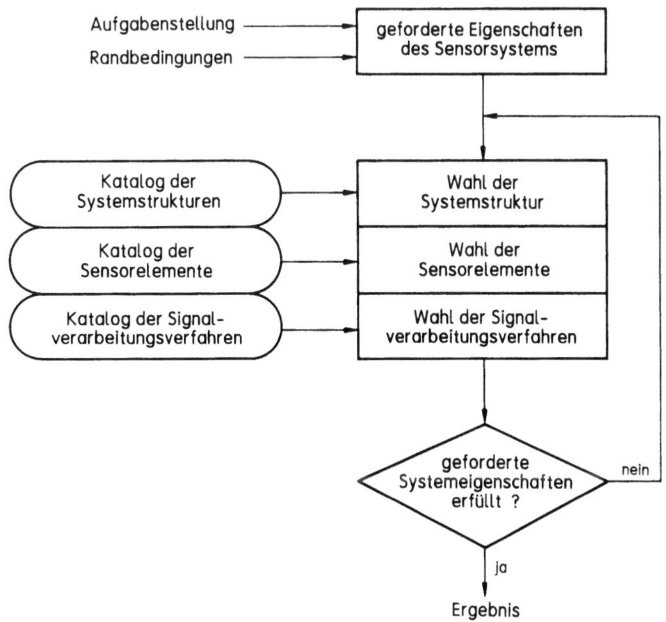

Bild 8.23. Entwurfskonzept für Sensorsysteme

durch spezielle Algorithmen. Abgleichmaßnahmen bei der Herstellung der Sensorelemente, wie z.B. Lasertrimmung oder Justierung mit Trimmpotentiometern, können daher entfallen. Dadurch kann die Konstruktion der Sensorelemente einfacher und "prinzipnäher" gestaltet werden, der Sensor wird kostengünstiger und in seinem Verhalten bezüglich der Einflußgröße leichter beschreibbar. Hochwertige, dezentrale Mikroelektronik-Systeme der Zukunft enthalten voraussichtlich ausschließlich Komponenten mit integrierter Signalverarbeitung, die über ein Bussystem miteinander kommunizieren.

Die Konzeption von Sensoren und Sensorsystemen mit digitaler Signalverarbeitung stellt eine Herausforderung für den Systemingenieur dar. Zunächst werden dabei nach Bild 8.23 aus der Aufgabenstellung und den zu erfüllenden Randbedingungen die Eigenschaften des geforderten Sensorsystems festgelegt.

Anschließend kann durch Auswahl aus verschiedenen Möglichkeiten von Systemstrukturen, Sensorelementen und Signalverarbeitungsverfahren ein Sensorsystem konzipiert und solange modifiziert werden, bis es die geforderten Eigenschaften erfüllt.

8.8 Literatur zu Kapitel 8

[8.1] Tränkler, H.-R.: Taschenbuch der Meßtechnik mit Schwerpunkt Sensortechnik. München: Oldenbourg 2. Auflage, 1990.

[8.2] Sullivan, N. J.: A linear differential pressure transmitter incorporating high stability variable frequency oscillators and a capacitance sensor. Mech. Eng. Rep. 132, Department of Supply, Australian Defense Scientific Service Aeronautical Research Laboratories, April 1971.

[8.3] Tränkler, H.-R.: Die Schlüsselrolle der Sensortechnik in Meßsystemen. Tech. Mess **39** (1982) 10, S. 343–353.

[8.4] Verster, T. C.: P–N-Junction as an ultralinear calculable thermometer. Electronics Letters **4** (1968) 9, p. 175–176.

[8.5] Böttcher, J.: Meßsignalverarbeitung für Druckaufnehmer mit Hallsensoren. Diplomarbeit, Technische Universität München, 1988.

[8.6] Rohrbach, Ch.: Handbuch für elektrisches Messen mechanischer Größen. Düsseldorf: VDI-Verlag 1967, S. 532 f.

[8.7] Heidenreich, W.; Kuny, W.: Magnetfeldempfindliche Halbleiter-Positionssensoren. Sonderdruck aus elektronik industrie, Nr. 5/1985 und 6/1985.

[8.8] Jordan-Engeln, G.; Reutter, F.: Numerische Mathmetik für Ingenieure. Mannheim: BI-Wissenschaftsverlag 1982, S. 281 ff.

[8.9] Bauer, G.; Kohn, D.; Tränkler, H.-R.: Interdependence of physical, technological and theoretical fundamentals and the impact on sensor characteristic modelling. 4th Symposium of the IMEKO TC 7, Measurement Theory, Bressanone, Italy, May 9–12, 1984. Measurement, **2** (1984) 3, S. 145–148.

[8.10] Tränkler, H.-R.: Sensorspezifische Meßsignalverarbeitung. Sensoren – Technologie und Anwendung, Bad Nauheim, 17.–19. März 1986, Messen-Prüfen-Automatisieren **22** (1986) 6, S. 332–338.

[8.11] Kohn, D.: Untersuchung eines induktiven Spiralsensors als Wegaufnehmer und Anwendung des Sensorelements in Mikroelektronik-Systemen. Fortschr Ber VDI 8 (1986) 120.

[8.12] Tränkler, H.-R.: Signalvorverarbeitungskonzepte. In: Technologietrends in der Sensorik. Studie im Auftrag des VDI/VDE-Technologiezentrums Informationstechnik Berlin, 1988.

9 Sensorsysteme

9.1 Einleitung

Die vorangehenden Kapitel zeigen, wie mit Hilfe der modernen Halbleitertechnologie ganze Meßketten für alle wichtigen physikalischen Größen vom Sensor bis hin zur Übertragung und Verarbeitung der Signale aufgebaut werden können. Bei den meisten technischen Anwendungen werden mehrere Meßketten zu einem Sensorsystem zusammengefügt. Dieses Kapitel gibt einen Überblick über die Signalverarbeitung in Sensorsystemen und umfaßt hier die Aufnahme mehrerer Meßgrößen, die Übertragung der zugehörigen Meßsignale und ihre Auswertung. Je nach der Funktion, die das Sensorsystem erfüllen muß, entsprechen die Meßgrößen entweder einer einzigen physikalischen Größe oder verschiedenen physikalischen Größen. Diese Unterscheidung bietet eine – wenn auch grobe — Möglichkeit, die Vielzahl der Sensorsysteme in zwei Klassen aufzuteilen.

Die erste Klasse umfaßt Meßaufgaben, bei denen die Signale mehrerer Sensoren für eine physikalische Größe verarbeitet werden. Hierzu zählen sowohl kompakte Felder (Arrays), z.B. von Strahlungsempfängern für Licht oder Ultraschall, als auch räumlich verteilte Anordnungen von Einzelsensoren etwa zur Temperaturmessung an verschiedenen Stellen einer Maschine oder Anlage. Die für diese Klasse typischen Probleme der Meßwerterfassung werden im Abschn. 9.3 behandelt.

Die Meßaufgaben der zweiten Klasse sind charakterisiert durch den Einsatz vieler Sensoren zur Messung verschiedenartiger physikalischer Größen. Diese Aufgabenstellungen sind aus der Steuerungs- und Regelungstechnik der Prozeßautomatisierung bekannt[1]. Sie finden zunehmend auch Eingang in die Produkte der Konsumgüterindustrie. Ein Beispiel dafür ist die elektronische

---

[1] Nach DIN 19226 sind die Begriffe Steuern und Regeln folgendermaßen definiert: Das *Steuern* ist der Vorgang in einem System, bei dem eine oder mehrere Größen als Eingangsgrößen andere Größen als Ausgangsgrößen aufgrund der dem System eigentümlichen Gesetzmäßigkeit beeinflussen. Kennzeichnend für das Steuern ist der offene Wirkungsablauf über die Steuerkette. Das *Regeln* ist ein Vorgang, bei dem eine Größe – die Regelgröße – fortlaufend erfaßt, mit einer anderen Größe – der Führungsgröße – verglichen und abhängig vom Ergebnis dieses Vergleichs im Sinne einer Angleichung an die Führungsgröße beeinflußt wird. Der Wirkungsablauf findet in einem geschlossenen Kreis, dem Regelkreis, statt.

Steuerung von Zündzeitpunkt und Gemischbildung bei Ottomotoren. Auf sie wird im Abschn. 9.4 näher eingegangen.

Mit einer völlig neuen Klasse von Systemen beschäftigt sich die Mikrosystemtechnik. Man versteht darunter die Integration von mikromechanischen, mikrooptischen und mikroelektronischen Komponenten. In den vorigen Kapiteln wurden dafür geeignete Elemente unter dem Gesichtspunkt der Sensorik bereits beschrieben. In Abschn. 9.5 wird ein kurzer Überblick über die Mikrosystemtechnik gegeben, die erst am Anfang ihrer Entwicklung steht. Insbesondere die Kombination von miniaturisierten Sensoren, Aktoren und Signalverarbeitung ermöglicht den Aufbau neuartiger Systeme, die z.B. auch Funktionen wie integrierte Testmöglichkeiten bis hin zum Eigentest enthalten.

9.2 Systemauslegung

Schon diese Aufteilung zeigt, daß es für die Struktur von Sensorsystemen keine allgemein gültigen Entwurfsregeln geben kann. Im Gegenteil, die jeweilige Meßaufgabe bestimmt mit ihren speziellen Forderungen, welche Meßverfahren eingesetzt werden, wie die Sensoren anzuordnen und ihre Signale zu koppeln sind und schließlich wie die Signalverarbeitung im Sensorsystem verteilt werden kann.

Bei der Auslegung des Meßsystems für eine bestimmte technische Anwendung spielt neben Fehlergrenzen und Aufwand die Reaktionszeit eine entscheidende Rolle. Sie gibt an, wieviel Zeit verstreicht, bis die Änderung einer Meßgröße sich am Ausgang des Systems abbildet. Diese Zeitdauer enthält alle Verzögerungen, die durch das Meßverfahren, die Übertragung und die Verarbeitung der Signale bedingt sind. Erst die geschickte Kombination von Physik, Elektronik und Informatik führt zu einer Systemarchitektur, die mit minimalem Aufwand der Meßaufgabe gerecht wird.

Die drei folgenden Abschnitte beschäftigen sich mit einigen Gesichtspunkten, die allgemein beim Entwurf von Sensorsystemen beachtet werden müssen. Zunächst wird beim *Übergang vom Einzelsensor zum Sensorsystem* diskutiert, welche Meßketten des Systems für serielle Übertragung und Verarbeitung zusammengefaßt werden können und welche Meßketten parallel aufgebaut werden müssen. Dann wird eine Definition des Begriffs *"Intelligenter Sensor"* gegeben und aufgezeigt, wie mit Hilfe solcher Sensoren die Signalverarbeitung dezentralisiert werden kann. Schließlich werden die Eigenschaften von *Sensornetzen* besprochen, bei denen sowohl die Sensoren als auch die Signalverarbeitung räumlich verteilt sind.

9.2.1 Übergang von Einzelsensor zum Sensorsystem

Bei den hier betrachteten Meßaufgaben liegen die Signale mehrerer Sensoren parallel vor. Ob sie seriell oder parallel übertragen werden können, hängt von der Reaktionszeit ab, die durch die Meßaufgabe vorgegeben ist.

Werden sehr kurze Reaktionszeiten gefordert, so muß das Sensorsystem weitgehend parallel ausgelegt werden. Der Aufwand steigt ungefähr proportional zur Zahl der Sensoren, da jedes Signal laufend übertragen und verarbeitet werden muß. Die minimal erreichbare Reaktionszeit hängt sowohl von den Grenzfrequenzen des Meßverfahrens und der Sensoren als auch von der nötigen Signalverarbeitung ab.

Können dagegen lange Reaktionszeiten toleriert werden, so wird man das Meßsystem möglichst seriell aufbauen, um den Aufwand gering zu halten. In den meisten mechanischen und thermodynamischen Systemen begrenzen Massenträgheiten und Wärmekapazitäten die Änderungsgeschwindigkeiten der Meßgrößen auf Werte, die weit unter der Bandbreite der elektronischen Verarbeitung liegen. Mehrere Signale können daher über einen Multiplexer zusammengefaßt und dann seriell übertragen und verarbeitet werden. Jedes Signal wird mit der Rate abgetastet, die seiner Grenzfrequenz entspricht. Aus der Dauer der zulässigen Reaktionszeit und den Abtast-, Übertragungs- und Verarbeitungsraten ergibt sich die Anzahl von Signalen, die in einem solchen Sensorsystem verarbeitet werden können.

Bei den meisten Anwendungen treten jedoch neben Meßgrößen mit geringen auch solche mit großen Änderungsgeschwindigkeiten auf. Man wird dann ein Sensorsystem entwerfen, das seriell und parallel strukturierte Teile kombiniert (s. Bild 9.1). Die Sensoren sind entsprechend der Bandbreite der Meßgrößen

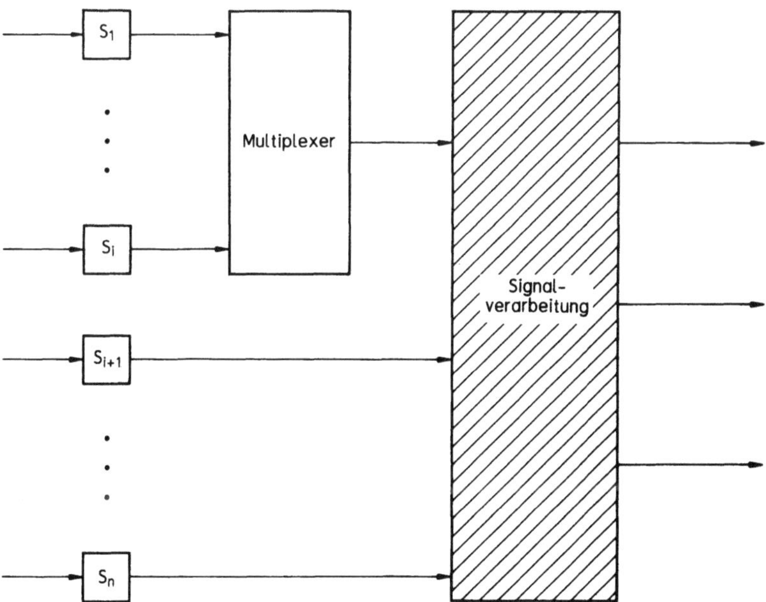

Bild 9.1. Signalverarbeitung in einem Sensorsystem für n Meßgrößen. Die Sensoren S$_1$ bis S$_i$ erfassen die langsam, S$_{i+1}$ bis S$_n$ die rasch veränderlichen Meßgrößen

und der geforderten Reaktionszeiten in zwei Gruppen aufgeteilt. Die Gruppe der Sensoren S_1 bis S_i mißt langsam veränderliche Größen. Ihre Signale werden über Multiplexer seriell an die Verarbeitungseinheit weiter gegeben. Die Sensoren S_{i+1} bis S_n der zweiten Gruppe müssen parallel angeschlossen werden, da auf ihre rasch veränderlichen Größen innerhalb kurzer Zeit reagiert werden muß.

9.2.2 Intelligente Sensoren

Die Meßaufgabe mit ihren speziellen Anforderungen bestimmt nicht nur die Anordnung der Meßketten, sondern auch, wieviel Signalverarbeitungskapazität das Sensorsystem aufweisen muß. In herkömmlichen Meßsystemen ist die gesamte Signalverarbeitung in einer Einheit wie in Bild 9.1 konzentriert. Die Fortschritte auf dem Gebiet der Halbleiterschaltungen und Microcomputer ermöglichen nun neue Strukturen, in denen die Signalverarbeitung dezentralisiert ist [9.1]. Als Beispiel dient eine Variante des in Bild 9.1 skizzierten Sensorsystems.

Zunächst ermittelt man aus der Meßaufgabe, an welchen Stellen und mit welcher Komplexität die verschiedenen Signale verknüpft und verarbeitet werden müssen. Ein Ergebnis ist in Bild 9.2 dargestellt. An den Stellen V_1 bis V_m werden Verarbeitungseinheiten angeordnet, deren Leistungsfähigkeit der

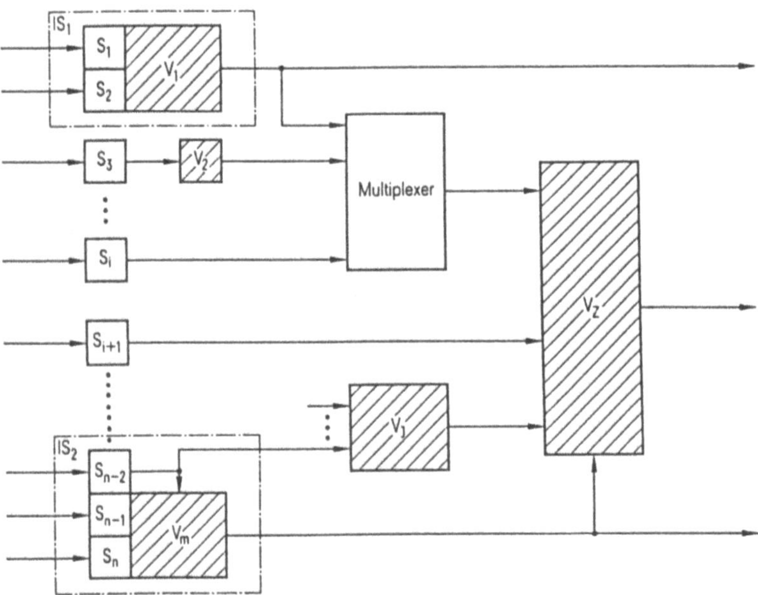

Bild 9.2. Sensorsystem für n Meßgrößen, in dem die Signalverarbeitung auf eine Zentraleinheit V_z und mehrere Untereinheiten V_1 bis V_a verteilt ist. Durch die Kombination der Sensoren S_1 und S_2 mit V_1 bzw. S_{n-2} bis S_n mit V_a entstehen die intelligenten Sensoren IS_1 und IS_2

jeweiligen Teilaufgabe angepaßt und durch die verschieden große Fläche symbolisiert ist. Die Anforderungen an die Zentraleinheit V_z werden entsprechend reduziert. Im Extremfall läßt sich die Signalverarbeitung vollständig im Sensorsystem verteilen. In der Zentraleinheit verbleiben dann nur noch die Funktionen, die ohnehin zentral an einer Stelle erledigt werden müssen. In der Prozeßautomatisierung etwa müssen die Informationen über die Meßgrößen des Prozesses in einer Leitwarte zur Verfügung stehen, wo sie angezeigt und protokolliert werden.

Für manche Teilaufgaben können die Sensoren mit den Verarbeitungseinheiten so gekoppelt werden, daß für diese Meßketten keine weitere Signalverarbeitung mehr nötig ist. In dem Beispiel gilt dies für die Kombination der Sensoren S_1 und S_2 mit V_1 und S_{n-2} bis S_n mit V_m. Lassen sich diese Kombinationen räumlich kompakt, etwa in einem Gehäuse aufbauen, so werden sie als intelligente Sensoren bezeichnet. Das Attribut "intelligent" erscheint gerechtfertigt, da Intelligenz die Fähigkeit des Begreifens und Urteilens – d.h. das Verarbeiten einzelner und das Verknüpfen mehrerer Informationen – beschreibt. Zur Intelligenz gehört auch die Fähigkeit der Kommunikation mit der Umwelt. Bei den intelligenten Sensoren IS_1 und IS_2 in Bild 9.2 ist dieses Kriterium erfüllt. Sie geben nicht nur die Signale weiter, die den Meßgrößen entsprechen, sondern auch komplexe Informationen, die durch geeignete Rechenoperationen aus den Sensorsignalen gewonnen werden [9.2, 9.3].

Ein Schritt in dieser Richtung ist inzwischen mit der Einführung dialogfähiger Meßumformer (smart transmitter) in der Prozeßmeßtechnik erfolgt. Die Firma Honeywell stellte als erste ein solches Gerät für Druckmessungen vor [9.4]. Bild 9.3 zeigt schematisch den Aufbau des Meßumformers.

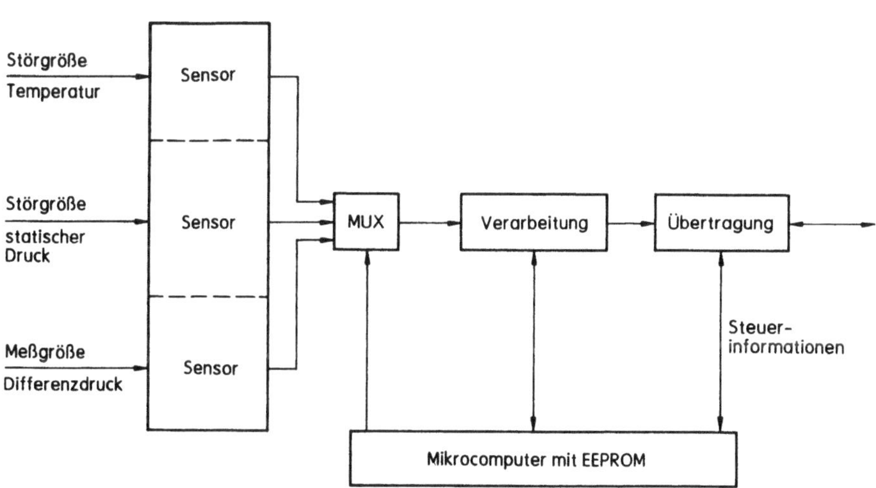

Bild 9.3. Beispiel eines intelligenten Sensors: Differenzdruck-Meßumformer

Ein Multisensor aus Silizium erfaßt die Meßgröße Differenzdruck und die
beiden Störgrößen statischer Druck und Temperatur. Seine Signale werden
digital mit Hilfe eines Mikrocomputers verarbeitet und für die Übertragung
aufbereitet. Kennwerte für alle wichtigen sensorspezifischen Daten wurden bei
der Endprüfung in den elektrisch änderbaren Speicher (EEPROM) einpro-
grammiert. Sie dienen als Basisgrößen für die automatische Korrektur der
systematischen Fehler (s. Abschn. 8.6 u. 8.7). So können die Einflüsse der beiden
Störgrößen statischer Druck und Temperatur ebenso weitgehend eliminiert
werden wie der Linearitätsfehler, der durch die Strukturmechanik der Membran
vorgegeben ist (s. Kap. 5). Die Überlegungen des Abschn. 9.2.1 zur Wahl der
Abtastraten für Signale mit unterschiedlichen Änderungsgeschwindigkeiten sind
hier angewandt: die Meßgröße Differenzdruck wird sechsmal pro Sekunde
ausgegeben, während die langsamer veränderlichen Störgrößen statischer Druck
und Temperatur nur alle 0,5 bzw. 20 Sekunden abgetastet werden. Diagnose-
routinen lösen in der Warte sofort Alarm aus, sobald ein Ausfall von Bauelementen im Meßumformer festgestellt oder einer der vorgegebenen Grenzwerte
der drei Prozeßgrößen überschritten wird.

9.2.3 Sensornetze

Bei den meisten Problemen können die Meßgrößen nur an bestimmten, räumlich
verteilten Meßstellen abgegriffen werden. Um den apparativen Aufwand für den
Einbau der Meßfühler gering zu halten, wird man möglichst viele Meßgrößen
in einer Meßstelle erfassen. Bei den folgenden Überlegungen wird vorausgesetzt,
daß an den Meßstellen intelligente Sensoren angeordnet sind, die über die oben
beschriebene Signalverarbeitungskapazität und Kommunikationsfähigkeit
verfügen. Wegen der räumlichen Ausdehnung muß das Sensorsystem als Sensornetz betrachtet werden, dessen Eigenschaften dem Problem anzupassen sind.

Je nach der Hauptrichtung des Informationsflusses lassen sich zwei
Aufgabenstellungen unterscheiden. Werden die Informationen im wesentlichen
von den Meßstellen zu einer Zentrale übertragen, so handelt es sich um
Meßwerterfassungssysteme. In der Gegenrichtung laufen meist nur die Signale,
die die Informationsübertragung steuern. Solche Netze sammeln z.B.
meteorologische oder geophysikalische Daten.

In der Steuerungs- und Regelungstechnik dagegen werden Informationen
innerhalb der Netze in verschiedenen Richtungen übertragen. Die Meßgrößen
werden zu Signalen verarbeitet, die dem Prozeß wieder zugeführt werden [9.1].
Das Gesamtnetz entsteht aus der Überlagerung von zwei Teilnetzen, deren
Informationen einmal vom Prozeß weg und dann zum Prozeß zurückfließen.
Das eine Teilnetz nimmt als Meßwerterfassungssystem die Meßgrößen am
Prozeß ab. Das andere Teilnetz greift als Steuersystem über Stellglieder in den
Prozeß ein. Die beiden Teilnetze weisen meist eine ähnliche Topologie auf, da
die Stellglieder oft in der Nähe der Meßstellen angeordnet sind. Der Einsatz
von intelligenten Sensoren an den Meßstellen führt dann zu besonders einfachen

und überschaubaren Gesamtnetzen, wenn die Stellsignale direkt in den intelligenten Sensoren erzeugt werden können.

Als Beispiel für die Kombination eines intelligenten Sensors mit einem Stellglied dient eine Durchflußregelung. Der in Abschn. 9.2.2 erwähnte intelligente Sensor mißt den Differenzdruck an einer Normblende und die Temperatur des strömenden Mediums. Er ermittelt daraus den Massendurchfluß, vergleicht ihn mit einem Sollwert und gibt entsprechende Steuersignale an das Stellventil aus. Daneben sendet er seine Prozeßinformationen an das Gesamtsystem und empfängt von dort Informationen, aus denen er den aktuellen Sollwert für den Durchflußregelkreis bestimmt.

Dieses Konzept der dezentralen Meßwerterfassung und -verarbeitung kommt den Erfordernissen der modernen Prozeßautomatisierung entgegen. Der Gesamtkomplex der Prozeßführung wird so aufgeteilt, daß die Meß- und Regelaufgaben in mehreren kleinen Einheiten, den sogenannten "Automatisierungsinseln", zusammengefaßt werden können [9.5]. Solche Automatisierungsinseln lassen sich mit Hilfe der beschriebenen intelligenten Sensoren auf einfache Weise realisieren. Sie werden manchmal auch als "intelligente Stellglieder" bezeichnet. Die Grundformen der Netztopologie – Stern-, Bus- und Baumstruktur – werden beim Entwurf von Sensornetzen auf drei verschiedenen Netzebenen eingesetzt. Die Sternstruktur dient auf der untersten Ebene der Verbindung zur Umwelt. Hier müssen Meßdaten gesammelt bzw. Anzeigewerte und Steuerdaten verteilt werden. Sowohl das Sensorsystem von Bild 9.1 als auch die intelligenten Sensoren von Bild 9.2 fallen in diese Kategorie.

Auf der nächsthöheren Ebene der Busstruktur werden mehrere Sternstrukturen miteinander verbunden. Bild 9.4 zeigt am Beispiel des Sensorsystems von Bild 9.2, wie bei einem Sensornetz mit Busstruktur die einzelnen Sterngruppen und die Zentrale V_Z über Koppelschaltungen an einen gemeinsamen Bus angeschlossen sind. Der Bus kann auch als Ringleitung ausgeführt sein. Die Zentrale hat als zusätzliche Aufgabe den Informationsfluß über den Bus zu steuern. Die intelligenten Sensoren IS_1 und IS_2 sind nach dem Konzept der Automatisierungsinsel ausgebaut und steuern die zugeordneten Stellglieder direkt an. Busstrukturen werden zunehmend mit Lichtwellenleitern aufgebaut, die neben einer großen Bandbreite die Vorteile der Unempfindlichkeit gegen Störeinstrahlungen (elektromagnetische Verträglichkeit, EMV) und der potentialfreien Signalübertragung bieten. Allerdings sind die Koppelschaltungen im Vergleich zu herkömmlichen Lösungen relativ aufwendig.

Auf der höchsten Netzebene handelt es sich um reine Informationsverarbeitung in hierarchisch gegliederten Systemen, die mehreren Busstrukturen überlagert sind. Dafür eignen sich Baumstrukturen mit Rechnern in den Knotenpunkten. Diese Ebene wird erst bei großen Netzen, etwa in der Prozeßautomatisierung, erreicht.

Im Bereich der Prozeßautomatisierung zeichnet sich eine Standardisierung der Schnittstellen und Netze nach dem OSI-Modell für offene Kommunikationssysteme ab. Sensoren und Stellglieder werden über einen Feldbus

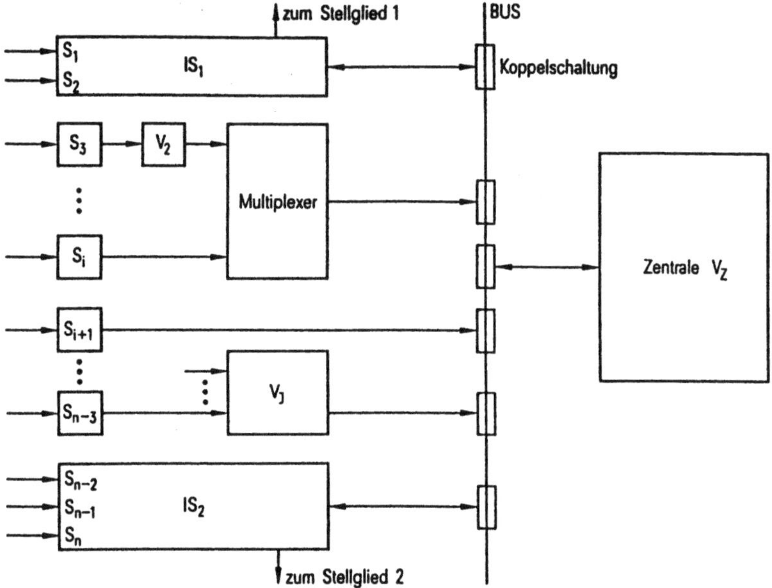

Bild 9.4. Sensorsystem für n Meßgrößen, das als Sensornetz mit Bus-Struktur aufgebaut ist. Die intelligenten Sensoren IS_1 und IS_2 übernehmen von der Zentrale V_Z zusätzliche Prozeßinformationen für die Steuerung der Stellglieder 1 und 2. Die Pfeile geben die Richtung des Informationsflusses an

untereinander und mit übergeordneten Einrichtungen verbunden [9.6]. Ähnliche Überlegungen werden in zunehmendem Maße auch im Konsumgüterbereich, insbesondere in der elektrischen Ausrüstung von Kraftfahrzeugen, angestellt [9.7]. In Pkw der oberen Klassen sind bereits heute so viele Sensoren und Aktoren eingebaut, daß die Bordnetze Gesamtlängen von über 1000 m Leitungen aufweisen. Ein wichtiger Gesichtspunkt ist hier neben der Reduktion des Verdrahtungsaufwands der Bedarf, bisher isolierte Funktionsbereiche, wie z.B. Motor- und Antriebssteuerung, zu vernetzen und die Signalverarbeitungskapazität zu dezentralisieren.

9.3 Systeme mit mehreren Sensoren für eine physikalische Größe

In vielen Meßwerterfassungssystemen sind mehrere gleichartige Sensoren entsprechend der Meßaufgabe räumlich verteilt angeordnet. Aus der Ortsabhängigkeit der Meßgröße können zusätzliche Informationen abgeleitet werden. Für solche Anordnungen hat sich der Begriff "Array" eingebürgert. Er bedeutet allgemein "feldförmig angeordnet" und läßt sich für ein- und mehrdimensionale Gebilde verwenden. Die Form der Anordnung – im eindimensionalen Fall z.B. geradlinig oder kreisförmig – ist damit nicht festgelegt.

Über ausgedehnte Arrays wurde bereits im Zusammenhang mit Sensornetzen gesprochen. Hier liegt der Schwerpunkt auf kompakten Arrays, die als Einheit mit den Verfahren der Halbleitertechnologie realisiert werden können. Nach einem Überblick über die möglichen Anordnungen werden einige Probleme der Ausleseverfahren und Signalaufbereitung kurz diskutiert.

9.3.1 Anordnungen

Die Meßaufgabe bestimmt die Anordnung der Sensoren und die Dimension des Arrays. Der nullten Dimension entspricht ein Meßpunkt, an dem die Funktion eines Sensors auf mehrere gleichartige Sensoren aufgeteilt werden muß. Bei Druckmessungen z.B. können mehrere Fühler für verschiedene Meßbereiche oder in der Optoelektronik Fühler unterschiedlicher spektraler Empfindlichkeit in einem Aufbau kombiniert werden. Die Gassensoren in Kap. 7 erreichen ihre Selektivität durch die Auswertung der Signale von mehreren Einzelsensoren unterschiedlicher Sensitivität. Ein anderes Beispiel ist das Einführen von Redundanz nach dem sogenannten "n von m-Prinzip". Jeder Meßpunkt enthält m Fühler für eine Meßgröße. Ihre Signale werden verglichen und nur das Signal als Meßsignal weitergegeben, das bei mindestens n Fühlern innerhalb vorgegebener Toleranzgrenzen liegt. Es können also bis zu (m − n) Fühler ausfallen, ohne daß die vom Meßpunkt kommende Information verfälscht ist. Bereits eine Anordnung von m = 3 Fühlern pro Meßpunkt, wobei n = 2 Signale übereinstimmen müssen, erhöht die Betriebssicherheit wesentlich.

Im eindimensionalen Fall sind viele Sensoren längs einer Linie beliebiger Form angeordnet. Solche Sensorzeilen sind in der Optoelektronik und Ultraschalltechnik weit verbreitet. In Ultraschalldiagnosesystemen z.B. werden Schnittbilder innerer Organe, sogenannte B-Scans, mit Hilfe von Wandlerarrays erzeugt, deren Elemente einzeln oder gruppenweise nacheinander angesteuert werden. Hier taucht das Problem auf, wie die Funktion der Sensorzeile aufrechterhalten werden kann, selbst wenn einzelne Sensoren in der Zeile fehlerhaft oder ausgefallen sind. Als Ausweg bietet sich das erwähnte Redundanzprinzip auf der Ebene der einzelnen Meßpunkte an.

Für zweidimensionale Anordnungen werden mehrere Sensorzeilen zu einer Matrix zusammengesetzt. Aus der Kombination mehrerer Matrizen schließlich ergeben sich dreidimensionale Gebilde, mit denen z.B. Intensität und Richtung von Strahlungen ermittelt werden können.

In Matrizen kann das erwähnte Redundanzprinzip nur angewandt werden, wenn zwischen den einzelnen Meßpunkten genügend Platz vorhanden ist. Punktweise Fehlfunktionen lassen sich jedoch auch auf der Ebene der Signalverarbeitung korrigieren. Beim Totalausfall eines Meßpunktes kann man diesem den Mittelwert aus den Signalen seiner Umgebung zuordnen. Um Streuungen der Empfindlichkeit auszugleichen, erzeugt man ein Referenzbild, bei dem die Matrix homogen mit definierter Intensität bestrahlt wird, und speichert es ab. Im Normalbetrieb wird dann das Signal jedes Matrixpunktes mit seinem

Referenzwert normiert. Dieses Konzept hat sich z.B. bei einer Matrix zur
Messung von Ultraschallintensitäten bewährt, die ca. 10000 Punkte enthält und
mit einer Rate von 25 Aufnahmen pro Sekunde ausgelesen wird [9.8].

9.3.2 Ausleseverfahren

Bei allen Sensorarrays entsteht das Problem· des Auslesens der vielen Sensorsignale. Dazu muß ein der Meßaufgabe angepaßter Kompromiß zwischen der
Auslesedauer für die gesamte, im Array enthaltene Information und der Anzahl
der Ausgangsleitungen gefunden werden. Im folgenden Beispiel soll eine
Sensorzeile seriell ausgelesen werden.

Die Anordnung ist in Bild 9.5 schematisch dargestellt. Die Meßfühler S_1
bis S_n sind über einen Zwischenspeicher an einen Multiplexer angeschlossen.
Auf einen Startimpuls hin erzeugt die Ablaufsteuerung ein Abtastsignal, mit
dem die Sensorinformationen in den Zwischenspeicher abgebildet werden. Von
dort werden sie über den Multiplexer ausgelesen. Die Realisierung des Zwischen-
speichers hängt von der Art der Sensorsignale ab. Für Analogsignale werden
Sample- and Hold-Verstärker eingesetzt, an deren Sample-Eingang das Abtastsignal angelegt wird. Die Verstärker erhöhen gleichzeitig den Pegel der im
allgemeinen schwachen Meßfühlersignale auf einen für die sichere Übertragung
notwendigen Wert. Wenn die Sensoren digitale Ausgangssignale liefern, lassen
sich die Funktionen von Zwischenspeicher und Multiplexer in einem einzigen

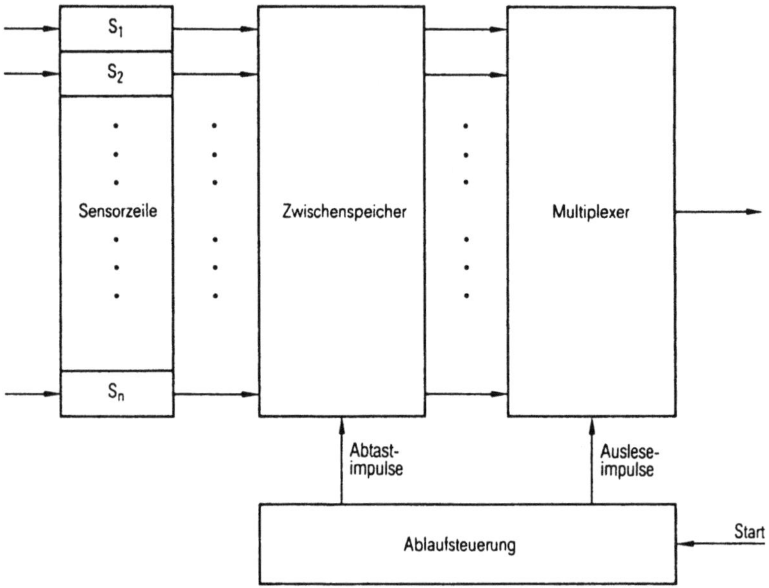

Bild 9.5. Anordnung zum Auslesen der Signale einer Sensorzeile. Mit dem Abtastsignal werden die
Meßwerte parallel in den Zwischenspeicher übernommen und dann seriell ausgegeben

Schieberegister realisieren. Das Schieberegister arbeitet als Parallel-Seriell-Umsetzer, dessen Setzeingang vom Abtastsignal und dessen Verschiebetakt vom Auslesesignal gesteuert werden. Die Ablaufsteuerung kann in ihrer einfachsten Form als Ringzähler aufgebaut sein.

Die beschriebene Anordnung läßt sich auf mehrdimensionale Gebilde erweitern. Man greift dabei auf die Konzepte zurück, die für das Auslesen von Halbleiterspeichern entwickelt wurden. Es handelt sich ja um das gleiche Grundproblem, nämlich ein Informationsmuster, das in vielen Zellen abgelegt ist, innerhalb vorgegebener Zeit über möglichst wenige Leitungen auszulesen.

9.3.3 Signalaufbereitung

Unter Signalaufbereitung wird hier der Teil der Signalverarbeitung verstanden, der die vom Sensorarray kommende Fülle von Informationen auf relativ wenige Daten mit hohem Informationsgehalt komprimiert. Solche Aufgaben treten z.B. bei Handhabungsgeräten (Industrierobotern) auf, wo der Inhalt eines Video-bildes zu der Aussage verdichtet werden muß, ob ein Gegenstand bekannter Form sich im Blickfeld befindet oder nicht [9.9]. Ein anderes Beispiel zur Aufbereitung der Signale von Sensorarrays ist die Computertomographie in der medizinischen Diagnostik [9.10]. Eine Schichtebene eines Objekts wird in Winkelschritten von etwa 1° durchstrahlt. Aus den Meßdatensätzen, die eine Sensorzeile liefert, wird durch Rückprojektion und Faltung das entsprechende Schnittbild aufgebaut.

Zur Lösung solcher Aufgaben werden Filter- und Korrelationsalgorithmen eingesetzt, deren genaue Behandlung den Rahmen dieses kurzen Überblicks sprengt. Die dafür benötigte hohe Rechnerleistung stellen digitale Signal-prozessoren (DSP) zur Verfügung, deren Architektur und Befehlsvorrat auf diese Anwendungsklasse zugeschnitten ist. Als Beispiel sei auf die DSP-Familie der Firma Texas Instruments hingewiesen [9.11]. Viele der geforderten Funktionen lassen sich jedoch auch sehr elegant in analoger Technik lösen, indem man z.B. Verfahren der Oberflächenwellen-Technik (SAW: surface acoustic waves) oder ladungsgekoppelte Elemente (CCD: charge coupled device) benutzt [9.12, 9.13, 9.14].

Komplexere Fragestellungen und/oder Echtzeitanforderungen zwingen zu neuen Konzepten bei Hard- und Software. Auf der Hardware-Ebene bedeutet dies den Übergang von Mono- auf Multiprozessoranordnungen bis hin zu neuronalen Netzen [9.15]. Auf der Software-Ebene eröffnen die Methoden der Mustererkennung, die insbesondere im Zusammenhang mit der Bild- und Sprachverarbeitung entstanden sind, neue Möglichkeiten der Signalaufbereitung [9.16].

Die kurz angedeuteten großen Fortschritte der Informatik erleichtern den Aufbau leistungsfähiger Sensorsysteme. Bereits beim Entwurf muß jedoch der enge Zusammenhang zwischen Sensoranordnung und Signalaufbereitung gebührend berücksichtigt werden, da eine geschickt gewählte Sensoranordnung den Aufwand für die Signalaufbereitung deutlich reduziert. In [9.17] sind einige Beispiele für das Prinzip der räumlichen Filterung (spatial filtering) beschrieben, in denen ein Teil der für die Meßaufgabe nötigen Filterfunktionen durch spezielle Anordnungen des Sensors in diesem selbst realisiert ist.

9.4 Systeme mit Sensoren für verschiedene physikalische Größen

Die meisten Anwendungen von Systemen mit Sensoren, die verschiedene physikalische Größen erfassen, liegen auf dem Gebiet der Steuerungs- und Regelungstechnik in der Konsumgüterindustrie und der Prozeßautomatisierung. Die moderne Halbleitertechnologie ermöglicht hier neuartige Problemlösungen auf den Ebenen sowohl der Fühler als auch der Signalverarbeitung [9.18, 9.19]. In den folgenden Abschnitten werden zunächst zwei Beispiele von Sensoren beschrieben, deren Funktion nicht nur auf einem einzigen, sondern auf mehreren der in diesem Buch behandelten Effekte basiert. Es folgt eine Diskussion der Verfahren, mit denen Signale verknüpft werden können. Den Abschluß bildet das Anwendungsbeispiel eines realisierten Sensorsystems zur optimalen Steuerung der Zündung und Gemischbildung von Ottomotoren.

9.4.1 Beispiele zu Sensorkombinationen

Bei manchen Anwendungen erlauben es die Eigenschaften des Sensormaterials, in einen Sensor mehrere Elemente für verschiedene physikalische Größen zu integrieren. In diesem Zusammenhang nimmt die Temperaturmessung eine Sonderstellung ein. Die Halbleitereffekte weisen im allgemeinen einen ausgeprägten Temperaturgang auf. Dieser Einfluß erscheint zunächst als Nachteil, da er die Messungen verfälscht. Man kann die Temperatur aber auch als zusätzliche Meßgröße auffassen, deren Wert nicht nur zur Temperaturkorrektur der Messung verwendet wird, sondern auch als eigenständige Information für die Prozeßführung. Dazu ordnet man auf dem Sensor ein zusätzliches Element an, das sich als Temperaturfühler eignet. Eine solche Sensorkombination mißt in einem kompakten Aufbau zwei verschiedene physikalische Größen.

Ein erstes Beispiel ist der in Abschn. 9.2.2 beschriebene Meßumformer. Die Temperaturinformation aus dem Silizium-Multisensor dient zunächst intern zur Korrektur des Temperaturkoeffizienten des piezoresistiven Effekts (siehe Kap. 5). Außerdem steht sie am Ausgang des intelligenten Sensors für weitere Aufgaben der Prozeßführung zur Verfügung.

Das zweite Beispiel beschreibt ein elektronisches Hygrometer, das nach dem Kondensationsprinzip arbeitet [9.20]. Der Taupunkt wird als die Temperatur bestimmt, bei der eine Oberfläche während des Abkühlens zu betauen beginnt. Bild 9.6 zeigt das Blockschaltbild der Anordnung und den Aufbau des Sensors. Die Temperatur wird mit Hilfe eines Transistors gemessen. Der Grad der Betauung ergibt sich aus der Kapazitätsänderung des Kondensators, der von

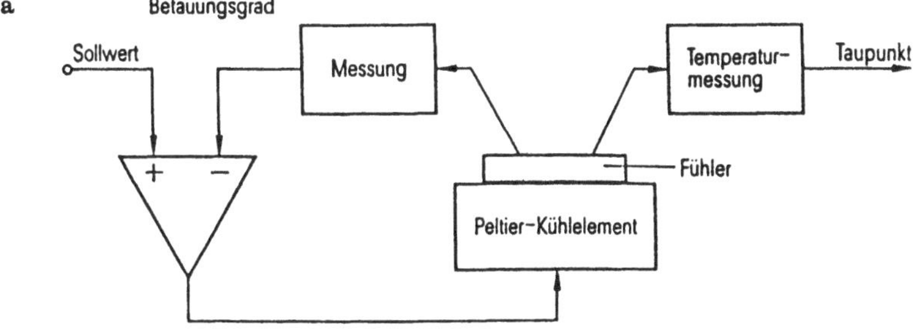

Bild 9.6 a, b. Blockschaltbild (**a**) und Fühler (**b**) zu Taupunktmessung. Auf dem Siliziumfühler werden die beiden Größen Betauungsgrad und Temperatur an der Oberfläche gemessen

den fingerartigen Elektroden auf der Fühleroberfläche gebildet wird. Sobald zwischen den Elektroden Wassertröpfchen kondensieren, vergrößert deren hohe Permittivitätszahl von etwa 80 den Betrag der Kapazität. Zur kontinuierlichen Messung des Taupunkts wird die Kühlung des Fühlers über den Strom durch das Peltierelement so geregelt, daß die Oberfläche ständig zu einem geringen Grad betaut ist.

9.4.2 Verknüpfung mehrerer Meßwerte

In der Steuerungs- und Regelungstechnik werden die Signale mehrerer Sensoren über Funktionen, die von der Aufgabenstellung vorgegeben sind, miteinander verknüpft. Solange diese Funktionen sich durch einfache Algorithmen oder Kennlinien beschreiben lassen, können sie mit herkömmlichen Methoden in analoger oder digitaler Technik realisiert werden. Neue Anwendungsgebiete sind charakterisiert durch komplexe Funktionen, die den Einsatz digitaler Verfahren erfordern. In thermodynamischen Systemen z.B. muß häufig aus zwei Eingangsgrößen eine Ausgangsgröße ermittelt werden, wobei die Abhängigkeiten nicht mehr analytisch, sondern nur noch empirisch in Form einer Kennlinienschar angegeben werden können. Dafür eignet sich ein digitales Verfahren, das wegen seiner universellen Einsatzmöglichkeiten im folgenden kurz erläutert werden soll.

Die Kennlinienschar wird an diskreten Punkten, den Stützstellen, abgetastet. Die gefundenen Werte für Ein- und Ausgangsgrößen werden in eine Tabelle eingetragen. Die Wertetripel dieser Tabelle können anschaulich als die Raumkoordinaten einzelner Punkte interpretiert werden, indem man den Eingangsgrößen die Achsen in x- und y-Richtung und der Ausgangsgröße die z-Achse zuordnet (Bild 9.7). Da alle Größen in digitaler Form vorliegen, entsteht ein Raster aus diskreten Punkten, dessen Dichte vom Umfang der vorliegenden Information abhängt. Diese Punkte liegen alle auf einer Fläche, die den Zusammenhang zwischen Ein- und Ausgangsgrößen beschreibt. Eine solche Darstellung bezeichnet man als Kennfeld. Vom Standpunkt der Datenverarbeitung aus wird das Kennfeld als Speicher betrachtet: die beiden Eingangsgrößen dienen als Adresse für die Speicherzellen, in denen die entsprechenden Werte der Ausgangsgröße stehen.

Bei der Dimensionierung des Kennfeldes versucht man, mit möglichst wenigen Stützstellen auszukommen. Ihre Anzahl hängt von der Form der Fläche und der geforderten Genauigkeit ab. In Bereichen großer Flächenkrümmung wird das Stützstellenraster eng gehalten, während es in Bereichen geringer Krümmung gröber geteilt werden kann. Liegen die Eingangsgrößen zwischen den Stützstellen, bestimmt man den Wert der Ausgangsgröße mit einer zweidimensionalen Interpolation nach dem Splineverfahren (s. Abschn. 8.6) aus den Nachbarpunkten im Kennfeld. Die Maßnahmen der Anpassung der Kennfeldteilung an die Flächenform und der Interpolation führen zu kompakten Kennfeldern, die wenig Speicherplatz benötigen. Das weiter unten beschriebene elektronische Steuerungssystem z.B. arbeitet mit zwei Kennfeldern, die jeweils nur 16 × 16 Stützstellen aufweisen.

Gegenüber anderen Verknüpfungsmethoden zeichnet sich das Kennfeld durch den Vorteil aus, daß sein Inhalt an jeder Stützstelle unabhängig von der

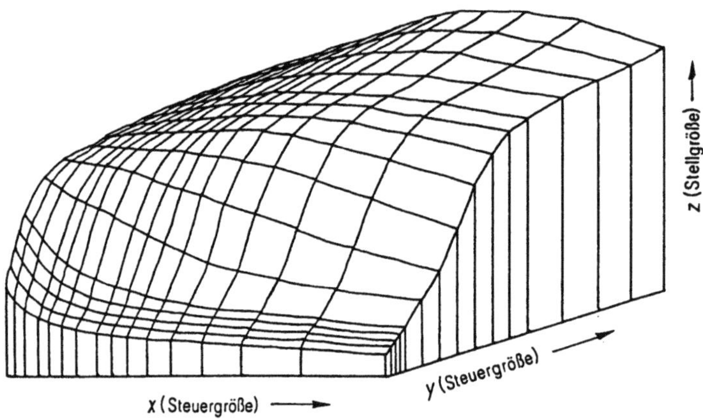

Bild 9.7. Beispiel eines Kennfeldes

220

Umgebung ist. Diese Eigenschaft ermöglicht es dem Entwickler von Sensorsystemen, von einem einfachen Kennfeld auszugehen und es schrittweise seinen Erfordernissen anzupassen. Zunächst entwirft er ein Rohkennfeld aufgrund vorhandener Kennlinien. An Stützstellen, über die keine Informationen vorliegen, trägt er aus den Nachbarpunkten interpolierte Werte ein. Dann modifiziert er das Kennfeld in einer ersten Versuchsreihe so, daß das System im ganzen Betriebsbereich störungsfrei arbeitet. Schließlich optimiert er das Kennfeld punktweise in einer zweiten Versuchsreihe nach den gewünschten Zielgrößen, etwa minimalem Energieverbrauch der Gesamtanlage. Während der Versuche ist das Kennfeld in einem Schreib/Lese-Speicher (RAM) abgelegt, wo es interaktiv in jedem Punkt verändert werden kann. Erst das optimierte Kennfeld wird in programmierbare Festwertspeicher (PROM) übertragen.

9.4.3 Anwendungsbeispiel

Hier wird ein Sensorsystem mit digitaler Signalverarbeitung vorgestellt, das die Überlegungen der früheren Abschnitte beispielhaft zusammenfaßt. Ottomotoren müssen heute wesentlich höheren Anforderungen genügen als in der Vergangenheit. Sie sollen nicht nur in allen Betriebszuständen weniger Kraftstoff verbrauchen, sondern bei unverändert gutem Fahrverhalten auch weniger Schadstoffe emittieren. Für jeden Arbeitspunkt des Motors, der im wesentlichen

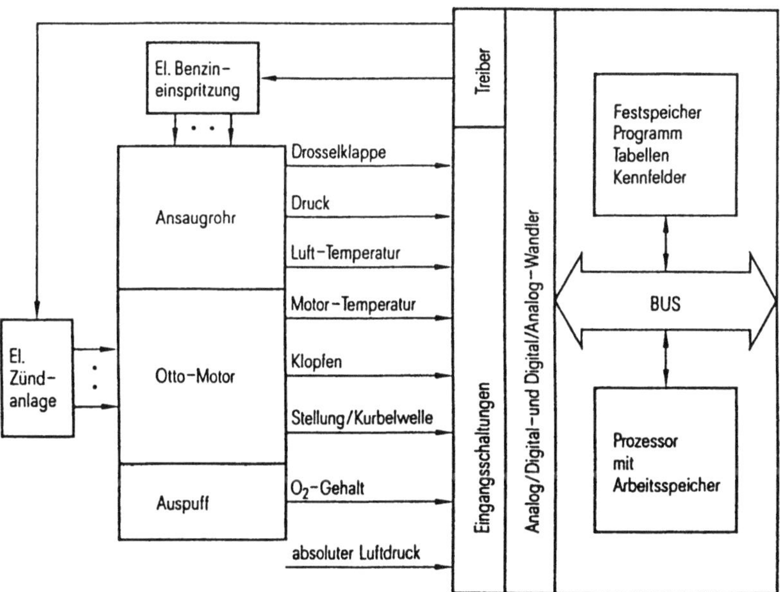

Bild 9.8. Blockschaltbild eines Sensorsystems zur Steuerung der Gemischbildung und Zündung für Ottomotoren

durch die aktuelle Motorlast und Drehzahl bestimmt ist, müssen Benzinzufuhr und Zündwinkel optimal eingestellt werden. Dieses komplexe Problem kann mit herkömmlichen Systemen, die mechanisch oder in analoger Technik arbeiten, nur unbefriedigend gelöst werden. Daher wurden digitale Steuerungen entwickelt, die in der Zwischenzeit in breitem Umfang eingesetzt werden [9.21, 9.22, 9.23].

Bild 9.8 zeigt schematisch das Gesamtsystem. An Ansaugrohr, Motorblock und Auspuff sind Sensoren für alle wichtigen Betriebsparameter angebracht. Aus ihren Signalen bestimmt die zentrale Elektronik mit Hilfe eines Mikroprozessors, der auf mehrere Kennfelder und Tabellen mit motorspezifischen Daten zurückgreift, die Steuergrößen für die Zünd- und Einspritzanlage. Die digitale Signalverarbeitung und die in ihr realisierten Funktionen, die alle möglichen Betriebszustände zwischen Kaltstart, Warmlauf, Vollast und Schubbetrieb berücksichtigen, sollen hier nicht im Detail behandelt werden.

Die beiden Betriebsparameter Motorlast und Drehzahl werden als Eingangsgrößen für das Zünd- und für das Einspritzkennfeld benötigt. Die Motorlast kann nicht direkt gemessen werden. Sie ist definiert als die je Hub angesaugte Luftmenge. Die gesamte Luftmenge, die durch das Ansaugrohr strömt, wird aus Unterdruck, Lufttemperatur und absolutem Luftdruck in der Elektronik berechnet. Die Motorlast ergibt sich dann als Quotient aus Luftmenge und Drehzahl. Die Drehzahl wird an der Kurbelwelle mit einem Sensor abgenommen, der eine Zahnscheibe induktiv abtastet. Zusätzliche Markierungen auf der Scheibe legen die Winkelstellung der Kurbelwelle in Bezug auf den oberen Totpunkt eindeutig fest. Diese Information wird für die Einstellung des Zündwinkels benötigt.

Die restlichen Sensoren liefern Informationen über Betriebszustände, in denen die von den Kennfeldern ausgelesenen Werte vor der Ausgabe an die Stellglieder modifiziert werden müssen. Dies geschieht in Abhängigkeit von der Stellung der Drosselklappe, der Motortemperatur, dem Einsatz des Klopfens und dem Sauerstoffgehalt im Abgas. Besonders kritisch ist das Vermeiden des Klopfens, da moderne Motoren in manchen Arbeitspunkten nahe an der Klopfgrenze betrieben werden. Um Schäden zu verhindern, muß das Auftreten des Klopfens mit Hilfe von Beschleunigungsaufnehmern, die am Motorblock befestigt sind, sofort erkannt und der Betriebszustand des Motors innerhalb einer Kurbelwellenumdrehung entsprechend verändert werden. Mit der Messung des Sauerstoffgehalts im Abgas wird die Steuerung der Gemischbildung zu einem Regelkreis erweitert, der das Kraftstoff/Luft-Verhältnis in der Nähe des stöchiometrischen Wertes für die ideale Verbrennung hält. Veränderungen der Motordaten, die nicht allzuweit von den Anfangswerten abweichen, werden durch diese Regelung ausgeglichen.

Die zentrale Elektronik steuert die beiden Stellglieder Zünd- und Einspritzanlage mit digitalen Signalen an. Die Information ist in der Impulsdauer enthalten. Die Länge des Impulses für die Zündanlage entspricht der Dauer des Stromflusses durch die Zündspule. Während der Dauer des Impulses für die Einspritzanlage sind die Einspritzventile geöffnet.

Eine wesentliche Rolle bei der Entwicklung dieses Sensorsystems spielt die Optimierung der Kennfelder. Sie läuft in den Schritten ab, die in Abschn. 9.4.2 beschrieben wurden. Der Aufwand für die umfangreichen Versuchsreihen wird durch das einfach handhabbare Hilfsmittel der Kennfeldtechnik in Grenzen gehalten. Insbesondere die Möglichkeit, am Motorprüfstand interaktiv die Kennfelder punktweise zu modifizieren, verkürzt den Zeitbedarf für die Entwicklung beträchtlich [9.23].

9.5 Mikrosystemtechnik

Unter Mikrosystemtechnik versteht man die Kombination von mikromechanischen, mikrooptischen und mikroelektronischen Komponenten [9.24]. Sie sind nicht auf Sensoren beschränkt, sondern können auch Aktoren enthalten. Einige der in den früheren Abschnitten beschriebenen physikalischen Effekte sind ja reziprok; d.h., man kann sie in Sensoren und Aktoren einsetzen. Die Mikrosystemtechnik ermöglicht nun den Aufbau von Sensorsystemen, in denen das Zusammenwirken von miniaturisierten Sensoren und Aktoren zu neuartigen Systemeigenschaften führt.

Vom Standpunkt der Sensorik aus interessiert besonders der Aspekt, schon auf der Sensorebene Test- und Hilfsfunktionen integrieren und damit Sensoreigenschaften und Betriebssicherheit verbessern zu können [9.25]. In Bild 9.9 ist die Struktur eines solchen Meßsystems schematisch dargestellt. Auf der Sensorebene ist es mit Hilfskomponenten in Form von Sensoren und Aktoren und auf der Signalverarbeitungsebene mit zusätzlichen Schaltungen zur Steuerung dieser Komponenten und zur Bewertung der von ihnen abgegebenen Informationen ausgerüstet.

Meßsysteme dieser Art sind bereits jetzt schon in Ansätzen realisiert. So enthält der in Abschn. 9.2.2 vorgestellte intelligente Meßumformer einen Multi-

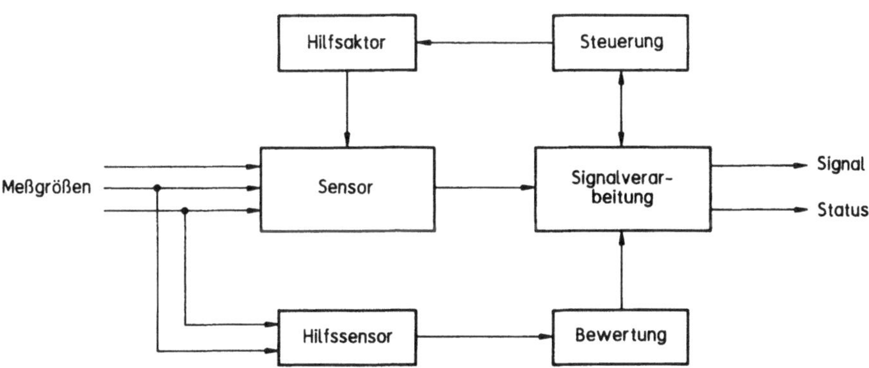

Bild 9.9. Meßsystem mit zusätzlichen Komponenten

sensor, in dem Sensor und Hilfssensoren aus Silizium integriert sind; die Signal-verarbeitung mit Ablaufsteuerung und Bewertung ist in einem Mikrocomputer implementiert. Auch die Kombination von Sensor und Hilfsaktor in einem kompakten Bauteil wird schon serienmäßig für Beschleunigungssensoren verwendet. Sollen Beschleunigungssensoren in sicherheitsrelevanten Systemen wie z.B. Kollisionsschutz (air bag) eingesetzt werden, so muß ihre Funktion in eingebautem Zustand jederzeit überprüfbar sein.

Die Mikrosystemtechnik löst dieses Problem des sog. Eigentests sehr elegant mit minimalem Aufwand [9.26]. Der Beschleunigungssensor wird in der in Kap. 5 beschriebenen Form aufgebaut (s. Bild 5.10) und mit einer zusätzlichen Elektrode versehen, die im Siliziumdeckel der seismischen Masse direkt gegenüber liegt. Damit entsteht ein Kondensator, dessen feste Elektrode nur einige Mikro-meter Abstand zu der beweglichen Masse-Elektrode hat. Durch Anlegen einer Spannung an diesen Kondensator entsteht eine elektrostatische Kraft, die die seismische Masse definiert auslenkt und ein entsprechendes Sensorsignal erzeugt. Mit Hilfe dieses Referenzsignals kann man nicht nur die Funktion des Be-schleunigungssensors selbst prüfen, sondern darüber hinaus auch störende Effekte, wie z.B. Temperatureinflüsse, kompensieren.

Die beschriebenen Beispiele können nur andeuten, in welchem Ausmaß die Mikrosystemtechnik, deren Entwicklung gerade erst begonnen hat, die Sensorik verändern wird. Insbesondere Kombinationen von Sensoren und Aktoren in einem kompakten Bauteil ermöglichen die Realisierung von Sensorsystemen, in denen für die Messung nicht mehr das Prinzip der offenen Meßkette, sondern das Kompensationsprinzip angewandt wird. Kompensationsanordnungen weisen generell bessere Eigenschaften als offene Meßketten auf. Die Mikrosystemtechnik hilft, den dafür nötigen, höheren Aufwand in wirtschaftlichen Grenzen zu halten.

9.6 Ausblick

In Kap. 9 wurde versucht, die Systemaspekte herauszuarbeiten, die mit der Anwendung von Sensoren verbunden sind. Die Meßaufgabe, die es mit möglichst geringem Aufwand zu lösen gilt, bestimmt die Architektur des Sensorsystems von den physikalischen Effekten über die Elektronik bis hin zur Signalverar-beitung. Die Fortschritte der Halbleiter-Technologie und der Mikrosystemtechnik ermöglichen neue Lösungsansätze für Probleme, die in der Vergangenheit nur in beschränktem Umfang angegangen werden konnten [9.27, 9.28]. Als Beispiele seien die folgenden Entwicklungstendenzen genannt:

– Übergang vom einzelnen Sensor zu mehrfachen Sensoren in einem Gehäuse
– Kombination miniaturisierter Sensoren und Aktoren
– Verteilung der Signalverarbeitungs-Kapazität ("Intelligenz") im System bis hinab auf die Fühlerebene

– dialogfähige Sensoren
– Anwendung komplexerer Methoden der Signalverarbeitung
– teilweise Ablösung der Sternstrukturen durch Busstrukturen.

Damit können Sensorsysteme realisiert werden, die die zentrale Aufgabe der Steuerungs- und Regelungs-Technik – das optimale Nutzen von Energie und Rohstoffen bei gleichzeitig minimalem Belasten der Umwelt – noch besser als bisher erfüllen.

9.7 Literatur zu Kapitel 9

9.1 Borsi, L.; Pavlik, E.: Konzepte und Strukturen dezentraler Prozeßautomatisierungssysteme. Regelungstech. Prax. **22** (1980) 302.

9.2 Brignell, J. E.: Smart sensors in distributed instrumentation systems. INTERKAMA-Kongress (1989) 144.

9.3 Giachino, J.: Smart sensors. Sensors and Actuators **10** (1986) 239.

9.4 Bradshaw, A. T.: Smart pressure transmitters. Meas. Control **17** (1984) 353.

9.5 Borsi, L.: Grundsätzliche Betrachtungen zu Automatisierungsstrukturen und Lösungen. Vortrag auf Kongreß INTERKAMA 80, Düsseldorf 1980.

9.6 Göddertz, J.; Heidel, R.: Der PROFIBUS als Medium zur offenen Kommunikation im Feldbereich. INTERKAMA-Kongress (1989) 201.

9.7 Reuber, C.: Multiplexing statt Kabelbaum. Elektronik J. **6** (1990) 48.

9.8 Granz, B.; Oppelt, R.: A two dimensional transducer matrix as a receiver in an ultrasonic transmission camera. Acoust Imaging **15** (1987) 213.

9.9 Bretschi, J.: Intelligente Meßsysteme zur Automatisierung technisher Prozesse. München: Oldenbourg 1979.

9.10 Krestel, E.: Bildgebende Systeme in der medizinischen Diagnostik. Siemens Berlin München 1980.

9.11 Lin (ed.): Digital signal processing applications. Texas Instruments (1986).

9.12 Beiträge im Sonderheft: Joint special issue on surface-acousticwave device applications. IEEE Trans. Sonics Ultrason. SU-28 (1981) 115.

9.13 Gandolfo, D. A. et. al.: Analog-binary CCD-correlator: A VLSI signal processor. IEEE Trans. Electron. Dev. ED-26 (1979) 596.

9.14 Macovski, A.: Ultrasonic imaging using arrays. Proc. IEEE **67** (1979) 484.

9.15 Kohonen, T.: Self-organization and associative memory. Berlin: Springer (1987).

9.16 Heywang, W.: Physik und Mustererkennung. Phys. Blätter **6** (1989) 163.

9.17 Kobayashi, A.: Measurement and Sensors. Sensors and Actuators **13** (1988) 29.

9.18 Günzel, K.: The sensor as a system component in process measurements. Siemens Forsch.- u. Entwickl.-Ber. **10** (1981) 91.

9.19 Middelhoek, S.; Angell, J. B.; Noorlag, D.: Microprocessors get integrated sensors. IEEE Spectrum **17** (1982) 45.

9.20 Regtien, P.: Solid state humidity sensors. Sensors and Actuators **2** (1981) 85.

9.21 Allan, R.: New applications open up for silicon sensors: a special report. Electronics **53** (1980) 113.

9.22 Schwarz, H.; Denz, H.; Zechnall, M.: Steuerung der Einspritzung und Zündung von Ottomotoren mit Hilfe der digitalen Motorelektronik MOTRONIC. Bosch Tech. Ber. **7** (1981) 139.

9.23 Breimesser, F.; Kuznia, Ch.: Digital Engine Control System for Fuel-Injection and Ignition Timing. Conference Digest Eurocon **74** (1974) B 5–12.

9.24 Reichl, H.: Mikrosysteme für die Meß- und Automatisierungstechnik. INTERKAMA-Kongress (1989) 69.

9.25 Breimesser, F.: Möglichkeiten zur Selbstüberwachung von Sensoren. VDI-Ber. **568** (1986) 150.

9.26 Allen, H. V.; Terry, S. C.; de Bruin, D. W.: Accelerometer systems with self-testable features. Sensors and Actuators **1, 2** (1989) 153.
9.27 Wise, K. D.: Integrated sensors: interfacing electronics to a non-electronic world. Sensors and Actuators **2** (1982) 229.
9.28 Ko, W. H.; Fung, C. K.: VLSI and intelligent transducers. Sensors and Actuators **2** (1982) 239.

Sachverzeichnis

Über diese Basisbände hinaus sind weitere Einzelbände den technisch wichtigen Halbleiterbauelementen, Schaltungen und Sonderthemen gewidmet. Alle diese von Spezialisten verfaßten Bände sind so aufgebaut, daß sie bei entsprechenden Vorkenntnissen auch einzeln verwendet werden können.

Nachstehendes Schema gibt einen Überblick über die Konzeption der Buchreihe, die bei Bedarf einen weiteren Ausbau zuläßt.

Einführung	1 Grundlagen der Halbleiter-Elektronik	2 Bauelemente der Halbleiter-Elektronik
Vertiefung	3 Bänderstruktur und Stromtransport	5 pn-Übergänge
Technologie	4 Halbleiter-Technologie	19 Technologie hochintegrierter Schaltungen
Einzelhalbleiter	8 Signalverarbeitende Dioden	9 Aktive Mikrowellendioden
	6 Bipolare Transistoren *	12 Thyristoren *
	16 GaAs-Feldeffekt-transistoren	21 MOS-Transistoren **
	10 Optoelektronik I: Lumineszenz- und Laserdioden	11 Optoelektronik II: Photodioden,-transistoren, -leiter, Bildsensoren
Integrierte Schaltungen	13 Integrierte Bipolarschaltungen	14 Integrierte MOS-Schaltungen
Sonderthemen	15 Rauschen	17 Sensorik
	18 Amorphe und polykristalline Halbleiter	20 Meß- und Prüftechnik

* Vergriffen
** In Vorbereitung (als Ersatz für den früheren Band 7/Feldeffekttransistoren)

Springer-Verlag Berlin Heidelberg New York London Paris Tokyo Hong Kong Barcelona Budapest